DRENAGEM URBANA e CONTROLE de ENCHENTES

2ª edição ampliada e atualizada

Aluísio Pardo Canholi

© Copyright 2005 Oficina de Textos
2ª edição revista e ampliada 2014
1ª reimpressão 2016 | 2ª reimpressão 2020

Grafia atualizada conforme o Acordo Ortográfico da Língua Portuguesa de 1990, em vigor no Brasil desde 2009.

CONSELHO EDITORIAL Arthur Pinto Chaves; Cylon Gonçalves da Silva; Doris C. C. K. Kowaltowski; José Galizia Tundisi; Luis Enrique Sánchez; Paulo Helene; Rozely Ferreira dos Santos; Teresa Gallotti Florenzano

OBRA DA CAPA Inundação da Várzea do Carmo, 1892, (atual Pq. D. Pedro II - rio Tamanduateí) óleo sobre tela de Benedito Calixto. Propriedade do acervo do Museu Paulista da USP.

CAPA, PROJETO GRÁFICO Malu Vallim
DIAGRAMAÇÃO Malu Vallim e Maria Lúcia Rigon
TRATAMENTO DAS ILUSTRAÇÕES Eduardo Rossetto
REVISÃO Irene Hikichi e Hélio Hideki Iraha
IMPRESSÃO E ACABAMENTO Mundial gráfica

Dados Internacionais de Catalogação na Publicação (CIP)
(Câmara Brasileira do Livro, SP, Brasil)

Canholi, Aluísio Pardo
    Drenagem urbana e controle de enchentes / Aluísio Pardo Canholi. -- 2. ed. -- São Paulo : Oficina de Textos, 2014.

Bibliografia.
ISBN 978-85-7975-160-8

1. Drenagem 2. Inundações 3. Inundações - Previsão 4. Sanaemento I. Título.

14-10080   CDD-627.4

Índices para catálogo sistemático:
1. Drenagem : Controle de enchentes: Engenharia hidráulica 627.4

Todos os direitos reservados à Oficina de Textos
Rua Cubatão, 798
04013-003   São Paulo   Brasil
tel.: (11) 3085 7933
site: www.ofitexto.com.br   e-mail: atend@ofitexto.com.br

AGRADECIMENTOS

Em 2003, cerca de oito anos após a publicação da tese de doutorado pela EDUSP *Soluções estruturais não convencionais em drenagem urbana* e da liberação de muitas cópias do trabalho original a pedido de interessados, convenci-me de que a tese poderia ser transformada em livro. Porém, percebi a necessidade e a oportunidade *de uma pequena atualização, visto que ocorriam diversos novos* casos de aplicação dos conceitos da tese, principalmente em São Paulo e, em muitos casos, em trabalhos com a minha participação.

Com o texto original e a ajuda dos colaboradores da Hidrostudio Engenharia e de outros especialistas amigos, avançamos na revisão geral e atualização da tese de doutorado para transformá-la neste livro, que esperamos seja útil à compreensão das técnicas modernas de controle das enchentes urbanas.

Agradeço a todos que, de alguma forma, me auxiliaram, em especial ao corpo técnico da Hidrostudio, na pessoa dos eng. Ruy Juji Kubota e Honório Lisboa Neto; eng. Verenice Antunes Sobral e Cláudia Miranda; arq. Vladimir Ávila e arq. Ana Paula Page; projetistas Sérgio Moraes, Elieser C. de Carvalho, Miriam Lazaretti, Patricia Cazol e Vera Sílvia Leite de Oliveira.

À equipe do plano diretor de macrodrenagem da bacia do Alto Tietê PDMAT, que tive a honra de coordenar: eng. Alberto da Silva Thiago Fº, Ricardo Lange, Koji Yamagata, Antonio Eurides Conte, Rogério de Jesus; geól. Arnaldo Kutner; adv.[a] Irene Villella e eng. Renato Zuccollo e Pedro Algodoal.

Agradeço também pelas minuciosas revisão e complementação realizadas pelos eng. Pedro Diego Jensen, José Roberto dos Santos Vieira, Paulo G. Serra, Rubens Terra Barth e pela eng. Deise Assenci Ros, e ao arq. Adriano Ricardo Estevam, responsável pela parte gráfica.

Gostaria de mencionar o Departamento de Águas e Energia Elétrica DAEE, na pessoa do seu superintendente, eng. Ricardo Daruiz Borsari, que nos propiciou a oportunidade da coordenação técnica do plano diretor de macrodrenagem da bacia do Alto Tietê PDMAT, bem como a autorização para a apresentar o resumo desse plano neste livro.

Não poderia deixar de mencionar o estímulo a esta publicação que nos foi dado pelo Prof. Dr. Mário Thadeu Leme de Barros, pela Dra. Maria Cecília Loschiavo dos Santos e pela eng. Maria Angélica Fracarolli Canholi.

Agradeço ainda o apoio e a paciência dos meus filhos, Patrícia Fracarolli Canholi, estudante de Zootecnia na Unesp de Botucatu, e Julio Fracarolli Canholi, aluno da Escola Politécnica da USP, aos quais este livro é especialmente dedicado.

Aluísio Pardo Canholi
dez/2004

AGRADECIMENTOS DA SEGUNDA EDIÇÃO

Depois de quase dez anos da edição do livro, o qual teve uma aceitação que muito nos surpreendeu e honrou, sendo inclusive adotado como livro-texto ou indicado como referência bibliográfica em diversos cursos de graduação e pós-graduação em escolas de Engenharia e Arquitetura, o que implicou reimpressões, a Editora resolveu produzir uma segunda edição.

Como nesse período estive envolvido, como sócio-diretor da Hidrostudio Engenharia, na condução de novos e interessantes estudos e projetos de contenção de enchentes por ela realizados, principalmente nas regiões metropolitanas de São Paulo e Rio de Janeiro, resolvemos fazer uma revisão e atualização geral do livro e ainda a inclusão de novos estudos de caso.

Para tanto solicitei a colaboração, e obtive ajuda excepcional, de alguns colegas da Hidrostudio Engenharia envolvidos diretamente nesses novos estudos e projetos, para levar a cabo a inclusão dos novos estudos de caso e a complementação e atualização também da parte metodológica, principalmente no que se refere aos estudos e modelos hidrológicos, às novas medidas sustentáveis de controle de poluição difusa e enchentes e também aos estudos de viabilidade econômica das obras de drenagem urbana.

Os principais responsáveis por essas revisões, ampliações e atualizações foram os seguintes:

- Eng. José Roberto dos Santos Vieira: revisão geral e Cap. 8 – estudo de caso referente ao plano diretor de drenagem da bacia do Alto Tietê – DAEE/PDMAT-2;
- Dra. Melissa Graciosa: Cap. 3 (Estudos Hidrológicos) e estudo de caso referente à bacia do Canal do Mangue – Rio-Águas, Rio de Janeiro;
- MSc. Julio Fracarolli Canholi: Cap. 2 (Medidas Não Convencionais) e estudo de caso referente ao Lago da Aclimação – Siurb/PMSP, São Paulo;
- Arq. Adriano Estevam: Cap. 8 – estudo de caso referente ao plano diretor de drenagem da bacia do Alto Tietê – DAEE/PDMAT-2;
- Eng. William Dantas Vichete: Caps. 2 (Medidas Não Convencionais) e 6 (Análise das Alternativas e Viabilidade Econômica).

Não poderia deixar de agradecer a todos os colaboradores da Hidrostudio Engenharia que participaram nos estudos e projetos agora acrescentados, na pessoa do eng. Ruy Juji Kubota, sócio-diretor dessa empresa que, em 2014, completou 16 anos de profícua atividade na engenharia consultiva, principalmente na área de drenagem urbana.

Agradeço também ao: Departamento de Águas e Energia Elétrica do Governo do Estado de São Paulo – DAEE; Secretaria de Infraestrutura Urbana da Prefeitura Municipal de São Paulo – Siurb; e Secretaria de Obras da Prefeitura da Cidade do Rio de Janeiro – Rio-Águas, tanto pela oportunidade da elaboração de tão importantes estudos e projetos quanto pela autorização de apresentar seus resultados principais neste livro.

Agradeço imensamente ao Prof. Čedo Maksimović, emérito professor do Imperial College de Londres, pela gentileza do prefácio a esta segunda edição, o que me honrou sobremaneira.

No período entre as duas edições deste livro, meus pacientes filhos Patrícia e Julio graduaram-se e obtiveram os títulos de Doutora em Ecologia (Esalq-USP) e de Mestre em Engenharia (Politecnico de Turim e Poli-USP), o que muito me honrou e envaideceu.

Não poderia deixar de citar a chegada, neste verão de 2014, da minha querida neta Lina, presente da minha filha Patrícia, trazendo alegria e motivação renovada para a nossa família.

Aluísio Pardo Canholi
agosto de 2014

APRESENTAÇÃO

Há bastante tempo, os estudantes, profissionais e interessados das áreas de infraestrutura urbana não tinham a oportunidade, que agora o Dr. Aluísio P. Canholi nos oferece, de poder conhecer mais profundamente as técnicas atuais adotadas nos projetos de drenagem nas áreas urbanas.

Se por um lado este livro nos brinda com a apresentação das técnicas, metodologias e diretrizes destes novos conceitos e medidas, por outro, os estudos de caso, na maioria obras executadas e planos em realização, aproxima o leitor dos casos reais e práticos, enfrentados pelos engenheiros hidráulicos das grandes cidades brasileiras, em particular da Região Metropolitana de São Paulo.

O DAEE – Departamento de Águas e Energia Elétrica, da Secretaria de Obras e Recursos Hídricos do Governo do Estado de São Paulo, órgão contratante do plano diretor de macrodrenagem da bacia do Alto Tietê, do qual o Dr. Aluísio foi o coordenador técnico, adota com entusiasmo o planejamento integrado e as técnicas de reservação para controle de enchentes, principalmente nas bacias da RMSP, como o Tamanduateí e Pirajuçara. Na bacia do Alto Tietê, atualmente, dispõe-se de aproximadamente 4 milhões de metros cúbicos de volume de reservação para controle de enchentes. Os resultados são promissores.

Assim sendo, só me cabe recomendar a leitura e utilização desta obra, para a disseminação das modernas medidas de controle apresentadas e ressaltar, mais uma vez, a oportunidade desta importante referência técnica.

Ricardo Daruiz Borsari
Superintendente do DAEE - SP
Junho de 2005

Os maiores problemas ambientais, sociais e econômicos que o mundo enfrenta hoje estão na sua maioria localizados nas chamadas "megacidades", aglomerados humanos com mais de dez milhões de habitantes. Os problemas são ainda piores nos países em desenvolvimento, onde faltam recursos técnicos e financeiros para enfrentar o estado de degradação a que chegaram as grandes cidades.

No Brasil, cidades como São Paulo, Rio de Janeiro e outras do mesmo porte deparam-se com grandes desafios. O padrão de vida dos moradores dessas cidades vem decaindo rapidamente, e os órgãos públicos são praticamente incapazes de agir com eficiência no planejamento, controle e execução de medidas eficazes para alterar esse estado de coisas.

O saneamento básico das grandes cidades brasileiras encontra-se numa situação caótica, principalmente no que diz respeito à coleta e tratamento dos esgotos domésticos e à drenagem urbana.

O livro do eng. Aluísio é uma contribuição técnica fantástica no campo da drenagem das grandes cidades. Ele introduz novos conceitos de projeto, revê o conceito clássico da Engenharia Sanitária em dimensionar obras hidráulicas para rapidamente transferir cheias para jusante das cidades. Em diversos projetos, esse procedimento simplesmente transferiu "problemas" de um local a outro, aumentando ainda mais os impactos sociais, ambientais e econômicos envolvidos.

Com base em uma nova visão de planejamento e de elementos projetuais modernos, o eng. Aluísio apresenta proposições importantes não só para estudos e projetos das megacidades, como também de cidades em fase de expansão, ainda num estado em que as ações preventivas podem se compatibilizar com a urbanização responsável e evitar o caos presenciado hoje nas grandes metrópoles.

Cabe destacar o papel que os planos diretores de drenagem urbana têm nas grandes cidades. A visão de que os problemas de drenagem devem ser tratados de forma integrada com outros problemas urbanos ligados à água é fundamental. É essencial a conexão do planejamento da cidade com o planejamento do uso da água urbana, tratado no âmbito da pequena bacia hidrográfica urbana. Nas megacidades, esses problemas transcendem os limites dos municípios e devem ser tratados de forma integrada, considerando as conexões hídricas existentes, independentemente das divisões administrativas. Outra questão fundamental é a necessidade de se executar o planejamento de modo multidisciplinar e participativo. Os grandes fracassos do saneamento das cidades brasileiras estão relacionados a projetos setoriais, executados sem a visão holística dos problemas urbanos atuais. Isso é fundamental no planejamento e gestão das grandes cidades. A drenagem urbana apresenta interfaces com diversos elementos da infraestrutura urbana e deve ser tratada de modo especial, cabendo destacar o papel que ela exerce em relação a fatores socioeconômicos e ambientais, sobretudo na recuperação e restauração de áreas degradadas pela urbanização depredatória.

O eng. Aluísio foi o responsável técnico por um dos maiores trabalhos de planejamento feitos no País, o PDMAT, no Alto Tietê, uma das regiões mais problemáticas do mundo em termos de recursos hídricos. Além disso, coordenou o grupo vencedor do Prêmio Prestes Maia de 1998 da PMSP, cujo planejamento da drenagem urbana de uma bacia crítica de São Paulo, a bacia do rio Aricanduva, foi tratado de modo integrado, considerando soluções de projeto acopladas a ações de recuperação e de restauração da bacia urbana, destacando também intervenções de forte caráter social, como a criação de áreas de lazer e de convivência. Enfim, o projeto Aricanduva é uma proposta que busca solucionar problemas de inundação e dar tratamento adequado à bacia urbana, fundamentalmente pensando nas questões sociais e ambientais da região. O projeto do rio Aricanduva é uma realidade, a experiência desse projeto está bem relatada no livro e, certamente, será fonte de informação importante para planejadores e gestores de cidades com grandes problemas de inundação.

Outro ponto de grande relevância neste livro é a proposição de novas medidas estruturais, não convencionais, para a drenagem das grandes cidades. O eng. Aluísio foi responsável pela introdução no Brasil dos reservatórios de detenção urbanos, popularmente conhecidos como "piscinões". Essas obras demonstraram ser extremamente eficazes para grandes cidades com elevada taxa de impermeabilização, tanto pelo rápido impacto que elas produzem no controle de inundações localizadas, como pelo seu custo relativamente baixo. Hoje os "piscinões" tornaram-se prática comum em muitos projetos de drenagem, a maioria com resultados técnicos expressivos. Os diversos projetos discutidos no livro serão, certamente, fonte de referência para engenheiros e projetistas da área.

Finalmente, cabe destacar o valor didático deste livro. Em geral, existe pouca bibliografia técnica no Brasil. A maioria dos livros de referência é estrangeira, tratando dos problemas, muitas vezes, numa realidade bastante diversa da aqui existente. Este livro vem preencher uma lacuna técnica importante, trazendo para estudantes e profissionais da Engenharia uma fonte de consulta até então inexistente na língua portuguesa. O livro é também uma referência para planejadores urbanos e para outros profissionais de áreas correlatas, principalmente daqueles envolvidos com a infraestrutura das cidades e seus diversos impactos. A linguagem clara e prática da obra permite boa compreensão das questões da drenagem, mesmo para aqueles que não são especialistas da área.

Há anos, em conversa com o eng. Aluísio, comentei a importância de ele retornar à Universidade para que a sua experiência profissional pudesse ser objeto de trabalho de doutorado e que daí resultassem publicações, registros profissionais extremamente importantes para a Engenharia nacional. Muitos especialistas do passado e do presente, profissionais de elevado gabarito técnico, não tiveram a sua obra devidamente registrada, tanto na Academia como na forma de livros técnicos. Boa parte dessa experiência perdeu-se e ficou sem registro para outras gerações. Felizmente, o trabalho do eng. Aluísio teve outro rumo: seu doutorado concretizou-se e agora o registro do seu trabalho se consolida com esta publicação. Certamente este livro é uma grande contribuição para a literatura técnica da Engenharia brasileira.

Mario Thadeu Leme de Barros
setembro de 2004

A primeira edição do livro *Drenagem urbana e controle de enchentes*, de autoria de Aluísio Pardo Canholi, foi publicada há cerca de dez anos e chamou atenção para a importância da incorporação da hidrologia no planejamento urbano. O livro resultou essencialmente do desenvolvimento do Plano Diretor de Macrodrenagem da Bacia do Alto Tietê (PDMAT) e contribuiu para que, pela primeira vez, a relação entre a ocupação do espaço urbano e as águas fosse analisada de forma sistemática e em longo prazo. O PDMAT então desenvolvido tem o grande mérito de, ao longo desses anos, ter servido de base ao estudo das soluções individuais e localizadas para os problemas hidrológicos da bacia da Região Metropolitana de São Paulo, soluções essas, portanto, que contribuem para o objetivo geral preconizado pelo PDMAT.

Desde a sua publicação, o mérito do livro extravasou o interesse do estudo das bacias de São Paulo, e ele tem-se apresentado como uma ferramenta de trabalho para os vários profissionais envolvidos no planejamento e gestão do espaço urbano, tais como arquitetos, engenheiros e urbanistas. Apesar de a primeira edição do livro se encontrar esgotada há já algum tempo nas livrarias, a procura por ele não desapareceu e talvez seja cada vez maior. A questão da cidade sustentável, na qual a água ocupa um lugar de destaque, é cada vez mais uma preocupação dos cidadãos e dos gestores das cidades.

As soluções apresentadas na primeira edição do livro foram desenvolvidas com base no mais avançado conhecimento à época, como, por exemplo, os Sistemas de Informações Geográficas (SIG) para análise e visualização das medidas alternativas. No entanto, os recentes desenvolvimentos técnicos e científicos e o continuado interesse dos profissionais responsáveis pelo planejamento urbano tornaram imprescindível uma segunda edição deste livro.

Esta nova edição apresenta consideráveis revisões e atualizações, sendo as diferenças em relação à anterior encontradas nos Caps. 2, 3, 6, 7 e 8.

No Cap. 2, *Medidas Não Convencionais*, são discutidas várias opções para controle na origem do escoamento superficial. Entre as atualizações, destacam-se vários exemplos de soluções baseadas em sistemas de drenagem urbana sustentável (SUDS) e no conceito de urbanização de baixo impacto (LID). A apresentação dessas soluções é acompanhada de várias ilustrações que servem de exemplo à implementação delas. No final do capítulo é apresentada uma matriz que pretende guiar para a seleção da melhor solução, bem como um resumo de várias experiências internacionais.

O Cap. 3, *Estudos Hidrológicos*, foi atualizado para incluir uma seção sobre os modelos de simulação hidrológica e hidráulica. A utilização desses tipos de modelo começa a ser cada vez mais divulgada e aplicada no estudo de soluções de controle de cheias e inundações urbanas. Dois *softwares* de modelação gratuitos e amplamente utilizados, a plataforma HEC e os módulos associados (*U.S. Army Corps of Engineers*) e o modelo SWMM, desenvolvido pela Usepa, são descritos neste capítulo. As várias tarefas envolvidas no desenvolvimento dos modelos e os cuidados a ter com elas são apresentados de forma sumária para permitir ao leitor compreender o esforço envolvido no desenvolvimento do modelo e as vantagens da sua utilização. Os Caps. 6 e 7, *Análise das Alternativas e Viabilidade Econômica* e *Estudos de Caso*, respectivamente, apresentam ligeiras atualizações, tendo o autor também aproveitado a oportunidade desta nova edição para proceder a algumas correções de pormenor. Os estudos de caso, de muito interesse prático, representam soluções para problemas reais, muitas delas implementadas e com efeitos muito positivos já confirmados no controle de inundações em locais críticos de São Paulo.

O Cap. 8, *Plano Diretor de Macrodrenagem da Bacia do Alto Tietê – PDMAT,* apresenta a evolução do PDMAT ao longo do tempo. A arquitetura geral do plano, sua motivação e os resultados principais atingidos encontram-se descritos neste capítulo, tendo sido acrescentados ainda os avanços no desenvolvimento do plano, que foi denominado PDMAT 2 (2008-2010).

Esta nova edição do livro revela-se, assim, como uma ferramenta essencial e atual para o planejamento de zonas urbanas, incluindo a água como um dos fatores essenciais para a sua sustentabilidade. Constitui uma obra de interesse para todos os profissionais envolvidos no planejamento urbano, e não apenas para aqueles responsáveis pela drenagem urbana. No geral, as várias soluções discutidas no livro (como, por exemplo, as medidas de controle na origem) têm como objetivo a redução da frequência e dimensão das cheias e a melhoria da qualidade da água nos meios receptores.

O autor e seus colaboradores devem ser felicitados pelo esforço empreendido na reedição e atualização deste livro e por contribuir, assim, para o desenvolvimento de cidades mais sustentáveis do ponto de vista da ocupação do solo e do ciclo urbano da água, favorecendo a melhoria da qualidade de vida nas cidades.

Londres, setembro de 2014
Prof. Čedo Maksimović – Imperial College de Londres, Reino Unido
Dr. João P. Leitão (em colaboração) – Eawag (Instituto Federal Suíço de Ciência e Tecnologia da Água), Suíça

SUMÁRIO

15 INTRODUÇÃO

21 PLANEJAMENTO DE SISTEMAS DE DRENAGEM URBANA
   21 1.1 Bases Metodológicas
   24 1.2 Medidas de Controle
   26 1.3 Formulação dos Planos Diretores

31 MEDIDAS NÃO CONVENCIONAIS
   35 2.1 Detenção dos Escoamentos
   75 2.2 Retardamento da Onda de Cheia
   83 2.3 Sistema de Proteção de Áreas Baixas *(Pôlderes)*

93 ESTUDOS HIDROLÓGICOS
   94 3.1 Definição da Chuva de Projeto
   106 3.2 Modelos Chuva x Deflúvio
   133 3.3 *Softwares* de Simulação Hidráulico-Hidrológica

147 ESTUDOS HIDRÁULICOS
   147 4.1 Hidráulica de Canais
   167 4.2 Bacias de Detenção – Fase de Planejamento
   174 4.3 Pré-dimensionamento Baseado em Projetos já Implantados

179 PROJETOS HIDRÁULICOS
   180 5.1 Amortecimento de Cheias em Reservatórios (*routing*)
   182 5.2 Estruturas de Saída de Bacias de Detenção
   198 5.3 Estruturas de Entrada do Tipo Vertedores Laterais
   205 5.4 Operação e Manutenção – Considerações de Projeto

209 ANÁLISE DAS ALTERNATIVAS E VIABILIDADE ECONÔMICA
   210 6.1 Avaliação Econômica das Alternativas
   216 6.2 Análises Econômicas Comparativas

247 ESTUDOS DE CASOS
   248 7.1 O Reservatório para Controle de Cheias da Av. Pacaembu
   270 7.2 Complexo Água Espraiada/Dreno do Brooklin
   290 7.3 Bacia do Córrego Cabuçu de Baixo
   304 7.4 O Programa de Controle das Inundações na Bacia do Aricanduva
   318 7.5 Amortecimento de Enchentes no Lago da Aclimação
   324 7.6 Bacia do Canal do Mangue – Rio de Janeiro – RJ

345 PLANO DIRETOR DE MACRODRENAGEM DA BACIA DO ALTO TIETÊ – PDMAT
   345 8.1 Apresentação
   348 8.2 A Bacia do Alto Tietê

353 8.3 Resultados Iniciais
353 8.4 Diagnóstico Hidráulico – Hidrológico e Recomendações para o Rio Tietê
357 8.5 Diagnóstico e Recomendações para a Bacia do Pirajuçara
361 8.6 Bacia do Tamanduateí
362 8.7 Bacia do Juqueri
364 8.8 PDMAT 2 (2009)
375 8.9 Conclusões

377 REFERÊNCIAS BIBLIOGRÁFICAS

Durante muitos anos, tanto no Brasil como em outros países, a drenagem urbana das grandes metrópoles foi abordada de maneira acessória, no contexto do parcelamento do solo para usos urbanos. Na maior parte dessas grandes metrópoles, o crescimento das áreas urbanizadas processou-se de forma acelerada e somente em algumas a drenagem urbana foi considerada fator preponderante no planejamento da sua expansão.

O aumento das áreas urbanizadas e, consequentemente, impermeabilizadas, ocorreu a partir das zonas mais baixas, próximas às várzeas dos rios ou à beira-mar, em direção às colinas e morros, em face da necessária interação da população com os corpos hídricos, utilizados como fonte de alimento e dessedentação, além de via de transporte.

Modernamente, as várzeas dos rios foram incorporadas ao sistema viário por meio das denominadas "vias de fundo de vale". Para tanto, inúmeros córregos foram retificados e canalizados a céu aberto ou encerrados em galerias, a fim de permitir a construção dessas vias marginais sobre os antigos meandros. Isso significou que as várzeas, sazonalmente sujeitas ao alagamento, fossem suprimidas, o que provocou, além da aceleração dos escoamentos, o aumento considerável dos picos de vazão e, por conseguinte, das inundações, em muitos casos.

As soluções adotadas para tais problemas, de um modo geral, apresentam caráter localizado. Os trechos de canais, ampliados aqui e acolá, reduzem o prejuízo das áreas afetadas, mas, por causa da transferência de vazões, as inundações agravam-se para jusante, uma vez que a drenagem urbana é fundamentalmente uma questão de "alocação de espaços". Isto é, a várzea utilizada pelo rio ou córrego nas cheias, suprimida pelas obras de urbanização, será sempre requerida a jusante.

Essas vias de fundo de vale, ao longo do tempo, atraem intensa ocupação, principalmente comercial. A ampliação dos sistemas de drenagem existentes nesses locais torna-se muitas vezes impraticável, pelos altos custos sociais envolvidos e pelos elevados investimentos necessários à implantação de obras hidráulicas de grande porte. Em muitos casos, por causa do alto custo ou da impossibilidade de desapropriação de áreas ribeirinhas, bem como pela necessidade de interrupção do tráfego, a solução requer a utilização de métodos executivos sofisticados e, portanto, custosos, como, por exemplo, túneis em solo.

Diante desse cenário, o estudo e a aplicação de novas soluções estruturais, notadamente para a adequação de sistemas existentes, ganharam grande impulso nas duas últimas décadas.

Os conceitos "inovadores" mais adotados para a readequação ou o aumento da eficiência hidráulica dos sistemas de drenagem têm por objetivo promover o retardamento dos escoamentos, de forma a aumentar os tempos de concentração e reduzir as vazões máximas; amortecer os picos e reduzir os volumes de enchentes por meio da retenção em reservatórios; e conter, tanto quanto possível, o run-off no local da precipitação, pela melhoria das condições de infiltração, ou ainda em tanques de contenção.

Isso significa uma mudança radical na filosofia das soluções estruturais em drenagem urbana, pois anteriormente implantavam-se obras de canalização que aceleravam o escoamento para o afastamento rápido dos picos de cheias para os corpos d'água de jusante. Essa visão "higienista" era adotada pelos responsáveis pela drenagem de águas pluviais. A exemplo dos esgotos sanitários, os projetos preconizavam a rápida retirada das águas drenadas dos locais onde haviam sido originadas, o que ocasionava a sobrecarga de córregos receptores, ou seja, da macrodrenagem. Atualmente, a vertente "conservacionista", que busca reter os escoamentos pluviais nas proximidades de suas fontes, constitui o paradigma da moderna drenagem urbana.

Embora a bibliografia disponível em outros países seja pródiga em exemplos da aplicação dos conceitos "inovadores" descritos, no Brasil, surpreendentemente, a aplicação desses conceitos, ou mesmo a especulação da sua aplicabilidade, ainda é incipiente.

Em contrapartida, os problemas de drenagem urbana nas grandes e médias cidades brasileiras que ainda experimentam grande expansão mostram-se calamitosos. A frequência e a gravidade das inundações em algumas cidades e regiões metropolitanas, como, por exemplo, São Paulo, Rio de Janeiro, Belo Horizonte, Campinas e Recife, demonstram a necessidade de procurar soluções alternativas estruturais e não estruturais e mesmo de conhecer melhor a fenomenologia climatológica, ambiental, hidrológica e hidráulica do problema, além dos seus componentes sociais com relação à habitação, saúde, saneamento e os demais aspectos, inclusive político-institucionais.

Enquanto nos países mais desenvolvidos a ênfase nas questões de drenagem urbana concentra-se nos aspectos relativos à qualidade da água coletada, encontrando-se práticas ligadas ao controle das inundações em geral bastante adiantadas, no Brasil, o controle quantitativo das enchentes ainda é o principal objetivo das ações.

Há ainda a problemática carência do saneamento básico nas cidades, que transforma praticamente todos os córregos urbanos em condutores de esgotos a céu aberto. E, por consequência, as inundações, além de todos os danos que acarretam ao tráfego, às propriedades em geral, às moradias e ao comércio, trazem consigo as doenças decorrentes do contato com a água contaminada pela população diretamente afetada, tais como a leptospirose, a febre tifoide e a hepatite.

Anualmente, nos períodos de chuvas de verão, chega a centenas o número de casos de leptospirose associados às inundações na cidade de São Paulo; a taxa de mortalidade, por sua vez, atinge cerca de 20% dos casos. Nos demais períodos do ano, a anotação de casos de leptospirose tem caráter endêmico.

A análise das soluções para tal flagelo deve, portanto, ser multidisciplinar e pragmática, dado o enorme impacto social. É necessária a realização de estudos de planejamento global de drenagem urbana, por meio dos planos diretores de drenagem, em que todos os aspectos voltados às obras de infraestrutura e de planejamento urbano sejam analisados de forma integrada.

Neste trabalho pretende-se enfatizar a importância do equacionamento abrangente dos problemas de drenagem em centros urbanos, bem como apresentar e discutir alguns conceitos "inovadores" em nosso país em relação à abordagem hidráulico-hidrológica. O objetivo principal é verificar a aplicabilidade desses conceitos, já utilizados em outros países, na solução de problemas de inundações em cidades brasileiras.

O gerenciamento de drenagem nas cidades brasileiras, de maneira geral, é realizado pelas prefeituras municipais, uma prática adotada na maioria das cidades do mundo. Entretanto, inexiste entre nós uma visão global que integre esse gerenciamento ao planejamento urbano.

Por essa razão, apresenta-se uma conceituação geral do planejamento de drenagem urbana, seus benefícios, condicionantes e objetivos principais.

Durante os estudos da aplicação dos conceitos desenvolvidos na tese de doutorado que originou este livro (1992/1995), algumas alternativas de solução foram à época levadas pelo autor aos órgãos responsáveis pelo gerenciamento de drenagem da cidade de São Paulo – Prefeitura do Município de São Paulo/Secretaria de Infraestrutura Urbana – Siurb e Empresa Municipal de Urbanização – Emurb.

A acolhida a essas soluções superou as expectativas e resultou, de imediato, na implantação do reservatório para controle de cheias da av. Pacaembu (zona oeste de São Paulo), em 1993/1994. Permitiu também prosseguir, no período 1994/1998, o detalhamento dos projetos do sistema Água Espraiada/dreno do Brooklin (na zona sul), e das obras de detenção nos córregos Guaraú e Bananal, na bacia do rio Cabuçu de Baixo (na zona norte), que constituíram os três projetos pioneiros na aplicação de novas tecnologias no controle das enchentes na cidade de São Paulo.

Posteriormente à publicação da tese de doutorado (1995), o autor teve a oportunidade de coordenar, a partir de 1998, o PDMAT, elaborado para o DAEE, o qual abrange a Região Metropolitana de São Paulo – RMSP. Nesse mesmo ano, a Hidrostudio Engenharia, da qual o autor é sócio-diretor, obteve o Prêmio Prestes Maia de Urbanismo, com o trabalho Estudo Integrado de Controle de Enchentes na Bacia do Rio Aricanduva. Esse prêmio foi uma iniciativa da PMSP, proporcionado pela Secretaria Municipal de Planejamento – Sempla e pelo Instituto de Engenharia – SP. À época, nosso trabalho já preconizava, além das obras de retenção, o retardamento dos escoamentos no canal do Aricanduva.

Os estudos e projetos apresentados, que abrangem a aplicação dos conceitos propostos pelo autor, estão detalhados nos Caps. 7 e 8.

Evolução da Drenagem Urbana em São Paulo

A Região Metropolitana de São Paulo (RMSP), por meio de ações da PMSP, e do DAEE, bem como das prefeituras da região do ABCD, transformou-se nos últimos anos em referência nacional na implantação de soluções inovadoras de drenagem urbana. A quantidade e o porte das obras "não convencionais" de drenagem já implantadas na região, entre 1994-2003, justificam a sua condição de líder nacional nessa especialidade.

Como resultado das ações empreendidas até o ano de 2003, cerca de 33 bacias de detenção, denominadas piscinões com um volume de retenção total próximo de 4,5 milhões de metros cúbicos, foram implantadas na RMSP. Outras obras similares estão em andamento. O Quadro i apresenta a necessidade de reservação preconizada pelo PDMAT em algumas bacias da RMSP, e o realizado até 2003 (ver Cap. 8).

O histórico da evolução conceitual nas ações de drenagem na RMSP pode ser observado no Quadro ii. Nota-se que, desde a mudança do paradigma, representada pela implantação do reservatório do

Quadro i   Reservação necessária e implementada na bacia do Alto Tietê

RESERVATÓRIOS EXISTENTES NA BACIA DO ALTO TIETÊ

BACIA	ÁREA DE DRENAGEM (km²)	RESERVATÓRIOS EXISTENTES/ CONSTRUÇÃO	VOLUME DISPONÍVEL (mil m³)	VOLUME PREVISTO (mil m³)
Tamanduateí	330	21	4.721	13.400
Pirajuçara	72	7	1.200	3.300
Vermelho	29	3	166	1.400
Médio Juqueri	263	7	1.100	4.600
Baquirivu Guaçu	136	4	3.040	5.540
Canal de Circunvalação	33	2	1.000	3.500
Aricanduva	100	11	2.315	2.725
Cabuçu de Baixo	41	2	450	450
Pacaembu	3	1	74	74
Água Espraiada	11	1	380	380
Zavuvus	9	2*	230	230
Morro do S	22	3*	274	524
Ipiranga	23	2*	590	775

*Em projeto/licitação

Pacaembu, e pelos resultados obtidos, sentiu-se necessidade de planejar as ações, incorporando uma visão mais conservacionista, apoiada em planos diretores de drenagem, como o PDMAT e o plano de drenagem de Santo André.

Atualmente, além das obras de retenção, na RMSP, encontram-se implantadas obras de amortecimento de cheias nos canais, além de iniciados os estudos para a efetivação de ações voltadas à restauração de rios urbanos, uma iniciativa da Secretaria do Verde e do Meio Ambiente de São Paulo – SVMA, na bacia do rio Aricanduva. O Quadro ii ilustra essa evolução.

Para o futuro, além da continuidade das obras de controle da quantidade da água pluvial, e à medida que os esgotos sanitários recebam tratamento adequado, prevê-se que o foco será direcionado também ao controle da poluição difusa, ou seja, da qualidade d'água dos rios urbanos.

Paralelamente, a readequação dos fundos de vale, com a restauração das suas margens, vegetação ciliar e a criação de parques lineares (greenways), certamente merecerá atenção especial dos administradores públicos.

Quadro ii   Evolução da drenagem urbana em São Paulo

ATÉ 1994	APÓS 1994	1994–1998	1998	2002	2003	FUTURO
Apenas canalização	Retenção ⇩	Obras de contenção/canalização	Plano diretor de macrodrenagem da bacia do Alto do Tietê (DAEE)	Alargamento da calha/redução de velocidades do Aricanduva (PMSP/SIURB)	Requalificação paisagística dos fundos de vale do Aricanduva (*river restoration*) (PMSP/SVMA)	Continuidade no controle de quantidade
Obs.: Normalmente fechada/ rápida	Piscinão Pacaembu ⇩ Mudança do paradigma	Bacias de detenção Cabuçu de Baixo, Água Espraiada e Alto Aricanduva (PMSP), Tamanduateí, Pirajuçara (DAEE)	Plano de drenagem de município da RMSA (Santo André)	Ampliação dos sistemas de alerta (FCTH/SIURB)	Programa Drenus (SIURB/PMSP) Redução significativa das vias de fundo de vale	Controle da qualidade d'água/ piscinões/ *wetlands* Redução da poluição difusa
Visão higienista	Visão conservacionista					Parques lineares (*greenways*) Operação em tempo real/ sistemas de previsão e alerta

→ Planejamento integrado

A falta de visão sistêmica no planejamento da macrodrenagem, que predomina por diversas razões, é a grande responsável pelo estado caótico do controle das enchentes nas áreas urbanas brasileiras.

Nesse cenário, destaca-se a necessidade inadiável de planificar ações preventivas, onde ainda forem possíveis, e corretivas, onde o problema já se encontra instalado. No entanto, essas ações devem ser realizadas de maneira integrada, abrangendo toda a bacia hidrográfica, esteja ela inserida num ou em vários municípios. Tais são, em resumo, a abordagem e o principal objetivo do plano diretor de macrodrenagem que muitas cidades e regiões metropolitanas do Brasil e de outros países vêm adotando sistematicamente.

1.1 Bases Metodológicas

Planejar ou gerenciar sistemas de drenagem urbana envolve administrar um problema de alocação de espaço. (Sheaffer e Wright, 1982)

A urbanização caótica e o uso inadequado do solo provocam a redução da capacidade de armazenamento natural dos deflúvios e estes, por sua vez, demandarão outros locais para ocupar.

Historicamente, os engenheiros responsáveis pela drenagem urbana tentaram solucionar o problema da perda do armazenamento natural, provocando o aumento da velocidade dos escoamentos com obras de canalização.

Planejamento de Sistemas de Drenagem Urbana

A aceleração dos escoamentos teve como efeito transferir para jusante o problema de redução de espaços naturais. Quanto menor o tempo de concentração, maior o pico da vazão a jusante. Isso, com frequencia, traz inundação em áreas que anteriormente não sofriam tais problemas, visto que a ocupação urbana nos vales normalmente se desenvolve no sentido de jusante para montante.

Diversas leis têm sido formuladas e jurisprudências são adotadas para proteger os atingidos por tais problemas, ao longo das últimas décadas, principalmente nos países mais desenvolvidos.

A resposta normalmente ditada pelos planos diretores de drenagem é recomendar a construção de mais obras de galerias e canalizações, que acabam por sobrecarregar rios e córregos com alguma capacidade de absorção dessas sobrecargas ou então afetam populações mais rarefeitas (Sheaffer e Wright, 1982).

A falha em incorporar a drenagem na fase inicial do desenvolvimento urbano em geral resulta em projetos muito dispendiosos ou, em estágios mais avançados, na sua inviabilidade técnico-econômica (Braga, 1994).

Esse cenário demonstra a importância do planejamento integrado e abrangente dos sistemas de drenagem urbana e expõe os conflitos, aos quais o planejador deve dar respostas apropriadas.

Como ilustração da oportunidade e relevância do tema, estimou-se que 7% da área dos EUA correspondem a locais sujeitos a inundação, admitindo tempos de recorrência de até cem anos. Essa área total corresponde ao Estado do Texas. Nos EUA, as inundações provocam prejuízos estimados em US$ 2 bilhões por ano. Nos anos de 1970, houve o registro de 200 mortes em média, com cerca de 80 mil pessoas obrigadas a abandonar suas casas, segundo o U.S. Water Resources Council (1981) e Wanielista e Yousef (1993).

Neste livro, expõe-se uma descrição dos prejuízos e dos problemas de grande proporção trazidos pelas inundações na RMSP. Destacam-se as iniciativas de introdução do conceito de plano diretor de drenagem urbana da Empresa Metropolitanade Planejamento da Grande São Paulo S/A Emplasa (1983) e as diretrizes contidas no plano estadual de recursos hídricos, do DAEE (1990).

Entretanto, a aplicação dos conceitos e diretrizes de tais planos foi praticamente ignorada pelos órgãos responsáveis, quer pelas dificuldades políticas, oriundas da pressão pela urbanização, quer pelas econômicas, com a crônica falta de recursos.

Segundo Braga (1994), a maioria dos países em desenvolvimento, incluindo o Brasil, experimentou nas últimas décadas uma expansão urbana com precária infraestrutura de drenagem, advindo os problemas de inundação principalmente da rápida expansão da população urbana, do baixo nível de conscientização do problema, da inexistência de planos de longo prazo, da utilização precária de medidas não estruturais e da manutenção inadequada dos sistemas de controle de cheias.

Segundo o autor, o crescimento da consciência ambiental tem motivado o interesse pelo problema das inundações e suas consequências ligadas à saúde e ao saneamento.

Para a conveniente seleção entre as muitas alternativas possíveis ao planejamento de drenagem urbana, é necessário escolher uma política ou partido de atuação que determine as decisões presentes e futuras.

Visando à consolidação de tais políticas, é preciso dispor de critérios gerais de projeto, operação e manutenção. Também são importantes os dados físicos da bacia, hidráulicos, hidrológicos, de uso e ocupação da área em estudo, os dados de qualidade d'água (pontuais e difusos), a regulamentação para a aprovação de projetos no âmbito da bacia (escopo mínimo, eficiências, custos e aspectos ambientais), os planos de financiamento (agências internacionais, recursos locais), e as políticas fiscais (taxas de melhoria, descontos para incentivar práticas de conservação etc.).

Os critérios gerais consistem no estabelecimento de regras específicas a serem seguidas no projeto, operação e manutenção dos dispositivos e sistemas de controle de drenagem urbana. Por exemplo, com relação aos aspectos hidrológicos, envolvem diretrizes, como:

- a definição do volume de deflúvio a ser considerado no dimensionamento de estruturas de controle de enchentes (por exemplo: tempo de recorrência TR = 100 anos, duração da chuva – 24 horas). As relações IDF (intensidade-duração-frequência de precipitação) a serem adotadas podem ser consequência dessa definição;
- os picos de vazão das áreas a serem urbanizadas não podem exceder os valores naturais;
- os sedimentos e a DBO nas águas de drenagem devem ser reduzidos na fonte em um montante equivalente ao de fontes pontuais (por exemplo, 80%);
- as bacias de detenção devem ser capazes de armazenar o deflúvio correspondente a determinada altura de precipitação, e a liberação deve ocorrer num período de tempo predeterminado;

- no deflúvio correspondente aos primeiros instantes de chuva deve ser desviado para um reservatório *off-line*.

Com relação aos critérios existentes e que deveriam ser objeto de referência quando da elaboração de regras similares, pode-se citar, entre outros, os seguintes órgãos e agências (Wanielista e Yousef, 1993): State of Mariland (1987), State of Florida Department of Environment Regulation (1985), Austin, Texas (1986), e South Florida – Water Planning Board (1987).

Os critérios variam de região para região. Entretanto, como sugestão de política básica e abrangência para a fundamentação de novos regulamentos, é interessante a consulta a outros critérios, bem como a legislações pertinentes.

De acordo com Wanielista e Yousef (1993), são necessárias pelo menos cinco verificações antes que um plano de drenagem seja julgado aceitável, a saber: viabilidade técnica, econômica, financeira, política e social. A viabilidade técnica deve prover evidências de que o projeto é capaz de responder às condicionantes física, biológica e química previamente estabelecidas. Para tanto, é necessária a compreensão dos princípios fundamentais da hidrologia, hidráulica, qualidade d'água e de engenharia em geral.

O planejamento de drenagem deve ser entendido como parte de um abrangente processo de planejamento urbano e, portanto, coordenado com os demais planos, principalmente os de saneamento básico (água e esgoto), uso do solo e transportes.

Segundo Sheaffer e Wright (1982), o plano de drenagem deve delinear alguns objetivos, como manter as regiões ribeirinhas ainda não urbanizadas em condições que minimizem as interferências com a capacidade de escoamento e armazenamento do talvegue; reduzir gradativamente o risco de inundações a que estão expostas pessoas e propriedades; reduzir o nível existente de danos por enchentes; assegurar que os projetos de prevenção e correção sejam consistentes com os objetivos gerais do planejamento urbano; minimizar problemas de erosões e assoreamentos; controlar a poluição difusa; e incentivar a utilização alternativa das águas de chuvas coletadas, para uso industrial, irrigação e abastecimento.

1.2 Medidas de Controle

As medidas de correção e/ou prevenção que visam minimizar os danos das inundações são classificadas, de acordo com sua natureza, em medidas estruturais e medidas não estruturais.

As medidas estruturais correspondem às obras que podem ser implantadas visando à correção e/ou prevenção dos problemas decorrentes de enchentes.

As medidas não estruturais são aquelas em que se procura reduzir os danos ou as consequências das inundações, não por meio de obras, mas pela introdução de normas, regulamentos e programas que visem, por exemplo, o disciplinamento do uso e ocupação do solo, a implementação de sistemas de alerta e a conscientização da população para a manutenção dos dispositivos de drenagem.

Walesh (1989) cita um levantamento na cidade de Denver (EUA), onde se estimou que o custo das medidas estruturais correspondentes à proteção contra inundações de 1/3 da bacia, em média, era equivalente ao custo da proteção, por medidas não estruturais, dos 2/3 restantes.

Medidas Estruturais

As medidas estruturais compreendem as obras de engenharia, que podem ser caracterizadas como medidas intensivas e extensivas.

As medidas intensivas, de acordo com seu objetivo, podem ser de quatro tipos: de aceleração do escoamento: canalização e obras correlatas; de retardamento do fluxo: reservatórios (bacias de detenção/retenção), restauração de calhas naturais; de desvio do escoamento: túneis de derivação e canais de desvio; e que englobem a introdução de ações individuais visando tornar as edificações à prova de enchentes.

Por sua vez, as medidas extensivas correspondem aos pequenos armazenamentos disseminados na bacia, à recomposição de cobertura vegetal e ao controle de erosão do solo, ao longo da bacia de drenagem.

Medidas Não Estruturais

Em contraposição às medidas estruturais, que podem criar uma sensação de falsa segurança e até induzir à ampliação da ocupação das áreas inundáveis (Tucci, 2002), as ações não estruturais podem ser eficazes a custos mais baixos e com horizontes mais longos de atuação.

As ações não estruturais procuram disciplinar a ocupação territorial, o comportamento de consumo das pessoas e as atividades econômicas.

Considerando aquelas mais adotadas, as medidas não estruturais podem ser agrupadas em: ações de regulamentação do uso e ocupação do solo; educação ambiental voltada ao controle da poluição difusa, erosão e lixo; seguro-enchente; e sistemas de alerta e previsão de inundações.

Por meio da delimitação das áreas sujeitas a inundações em função do risco, é possível estabelecer um zoneamento e a respectiva regulamentação para a construção, ou ainda para eventuais obras de proteção individuais (como a instalação de comportas, portas-estanques e outras) a serem incluídas nas construções existentes. Da mesma forma pode-se desapropriar algumas áreas, destinando-as a praças, parques, estacionamentos e outros. Por outro lado, os seguros-enchente podem ser calculados a partir da determinação dos riscos associados às cheias.

Os sistemas de previsão e alerta visam evitar o fator surpresa, que muitas vezes provoca vítimas fatais e grandes prejuízos pelo alagamento de vias, aprisionamento de veículos, inundação de edificações e de equipamentos. O sistema de alerta facilita as ações preventivas de isolamento ou retirada de pessoas e de bens das áreas sujeitas a inundações, bem como a adoção de desvios de tráfego.

As ações de regulamentação do uso e ocupação do solo visam prevenir contra os fatores de ampliação dos deflúvios, representados pela impermeabilização intensiva da bacia de drenagem e pela ocupação das áreas ribeirinhas inundáveis, fatores que sobrecarregam a capacidade natural de armazenamento e o escoamento das calhas dos rios.

Em um planejamento consistente de ações de melhoria e controle dos sistemas de drenagem urbana, deve estar prevista uma combinação adequada de recursos humanos e materiais, e um balanceamento harmonioso entre medidas estruturais e não estruturais. Em certos casos nos quais as soluções estruturais são inviáveis técnica ou economicamente, ou mesmo intempestivas, as medidas não estruturais, como, por exemplo, os sistemas de alerta, podem reduzir os danos esperados a curto prazo, com investimentos de pequena monta.

A Fig. 1.1 mostra as curvas de atendimento às demandas da drenagem urbana a partir das ações referentes às medidas estruturais e não estruturais, segundo Braga (1994).

1.3 Formulação dos Planos Diretores

Na formulação do plano diretor de macrodrenagem, deve-se considerar que a drenagem é um fenômeno de abordagem regional: a unidade de gerenciamento é a bacia hidrográfica, portanto, pode transcender os limites administrativos do município. A drenagem é também uma questão de alocação de espaços: a supressão de várzeas

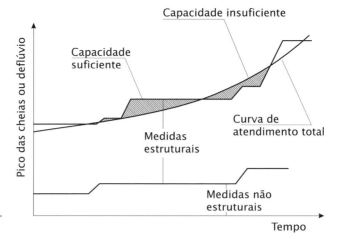

Fig. 1.1 *Curva de atendimento às demandas de drenagem urbana*

inundáveis, naturais ou não, implica sua relocação para jusante, e o mesmo se aplica à perda de áreas de infiltração pela impermeabilização. Além disso, a macrodrenagem faz parte da infraestrutura urbana: seu planejamento deve ser multidisciplinar e compatibilizado com os outros planos e projetos dos demais serviços públicos, principalmente os voltados à gestão das águas urbanas, incluindo o abastecimento público e os esgotos sanitários. Acrescenta-se que tem de ser sustentável: o gerenciamento da drenagem deve garantir a sua sustentabilidade institucional, econômica e ambiental. As soluções devem ser flexíveis e prever as eventuais necessidades de modificações futuras.

Um abrangente plano de drenagem urbana (Fig. 1.2) deve compreender, entre outras atividades, segundo Wanielista e Yousef (1993), o levantamento das características físicas da bacia de drenagem, notadamente daquelas que influenciam os deflúvios (*run-off*); a formulação de planos alternativos de controle ou correção de sistemas de drenagem, explicitando os respectivos objetivos; a análise da viabilidade técnica e econômica das alternativas, considerando também os aspectos sociopolíticos (aceitação pela comunidade) e ambientais; e uma metodologia consistente para a seleção da alternativa ótima.

De acordo com as premissas e atividades enumeradas, um plano diretor de macrodrenagem, para que seja efetivo e abrangente, precisa cumprir, por exemplo, as etapas básicas enumeradas esquematicamente nos fluxogramas das Figs. 1.2 e 1.3.

Em síntese, esse estudo global deve diagnosticar os problemas existentes ou previsíveis no horizonte de projeto adotado, e determinar, hierarquizar e redimensionar as soluções mais adequadas do ponto de vista técnico, econômico e ambiental.

Drenagem Urbana e Controle de Enchentes

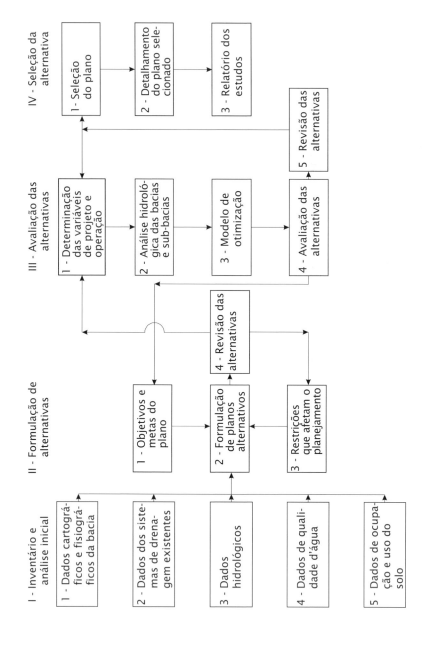

Fig. 1.2 *Planejamento de sistemas de drenagem urbana – Fluxograma das atividades principais (Wanielista e Yousef, 1993)*

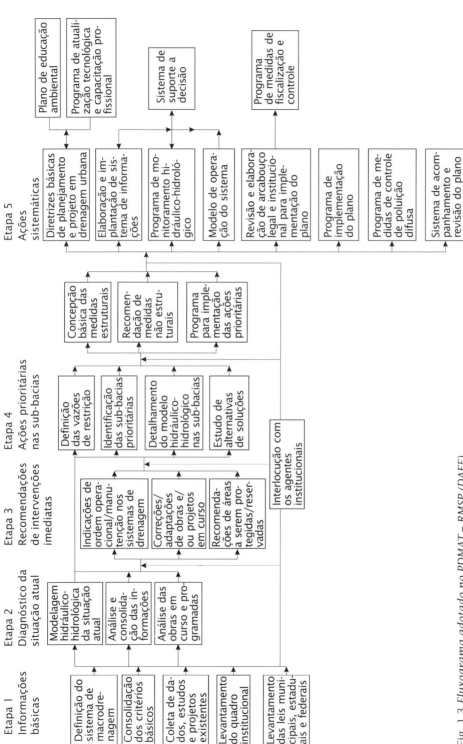

Fig. 1.3 *Fluxograma adotado no PDMAT – RMSP (DAEE)*

1 Planejamento de Sistemas de Drenagem Urbana

No que se refere às regiões metropolitanas, o plano diretor de macrodrenagem deve uniformizar os procedimentos de análise hidráulico-hidrológica, possibilitando a harmonização das intervenções realizadas pelos órgãos das administrações estadual e municipal e pelas concessionárias, visando alcançar maior eficácia e economia.

Se os objetivos são expressos em unidades monetárias, a melhor alternativa é a que apresenta custos mínimos ou a que maximiza os benefícios. Outras formas de avaliação das alternativas, em que os aspectos de melhoria da qualidade de vida, nível de emprego e lazer podem ser quantificados, também são possíveis, conforme exposto no Cap. 6 – Análise das alternativas.

Nos capítulos seguintes são descritas em detalhe as ações que devem ser empreendidas no encaminhamento de soluções alternativas estruturais para problemas de drenagem urbana. No Cap. 7, apresentam-se análises comparativas de alternativas de solução, propostas pelo autor para alguns pontos críticos de inundação da cidade de São Paulo.

No Cap. 8 tem-se a descrição completa da metodologia, dos critérios e das diretrizes adotadas em um caso concreto, levado a efeito na RMSP, praticamente todo voltado à bacia do Alto Tietê, assim como dos principais resultados e das medidas realizadas por meio desse plano.

Conceituação Geral

As medidas não convencionais em drenagem urbana podem ser entendidas como estruturas, obras, dispositivos ou mesmo como conceitos diferenciados de projeto, cuja utilização não se encontra ainda disseminada. São soluções que diferem do conceito tradicional de canalização, mas podem estar a ela associadas, para adequação ou otimização do sistema de drenagem.

Dentre as medidas não convencionais mais frequentemente adotadas, destacam-se aquelas que visam a incrementar o processo da infiltração; reter os escoamentos em reservatórios; ou retardar o fluxo nas calhas dos córregos e rios. Também se incluem as medidas destinadas a proteger as áreas baixas com sistemas de diques do tipo pôlder, e derivar os escoamentos, promovendo *bypass* em áreas afetadas.

As soluções que envolvem a retenção dos escoamentos são compostas por estruturas que amortecem os picos de vazão por meio do conveniente armazenamento dos deflúvios.

Walesh (1989) classifica as diretrizes gerais de projeto de drenagem urbana em "conceito de canalização" e "conceito de reservação". Ele apresenta uma comparação entre as características dos dois conceitos, cuja adaptação está no Quadro 2.1.

O "conceito de canalização" definido por Walesh, refere-se à prática da canalização convencional exercida por décadas no mundo todo e particularmente no Brasil, voltada à implantação de galerias

Medidas Não Convencionais

e canais de concreto, ao tamponamento dos córregos, à retificação de traçados, ao aumento de declividades de fundo e demais intervenções, que visavam, prioritariamente, a promover o afastamento rápido dos escoamentos e o aproveitamento dos fundos de vale como vias de tráfego, tanto laterais aos canais como sobre eles.

Em grande parte das bacias afetadas por inundação, verifica-se que a ocupação urbana local desenvolveu-se no sentido de jusante para montante do rio/córrego. Ou seja, à medida que a bacia se desenvolve, os picos de vazão afluentes às canalizações nas porções de jusante crescem, e a solução para compatibilizar as capacidades torna-se difícil ou mesmo inviável, muitas vezes pela própria presença da urbanização, já bastante consolidada nas áreas mais baixas, ribeirinhas aos córregos. Ver Fig. 2.1.

Quadro 2.1 Conceito de Canalização x Conceito de Reservação

CARACTERÍSTICA	CANALIZAÇÃO	RESERVAÇÃO
Função	Remoção rápida dos escoamentos	Contenção temporária para subsequente liberação
Componentes principais	Canais abertos/galerias	Reservatórios a superfície livre Reservatórios subterrâneos Retenção subsuperficial
Aplicabilidade	Instalação em áreas novas Construção por fases Ampliação de capacidade pode se tornar difícil (centros urbanos)	Áreas novas (em implantação) Construção por fases Áreas existentes (à superfície ou subterrâneas)
Impacto nos trechos de jusante (quantidade)	Aumenta significativamente os picos das enchentes em relação à condição anterior Maiores obras nos sistemas de jusante	Áreas novas: podem ser dimensionadas para impacto zero (Legislação EUA) Reabilitação de sistemas: podem tornar vazões a jusante compatíveis com capacidade disponível
Impacto nos trechos de jusante (qualidade)	Transporta para o corpo receptor toda carga poluente afluente	Facilita remoção de material flutuante por concentração em áreas de recirculação dos reservatórios e dos sólidos em suspensão, pelo processo natural de decantação
Manutenção/operação	Manutenção em geral pouco frequente (pode ocorrer excesso de assoreamento e de lixo) Manutenção nas galerias é difícil (condições de acesso)	Necessária limpeza periódica Necessária fiscalização Sistemas de bombeamento requerem operação/manutenção Desinfecção eventual(insetos)
Estudos hidrológicos/hidráulicos	Requer definição dos picos de enchente	Requer definição dos hidrogramas (volumes das enchentes)

As cidades de Ribeirão Preto (SP) e Uberaba (MG) são exemplos marcantes desse processo. O mesmo se aplica às diversas cidades litorâneas (Rio de Janeiro, p.ex.). Esse diagnóstico também se aplica à grande maioria dos locais mais críticos de drenagem urbana da cidade de São Paulo, como os constatados no córrego Pirajuçara, no rio Cabuçu de Baixo, no córrego do Cordeiro (av. Roque Petrônio Jr./av. Vicente Rao), no rio Cabuçu de Cima, no córrego Água Espraiada, no rio Aricanduva e outros, onde a ocupação urbana processou-se no sentido da foz para as cabeceiras.

As medidas alternativas analisadas neste trabalho visam tanto à apresentação de novas possibilidades para a correção dos problemas de inundação já existentes, como à proposição de novas tecnologias para a implantação de sistemas de drenagem em áreas a serem ainda desenvolvidas.

Fig. 2.1 *Processo de retificação dos rios e ocupação das várzeas na região central de São Paulo. Confluência do rio Tamanduateí com o rio Tietê, em 1928 e em 2000*

A tecnologia de detenção pode ser aplicada de diferentes formas, segundo a situação e a conveniência das administrações municipais. Pode ser realizada em cada lote, mediante pequenos reservatórios associados, por exemplo, a áreas permeáveis, nos pavimentos e pisos, ou no âmbito das sub-bacias, em bacias de detenção maiores, fechadas – a exemplo do que ocorre no reservatório para controle de cheias da av. Pacaembu (seção 7.1) –ou a céu aberto. Neste último caso, essas áreas permanecem secas nos períodos de estiagem (de oito a nove meses por ano) e podem, portanto, ser utilizadas como áreas de lazer. Outra vantagem da implantação das bacias de detenção é a melhoria da qualidade da água, no que se refere aos efeitos da poluição difusa, e do transporte de sedimentos, causada pelas águas da lavagem do sistema viário e dos sólidos resultantes do processo de ocupação do solo, que são lançados nos córregos. Durante a permanência das águas nos reservatórios, ocorre a sedimentação e a decantação dos poluentes, que serão depois removidos e dispostos convenientemente em aterros sanitários. Obras desse tipo encontram-se em operação nos municípios de São Paulo, Santo André, São Bernardo do Campo e Mauá, no Estado de São Paulo.

Após a implantação completa dos sistemas de coleta e tratamento dos esgotos sanitários, o controle da poluição difusa transportada principalmente pelo sistema de macrodrenagem será, no futuro, o grande desafio para a preservação dos corpos hídricos receptores.

Embora o enfoque principal deste livro recaia sobre as alternativas de detenção, pela sua própria importância, outras soluções alternativas, como o retardamento dos escoamentos na calha, a derivação dos escoamentos e a implantação de pôlderes, também são referenciadas.

As ações que objetivam o retardamento na calha remetem ao conceito da conservação, ou mesmo de restauração, tanto quanto possível, das condições naturais originais, ou mais próximas a elas, dos rios e córregos urbanos. Essas ações compreendem: manter ou restaurar o leito maior (várzea) dos córregos, preservar as sinuosidades (meandros), dotar as canalizações de revestimento rugoso, para reduzir as velocidades de escoamento, e consequentemente os picos de vazão esperados (pela ampliação do tempo de concentração), restaurar a vegetação ciliar e outras medidas que buscam o saneamento dos fundos de vale.

A derivação dos escoamentos diz respeito ao seccionamento hidráulico de determinadas sub-bacias, através de *bypass*, a fim de aliviar os picos de vazão nas canalizações de jusante. Como resultado, apresenta um desempenho no trecho situado a jusante da obra semelhante àquele obtido com uma reservação parcial ou total.

A construção de diques ou sistemas de pôlderes destina-se ao isolamento de áreas ribeirinhas que possuem cotas topográficas inferiores aos níveis d'água do curso d´água quando da ocorrência de enchentes. A drenagem dessa área isolada é feita pelo sistema de bombeamento e/ou válvulas de retenção.

A seguir, essas soluções não convencionais são examinadas com exemplos e análises de desempenho. Nos estudos de caso (Cap. 7), há alguns exemplos práticos da aplicação dessas soluções.

2.1 Detenção dos Escoamentos

As obras e os dispositivos aplicados para favorecer a reservação dos escoamentos constituem o conceito mais significativo e de amplo espectro no campo das medidas inovadoras em drenagem urbana.

A finalidade dessa solução é reduzir o pico das enchentes, por meio do amortecimento conveniente das ondas de cheia, obtida pelo armazenamento de parte do volume escoado. Entretanto, a utilização dessas estruturas é associada também a outros usos, como recreação e lazer e, mais recentemente, à melhoria da qualidade d'água.

Walesh (1989) citou a evolução das obras de detenção ao longo do tempo (Fig. 2.2). Atualmente, as obras desse tipo aplicadas no Brasil situam-se na Fase 2.

A Fig. 2.3, apresentada por Braga (1994), contém uma ilustração dos principais dispositivos empregados seguindo o conceito de Reservação, na fonte e a jusante dela, e os seus efeitos na redução dos picos dos deflúvios, comparados à visão higienista, que envolve apenas as obras de Canalização.

O esquema apresentado na Fig. 2.4, desenvolvido por Urbonas e Stahre (1990), classifica os dispositivos de retenção/detenção de maneira abrangente e sistemática. As obras e os dispositivos de reservação foram classificados em dois grupos principais, de acordo com a sua localização no sistema de drenagem, a saber: contenção na fonte e contenção a jusante dela.

- Contenção na Fonte

Em meio aos diversos desafios de controle da quantidade e qualidade das águas urbanas, surgiram novos conceitos e técnicas com

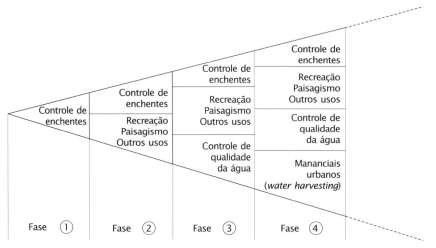

Fig. 2.2 *Evolução de obras de detenção em centros urbanos (adaptado de Walesh, 1989 e Usepa, 1999)*

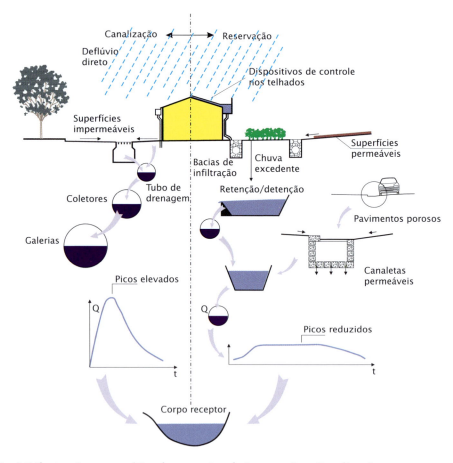

Fig. 2.3 *Ilustração esquemática dos conceitos de Reservação x Canalização*

o objetivo de recuperar, o máximo possível, as condições hidrológicas locais anteriores à ocupação da bacia. Essas técnicas, ditas alternativas ou compensatórias, buscam, por meio da utilização de diferentes processos físicos e biológicos e da visão multidisciplinar e sistêmica do problema, garantir a diminuição do volume escoado após a urbanização, a manutenção do tempo de concentração da bacia, o controle das velocidades de escoamento, a manutenção da qualidade da água e o uso da água de chuva.

De forma generalizada, esses dispositivos são de pequenas dimensões e localizados próximos aos locais onde os escoamentos são gerados (fonte), para o melhor aproveitamento do sistema de condução do fluxo para jusante. Esse tipo de solução apresenta algumas vantagens, como o fato destes dispositivos serem normalmente compostos por pequenas unidades de reservação, que podem ser padronizadas. A alocação dos custos pode ser simplificada, por causa da menor sobrecarga para cada área controlada e da relação direta que é possível estabelecer entre área urbanizada e deflúvio. Os custos de manutenção e operação podem elevar-se pela multiplicação das unidades, e a avaliação do desempenho global, para fins de dimensionamento e projeto, pode tornar-se complexa e trazer incertezas ao projetista.

Quanto à contenção na fonte, é possível classificá-la de acordo com a) *disposição no local*: constituída por estruturas, obras e dispositivos que facilitam a infiltração e a percolação; b) *controle de entrada*: dispositivos que restringem a entrada na rede de drenagem, como válvulas nos telhados ou o controle nas captações das áreas de estacionamentos e pátios; c) *detenção no local* (ou *in situ*): pequenos reservatórios ou bacias para armazenamento temporário de escoamentos produzidos em áreas restritas e próximas (Foto 2.1).

As vantagens de utilizar sistemas de controle na fonte são (Urbonas e Stahre, 1993):

- maior flexibilidade para encontrar locais propícios para instalação dos dispositivos;
- os dispositivos podem ser padronizados;
- aumento da eficiência de transporte de vazão nos canais existentes;
- melhoria da qualidade da água e da recarga dos aquíferos;
- valorização da água no meio urbano.

Já as desvantagens estão relacionadas a:

- capacidade de investimento dos proprietários privados;

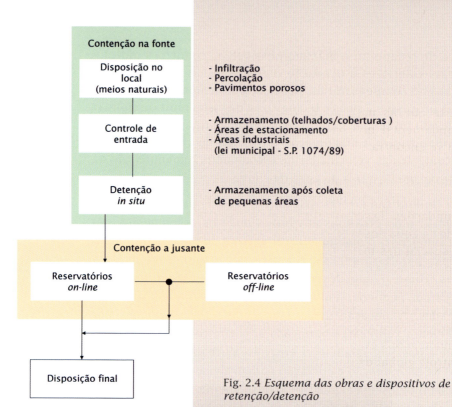

Fig. 2.4 *Esquema das obras e dispositivos de retenção/detenção*

Foto 2.1 *Jardins em edifícios, utilizados como maneira de retardar a entrada na rede de drenagem (Portland, 2002)*

- difícil fiscalização da operação e manutenção;
- conflito de interesse com o uso da água de chuva;
- efetividade no controle de cheias na bacia como um todo.

Ressalta-se que as medidas de controle na fonte desempenham papel fundamental no controle da poluição difusa. Esse tipo de poluição se encontra intimamente ligado aos eventos de chuva de altíssima frequência. Conforme Guo e Urbonas (1996), 95% dos eventos geradores de escoamento superficial são de recorrência inferior a dois anos, os quais, na maioria das vezes, não têm potencial para gerar inundações. Esses eventos, porém, causam a degradação da qualidade da água dos rios urbanos e necessitam de uma boa distribuição espacial das medidas de controle, o mais próximo possível do ponto de geração do escoamento.

As medidas de controle na fonte devem ser vistas como complementares àquelas de controle a jusante (voltadas ao controle de quantidade na escala regional), com o objetivo final de garantir o correto manejo dos eventos de alta e baixa frequências, promovendo o controle global da quantidade e da qualidade.

Ultimamente, ganham espaço na gestão dos sistemas de drenagem urbana técnicas consolidadas como as de Urbanização de Baixo Impacto, *Low Impact Development* (LID), nos Estados Unidos, Sistemas de Drenagem Urbana Sustentável, *Sustainable Urban Drainage Systems* (SUDS), no Reino Unido, e *Water Sensitive Urban Drainage* (WSUD), na Austrália (Butler e Davies (2011) e DOD (2004)). Os conceitos diferem um pouco de acordo com a abordagem.

As técnicas de LID e SUDS apresentam diferenças nas técnicas empregadas, porém buscam atingir objetivos semelhantes. Enquanto os projetos de SUDS baseiam-se principalmente na disseminação de dispositivos em diferentes escalas (local, principalmente), as técnicas de LID utilizam-se das ferramentas de planejamento prévio da urbanização e *design* inteligente com enfoque no controle na fonte. Enquanto as técnicas de SUDS atuam na correção e, eventualmente, na prevenção dos problemas de drenagem, as técnicas de LID se aplicam ao planejamento de novos sistemas de forma integrada ao desenvolvimento do projeto arquitetônico, paisagístico, viário, entre outros. Esses dois exemplos são apresentados a seguir.

Sistemas de Drenagem Urbana Sustentável (SUDS)

Os sistemas de drenagem urbana sustentável são dispositivos e técnicas desenvolvidos sobre o tripé quantidade, qualidade e amenidade/biodiversidade, as quais devem ser alcançadas de maneira equilibrada (Woods-Ballard et al., 2007).

As SUDS foram desenvolvidas nos países do Reino Unido e se assemelham às BMP (*Best Management Practices* – melhores práticas de manejo) desenvolvidas nos Estados Unidos. Países como Austrália, Suécia e os já citados utilizam esse tipo de abordagem desde a década de 1980. Esses sistemas vêm, pouco a pouco, substituindo as redes tradicionais de drenagem. Em alguns casos, a instalação prévia de SUDS torna desnecessária a construção de sistemas tradicionais, ou então a dimensão necessária para estes últimos passa a ser bastante reduzida (Butler e Davies, 2011).

Esses sistemas são projetados para funcionar em pequenas unidades discretas disseminadas pelo terreno de forma a manter as características hidrológicas o mais próximo possível das condições anteriores à ocupação.

A filosofia geral aplicada ou esperada das SUDS pode ser assim resumida (Woods-Ballard et al., 2007):

- reduzir as vazões e taxas de escoamento;
- reduzir os volumes adicionais consequentes da urbanização;
- promover a recarga natural dos aquíferos;
- reduzir a concentração de poluentes e atuar como zona de amortecimento em caso de acidentes com derramamento de contaminantes;
- prover *habitats* para os animais e agregar valor estético para as áreas urbanas.

O planejamento dos sistemas de drenagem sustentável deve seguir uma combinação de diferentes dispositivos em série (conhecidos na literatura como *management train* ou *treatment train*) (Woods-Ballard et al., 2007), que se caracteriza por determinar a sequência das alternativas de controle de forma a minimizar os impactos inerentes da urbanização. Essa associação de dispositivos objetiva manter a condição hidrológica o mais próximo possível das condições iniciais. Outra característica é minimizar a descarga para jusante, ou seja, os impactos devem ser contidos o mais próximo possível da fonte e, consequentemente, pelo proprietário da área.

O controle da quantidade se baseia nos seguintes princípios: infiltração; detenção/retenção; transporte e captação da água. Já o controle da qualidade é realizado a partir de sedimentação, adsorção, filtração, biodegradação, precipitação, assimilação, fotólise, nitrificação e volatilização dos componentes.

- ### Urbanização de Baixo Impacto (LID)

O LID tem como objetivo o planejamento integrado para o total desenvolvimento de uma área e das atividades que serão feitas, com particular atenção à manutenção das características hidrológicas locais (DOD, 2004). Essas características passam a ser o elemento integrador do projeto. Dessa maneira, de forma a compensar os impactos na quantidade e na qualidade das águas, as técnicas de LID buscam mimetizar as condições hidrológicas existentes por meio de instrumentos, conceitos de *design* e unidades de controle que buscam a manutenção do armazenamento, da detenção e da infiltração e a evaporação de pré-desenvolvimento (Prince Georges County, 1999).

O processo de planejamento com essas técnicas pode ser potencializado por novas regras de zoneamento e uso do solo. Os principais benefícios desse tipo de intervenção são (Pazwash, 2011):

- Diminuição da terraplanagem e limpeza do terreno de forma a reduzir a erosão e o assoreamento;
- Minimização dos escoamentos superficiais majorados pela implantação de áreas com revestimentos impermeáveis, como ruas, calçadas e estacionamentos. Essas medidas possibilitam a utilização de vias com menor largura, o emprego de asfaltamento convencional em menor escala e também um número menor de vias no empreendimento;
- Diminuição das áreas diretamente conectadas (impermeabilidade efetiva) à rede de drenagem, com telhados e pisos drenando para superfícies permeáveis ou vegetação;
- Aumento do caminhamento das águas de forma a aumentar o tempo de concentração. Devem ser mantidas ao máximo a rugosidade e a declividade de pré-desenvolvimento;
- Minimização da área impermeável com, por exemplo, o emprego de telhados não convencionais.

A mimetização das características de pré-desenvolvimento pode ser avaliada por meio da comparação entre os hidrogramas de pré-desenvolvimento e de pós-desenvolvimento, de forma que, quanto menor o distúrbio criado na área, o que equivale a uma menor diferença entre os hidrogramas de um caso e outro, menores também serão os investimentos em estruturas físicas que possam compensar essa diferença. As Figs. 2.5 e 2.6 sintetizam os resultados esperados com a utilização de técnicas de LID, embora seja difícil atingi-los na prática.

- Contenção a Jusante

    Refere-se às obras para reservação dos deflúvios a jusante, representadas pelos reservatórios destinados a controlar os deflúvios provenientes de partes significativas da bacia.

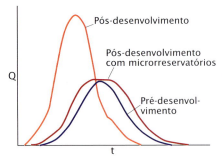 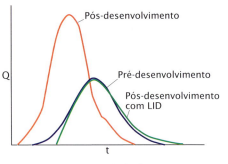

Fig. 2.5 *Resposta do hidrograma de pós-desenvolvimento com microrreservatórios (adaptado de Gearheart, 2007)*

Fig. 2.6 *Resposta do hidrograma de pós-desenvolvimento com LID (adaptado de Gearheart, 2007)*

Os reservatórios são classificados, de acordo com o seu posicionamento e função nos sistemas de drenagem, em *on-line*, ou seja, na linha principal do sistema ou a ele conectado em série, e *off-line*, quando implantados em paralelo, para desvio dos escoamentos.

A seguir apresenta-se uma descrição geral dos principais sistemas e dispositivos de contenção, segundo sua posição na rede de drenagem, de acordo com a classificação de Urbonas (1993).

2.1.1 Disposição no Local

A disposição no local teve aplicação crescente nos últimos anos. Esse tipo de reservação das águas precipitadas é tipicamente voltado ao controle em lotes residenciais e vias de circulação, constituído por obras ou dispositivos que promovam ou incrementem a infiltração e percolação das águas coletadas.

O objetivo é reduzir os picos das vazões veiculadas para a rede de drenagem. A possibilidade de promover a recarga de aquíferos e o possível aproveitamento das águas reservadas para usos diversos constituem vantagens adicionais desse tipo de contenção na fonte.

Em pesquisas efetuadas por Jacobsen et al. (1996), realizadas a partir das conclusões do *Fifth European Junior Scientist Workshop on Stormwater Infiltration* – Klinthom (Dinamarca), em 1992, foram comparadas as soluções de incremento da infiltração com outros métodos. Implantou-se uma área experimental com diversos dispositivos de infiltração adiante descritos, na bacia do rio Shirako, Japão. As medições demonstraram que o sistema de infiltração reduziu os picos de vazão em 60% e o volume total dos deflúvios em cerca de 50%, em comparação aos sistemas convencionais.

O custo final desse sistema correspondeu a 33% do custo da solução por detenção em bacias abertas, dado o alto custo, no Japão, das áreas necessárias para esta solução.

A capacidade de absorção de um solo depende de inúmeros fatores, entre os quais: cobertura vegetal, tipo de solo, condições do nível freático e qualidade das águas de drenagem.

Uma parte da precipitação que atinge o solo se infiltra. O movimento da água nas zonas não saturadas do solo, acima do nível freático, é denominado percolação. A porosidade efetiva é definida como a quantidade de água que um solo pode drenar.

O Quadro 2.2 fornece valores aproximados de porosidades efetivas para vários tipos de solos/pavimentos.

Quadro 2.2 Porosidade efetiva de solos/pavimentos (Urbonas e Glidden, 1982)

TIPO DE SOLO/PAVIMENTO	POROSIDADE EFETIVA(%)
Pedra britada	30
Cascalho e macadame	40
Cascalho (2-20 mm)	30
Areia	25
Canaleta preenchida com cascalho	15-25
Argila expandida	5-10
Argila ressecada (crosta)	2-5
Siltes e argilas (abaixo da superfície)	0

Além das informações a respeito da capacidade de absorção do solo, deve-se também conhecer as condições do nível freático, a fim de verificar a capacidade do terreno para a disposição das águas drenadas. Para tanto, é necessário conhecer a distância entre a superfície do terreno e o nível freático; a declividade da superfície freática; a profundidade e direção do fluxo subterrâneo, incluindo as zonas de entrada e saída; e, por fim, a variação do nível d'água ao longo do ano.

Dispositivos de infiltração utilizados

Nos últimos anos disseminou-se a pesquisa de dispositivos que incrementam a infiltração, visando à disposição no local.

De acordo com Nakamura (1988), esses dispositivos podem ser classificados em dois grupos principais, denominados métodos dispersivos e métodos em poços. Os métodos dispersivos incluem os dispositivos pelos quais a água superficial infiltra-se no solo. Os métodos em poços são aqueles em que há recarga do nível subterrâneo pelas águas da superfície. O Quadro 2.3 apresenta essa classificação, discriminando os diversos dispositivos em cada caso.

Quadro 2.3 Classificação geral dos dispositivos de infiltração (Nakamura, 1988)

MÉTODOS DISPERSIVOS	MÉTODOS EM POÇOS
Superfícies de infiltração	
Valetas de infiltração abertas	Poços de infiltração secos
Lagoas de infiltração	Poços de infiltração úmidos
Bacias de percolação	
Pavimentos porosos	

Os métodos dispersivos são mais indicados onde há disponibilidade de espaço. Embora de prevenção possível, a colmatação desses dispositivos ao longo da vida útil da obra é praticamente inevitável. Estudos estão sendo conduzidos para aperfeiçoar as técnicas de prevenção (Nakamura, 1988).

Superfícies de infiltração: a forma mais simples de disposição no local é permitir que as águas superficiais percorram um terreno coberto por vegetação. Em áreas com subsolo argiloso ou pouco permeável, pode-se instalar subdrenos para eliminar locais com água parada (Fig. 2.7 e Foto 2.2).

Trincheiras de percolação: as trincheiras de percolação são feitas a partir do preenchimento com meio granular de uma pequena vala para infiltração e/ou filtração e detenção do escoamento superficial. As trincheiras podem receber o escoamento por contribuição lateral ou até mesmo pontual, servindo a diversas situações. Elas geralmente apresentam largura e profundidade de 1 a 2 m, com comprimento variável. A composição do preenchimento é geralmente realizada com material granular com diâmetro aproximado de 40 a 60 mm que resulte em uma porosidade de, no mínimo, 30%. A instalação de uma manta geotêxtil (com permeabilidade maior que o solo) pode ajudar a evitar o fenômeno de *piping*, além de promover o pré-tratamento da água infiltrada.

Valetas de infiltração abertas: são valetas revestidas com vegetação, em geral grama, adjacentes a ruas e estradas, ou junto a áreas de estacionamento, para favorecer a infiltração (Fig. 2.8 e Foto 2.3). Podem ser complementadas com trincheiras de percolação ou alagados construídos, formando pequenos bolsões de retenção (valetas úmidas) (Fig. 2.9).

A proteção dessas valetas com vegetação é importante para a conservação da superfície mais permeável do solo, que pode colmatar com a decantação de partículas finas. É possível que eventualmente seja necessária a retirada do material acumulado para restaurar a capacidade de infiltração.

As valetas gramadas são geralmente estruturas rasas dotadas de controle de nível, como pequenos vertedores. Apresentam largura de até 2,0 m, margens com inclinação 3:1 e declividade longitudinal de 1%. Essas estruturas promovem a melhoria da qualidade da água por meio da retenção de volumes e posterior sedimentação e também pela filtração promovida pela vegetação. Para maior eficácia na melhoria da qualidade da água, o dimensionamento da estrutura deve prever uma lâmina d'água superior a 10 cm e velocidades de até 0,5 m/s para chuvas ordinárias.

Fig. 2.7 *Superfície de infiltração*

Foto 2.2 *Superfícies de infiltração (Portland, 2002)*

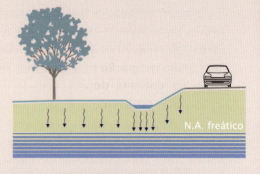

Fig. 2.8 *Valeta de infiltração aberta*

Foto 2.3 *Exemplos de valeta de infiltração aberta (Portland, 2002)*

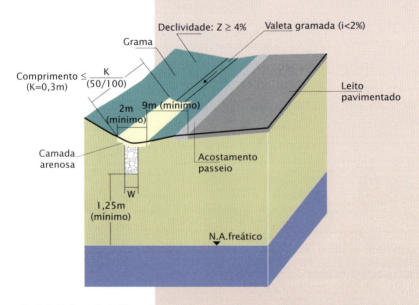

Fig. 2.9 *Valeta de infiltração complementada com trincheira de percolação (Urbonas, 1993)*

As valetas secas, estreitas e mais profundas que as valetas gramadas, podem ser utilizadas em áreas com ocupação mais densa. Elas são dotadas de um dreno submerso recoberto com cascalho, em que o fator preponderante para a melhoria da qualidade e a diminuição da quantidade é a infiltração. Para esse tipo de valeta, a taxa de infiltração do solo passa a ser um fator de importância e deve ser superior a 7 mm/h.

Foto 2.4 *Colocação de membrana geotêxtil em valeta (Maccaferri, 2008)*

Ambos os sistemas devem ser dimensionados de forma a evitar os extravasamentos. As valetas podem receber estruturas acessórias para garantir baixas velocidades de escoamento, formação de piscinas, maior tempo de retenção e volume retido, bem como interceptação de sedimentos.

Em casos especiais, pode-se complementar esses dispositivos com trincheiras de percolação, instaladas espaçadamente em relação às valetas, que são dimensionadas para interceptar os escoamentos (normalmente para TR = 25 anos). As águas penetram nas valetas através de filtros e transições arenosas, com a função de evitar a colmatação. Com esse mesmo objetivo, é também recomendado revestir as valetas com grama.

Lagoas de infiltração: são constituídas por pequenas bacias de detenção especialmente projetadas, com nível d'água permanente e volume de espera, que facilitam a infiltração pela dilatação do tempo de residência.

Bacias de percolação: o uso de bacias de percolação para a disposição de drenagem iniciou-se nos anos 1970, segundo Urbonas (1993). Uma bacia de percolação é construída por escavação de uma valeta que, posteriormente, é preenchida com brita ou cascalho, e sua superfície reaterrada. O material granular promove a reservação temporária do escoamento, enquanto a percolação se processa lentamente para o subsolo (Figs. 2.10 e 2.11 e a Foto 2.5).

Geralmente, esses dispositivos são dimensionados com uma profundidade de até 0,6 m e grãos de dimensão de 0,5 a 1 mm. A razão mínima entre o comprimento e a largura da estrutura deve ser de 2:1.

As bacias são dispositivos de manutenção constante e custosa, devido à necessidade de limpeza e troca do meio filtrante com frequência. Os inconvenientes desse sistema são a possibilidade de colmatação biológica e a geração de odor desagradável.

Fig. 2.10 *Bacia de percolação em uma residência*

Foto 2.5 *Bacia de percolação (Portland, 2002)*

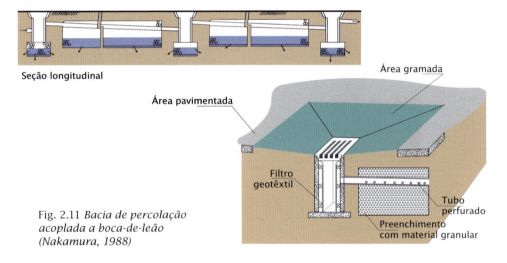

Fig. 2.11 *Bacia de percolação acoplada a boca-de-leão (Nakamura, 1988)*

Pavimentos porosos: os pavimentos porosos são constituídos normalmente de concreto ou asfalto convencionais, dos quais foram retiradas as partículas mais finas. Adicionalmente, podem ser construídos sobre camadas permeáveis, geralmente bases de material granular. Uma variação de pavimento poroso pode ser obtida com a implantação de elementos celulares de concreto, também colocados sobre base granular. Mantas geotêxteis são colocadas geralmente entre a base e o pavimento, de forma a evitar a passagem de finos (Fig. 2.12 e Foto 2.6).

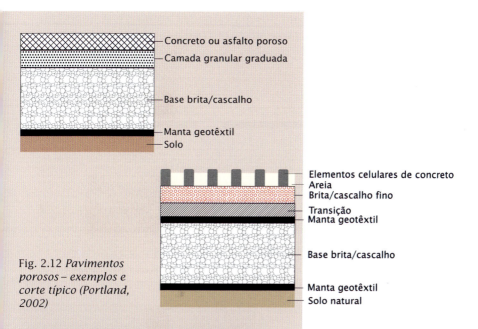

Fig. 2.12 *Pavimentos porosos – exemplos e corte típico (Portland, 2002)*

Foto 2.6 *Pavimento poroso – Parque Ibirapuera (São Paulo, 1996); Portland e Monterey (EUA, 2002)*

Poços de infiltração: os poços de infiltração são as medidas de contenção na fonte mais recomendadas quando não se dispõe de espaço ou quando a urbanização existente, já consolidada, inviabiliza a implantação das medidas dispersivas de aumento da infiltração. Para uma operação eficiente dos poços, é necessário que o nível freático se encontre suficientemente baixo em relação à superfície do terreno e que o subsolo possua camadas arenosas. A qualidade da água drenada é outro fator que pode restringir a implantação dos poços. A estrutura típica de um poço de infiltração é apresentada na Fig. 2.13.

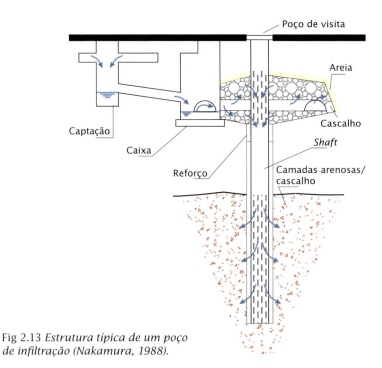

Fig 2.13 *Estrutura típica de um poço de infiltração (Nakamura, 1988).*

Desempenho de Pavimentos Porosos
Experiência de Harada e Ichikawa

O desempenho dos pavimentos porosos na redução dos picos das vazões de drenagem, em função da sua composição, foi analisado por Harada e Ichikawa (1994), da Universidade de Tóquio.

Os autores propuseram um pavimento poroso, chamado Drainage Infiltration Strata (1990), composto por camadas de turfa artificial, pavimento permeável, cascalho e areia, com um tubo de drenagem na parte inferior.

A função desse pavimento é servir de elemento de retenção na fonte, para reduzir os picos e volumes dos deflúvios.

Para a análise do desempenho, foi construído um modelo físico integral (escala 1:1) e utilizado um modelo matemático para as simulações numéricas.

A Fig. 2.14 apresenta esquematicamente o protótipo construído em campo de beisebol da Universidade de Tóquio.

A instrumentação utilizada permitiu medir os volumes precipitados, os volumes drenados pelo pavimento e outros parâmetros relevantes.

Foram realizadas análises estatísticas para quantificar o efeito das camadas sobre alguns índices estabelecidos, como o retardamento inicial dos escoamentos e a redução no pico do deflúvio.

O experimento compreendeu 60 eventos de chuva entre os anos de 1984 e 1988. A intensidade de pico (média) foi de 7,20 mm/h e o total precipitado (médio) foi de 380 mm. A análise de perda de deflúvio total em todos os eventos, resultou em uma média de 58%.

Foi realizada uma análise de redução no pico do deflúvio para doze eventos particularmente intensos, com intensidade máxima (média) de 17,20 mm/h e volume (médio) de 82,70 mm. Essa análise resultou em uma redução média nos picos dos deflúvios de 22%.

Com um modelo numérico baseado nas equações de Richard-Campbell e calibrado a partir dos resultados do modelo físico, foi possível avaliar o desempenho do pavimento com subcamadas diferentes. Os parâmetros hidrogeotécnicos característicos das camadas foram determinados em modelo reduzido. Adotou-se uma chuva de projeto padronizada pelo Sewerage Bureau of Tokyo, com intensidade de pico de 50 mm/h e total de 151,90 mm.

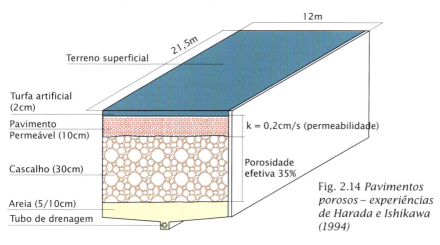

Fig. 2.14 *Pavimentos porosos – experiências de Harada e Ishikawa (1994)*

Analisaram-se três casos com diferentes subcamadas de cascalho: 30 cm, 45 cm e 75 cm, mantendo-se as demais camadas inalteradas (Fig. 2.14).

Obtiveram-se os seguintes resultados:

Caso A: retardamento inicial do escoamento ....1 h
redução no pico do deflúvio para .... 17 mm/h
Caso B: retardamento inicial do escoamento ....2 h
redução no pico do deflúvio para .... 13,9 mm/h
Caso C: retardamento inicial do escoamento ....2 h
redução no pico do deflúvio para........................ 12 mm/h

Esse fato mostrou a grande possibilidade de redução nos picos dos deflúvios e de ampliação nos tempos de concentração propiciados pelo aumento da camada de cascalho, ou seja, com maior reservação.

A Fig. 2.15 mostra os hidrogramas típicos obtidos para o Caso B com a simulação numérica.

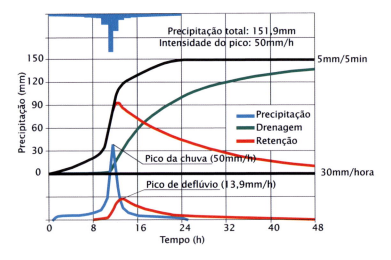

Fig. 2.15
Desempenho de um pavimento poroso definido analiticamente (Harada e Ichikawa, 1994)

Experiências de Pratt, Mantle e Schofield

Pratt, Mantle e Schofield (Pratt et al., 1988) construíram um pavimento experimental no Clifton Campus da Trent Polytechnic, em Nottingham (RU), e realizaram uma série de experimentos para avaliar a sua capacidade de armazenamento de deflúvios. Na parte inferior do pavimento, foi assentada uma membrana impermeável, de forma que a atuação do pavimento ficou restrita à sua própria capacidade de armazenamento, e vedada a infiltração no subsolo.

O pavimento experimental possuía 40 m x 4,60 m, na área de estacionamento do campus, que foi fracionada em quatro parcelas que foram preenchidas com materiais granulares de diferentes características (cascalho e brita).

O desempenho hidráulico do pavimento poroso analisado mostrou algumas diferenças entre as sub-bases, e obteve-se, como média entre três eventos chuvosos analisados, com totais de 34,8 mm, 26,2 mm e 19,5 mm, uma redução de 30% nos picos de vazão e uma ampliação no tempo de concentração, originalmente de 2-3 minutos, para um período de 5-10 minutos. A Fig. 2.16 mostra a relação entre precipitação e deflúvio obtida em um dos eventos registrados, e a Foto 2.7, aspectos do experimento.

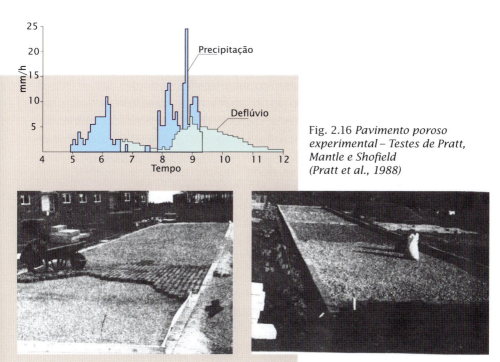

Fig. 2.16 *Pavimento poroso experimental – Testes de Pratt, Mantle e Shofield (Pratt et al., 1988)*

Foto 2.7 *Pavimento poroso experimental – testes de Pratt, Mantle e Shofield (Pratt et al., 1988)*

2.1.2 Controle de Entrada

Os dispositivos de controle visam restringir a entrada dos escoamentos no sistema de drenagem, promovendo sua reservação. Em relação ao evento chuvoso, essa reservação pode ser temporária, atuando como um retardamento no fluxo, ou permanente, para que a água reservada seja posteriormente utilizada.

Como exemplos típicos desses dispositivos, pode-se citar:

a) Controle nos Telhados: pode ser obtido com um sistema de calhas e condutores com capacidade de armazenamento, que é controlado por válvulas especiais. Telhas e estruturas de cobertura de concreto, com capacidade de armazenar água de chuva, também podem ser utilizadas. O projeto estrutural dessas coberturas e telhados deverá levar em conta a sobrecarga resultante do volume adicional de água,o que propiciará elevação do custo da obra. Por essa razão, a aplicação desses dispositivos em obras existentes é impraticável, a menos que se promova um reforço estrutural.Nakamura (1988) cita um interessante exemplo de controle de entrada que aproveita as águas coletadas no sistema de descarga de sanitários (Fig. 2.17). Existem referências também de utilização das águas coletadas em telhados e armazenadas para irrigação de canteiros e jardins e para lavagem de pisos.

b) Controle em Áreas Impermeabilizadas: grandes áreas impermeabilizadas, como estacionamentos, centros de compras, pátios de manobra, subestações, cemitérios, praças públicas e centros esportivos, são locais onde se geram elevados picos de deflúvios.

É recomendável ampliar as áreas permeáveis em locais onde os dispositivos de aumento da capacidade de infiltração possam ser implantados. Essas áreas também podem conter dispositivos ou estruturas que reservem a água precipitada, tanto por meio da inundação controlada em certos pontos como pela implantação de reservatórios.

Para obter o retardamento do acesso das águas à rede de drenagem, podem-se instalar obstruções especialmente projetadas nas caixas de coleta, de forma que, nas proximidades das captações, se mantenha um alagamento controlado. Adicionalmente, esses dispositivos

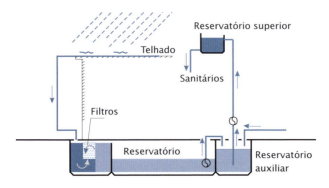

Fig. 2.17 *Esquema de aproveitamento de águas coletadas (Nakamura, 1988)*

de reservação podem conter elementos para facilitar a infiltração. A introdução de extravasores nos reservatórios é obrigatória.

Mediante a previsão de depressões nas praças públicas, estacionamentos e outros locais, também é possível obter um retardamento de forma ainda mais controlada. Esses locais podem conter um espelho d'água permanente, além de um volume de espera. Em Denver (EUA), o Skyline Park é um exemplo típico de uma solução desse tipo.

Na cidade de São Paulo, a Lei Municipal nº 13.276, de 4/1/2002, regulamentada pelo Decreto nº 41.814, de 15/3/2002, torna obrigatória a execução de reservatórios para as águas coletadas por coberturas e pavimentos nos lotes, edificados ou não, que tenham área impermeabilizada superior a 500 m². A Lei Estadual nº 12.526, de 2007, ampliou a abrangência da mesma lei para todo o Estado de São Paulo. Essa lei vinculou a aprovação dos novos projetos de edificações residenciais, comerciais ou industriais, à existência de dispositivos de armazenamento das águas de chuva, com volume proporcional à área impermeabilizada do terreno. A formulação básica para o dimensionamento desses tanques é:

$$V_{res} = 0{,}15.A_I.P.t$$

onde:

V_{res} – volume do reservatório (m³);
A_I – área impermeável do terreno (m²);
t – duração da chuva (1 h);
P – igual a 60 mm/h (0,06 m/h).

Isso significa uma reservação obrigatória de 4,5 m³ para uma área impermeabilizada de 500 m². Para áreas de estacionamentos, essa lei prevê, além dessa reservação, a obrigatoriedade de se deixar permeáveis 30% da área do terreno, e outras medidas previstas na Lei nº 11.228, de 25/6/1992 (Código de Obras e Edificações). Embora os volumes de reservação requeridos pela lei sejam bastante modestos em relação aos deflúvios gerados nessas áreas impermeáveis, os citados preceitos, além de estarem na direção tecnicamente correta, repassam aos empreendedores pelo menos uma parcela da responsabilidade para o não agravamento, por conta das suas obras, dos problemas de enchentes na cidade.

Outras cidades brasileiras, como Porto Alegre, Belo Horizonte, Rio de Janeiro e Curitiba, apresentam regulamentação semelhante.

De acordo com o Plano Diretor de Drenagem Urbana de Porto Alegre, as vazões que excederem o valor de 20,8 l/s.ha em lotes com área superior a 600 m² deverão ser armazenadas em reservatório ou infiltradas em solo. O plano ressalta que esse valor deverá ser respeitado para qualquer tempo de retorno, seja superior, seja inferior ao de referência (10 anos). A equação a seguir calcula o volume necessário:

$$V = 4{,}25 \cdot Ai \cdot Ae$$

onde:

V – volume (m³);

Ai – porcentagem de área impermeável (%);

Ae – área do empreendimento (ha).

O Plano Diretor de Drenagem para a Bacia do Rio Iguaçu na Região Metropolitana de Curitiba adota as mesmas premissas do plano de Porto Alegre. A vazão de pré-desenvolvimento a ser respeitada nesse caso é de 27 l/s.ha. O volume de reservação pode ser obtido pela equação apresentada a seguir:

$$V_r = 2{,}456 \cdot T^{0{,}332} \cdot Ai$$

onde:

V_r – volume (m³/ha);

T – tempo de retorno da precipitação (anos);

Ai – área impermeável (%).

Essa equação sugere volumes progressivos de acordo com a frequência de chuva determinada. Para efeito de comparação, no caso de uma área impermeável de 500 m² e um evento com período de retorno de 10 anos, deveria ser instalado um reservatório para uma chuva equivalente a 54 mm ou 27 m³.

Belo Horizonte foi um dos municípios precursores no desenvolvimento de legislação específica para drenagem. Em seu Plano de Desenvolvimento Urbano (1996), previu que toda a área permeável de um loteamento poderia ser impermeabilizada desde que fosse construído um reservatório com volume equivalente a 30 l/m². Foi prevista uma exceção para a construção dos reservatórios se um engenheiro atestasse a inviabilidade deles.

Para efeito de comparação, no caso de um lote com 500 m² de área impermeabilizada, deve ser disponibilizado um reservatório com altura equivalente de chuva de 30 mm ou 15 m³.

2.1.3 Detenção *In Situ*

As obras de detenção *in situ* compreendem os reservatórios implantados para controlar áreas urbanizadas restritas, como condomínios, loteamentos e distritos industriais (Foto 2.8).

Nos EUA, diversos Estados possuem leis bastante restritivas quanto ao controle das enchentes em áreas a serem urbanizadas. O critério básico é que a urbanização proposta não amplie os picos naturais ou anteriores, resultando em um impacto zero no sistema de drenagem. A aprovação de novas áreas de desenvolvimento está, portanto, condicionada a esse requisito por força de instrumentos legais.

As áreas de reservação são normalmente incorporadas aos projetos de paisagismo e recreação, propiciando a formação de lagos ou a instalação de quadras de esportes nas partes secas que são atingidas apenas pelas enchentes maiores. Todos os princípios hidrológicos e hidráulicos aplicados para o projeto de bacias de detenção, são normalmente adotados para os reservatórios de menores dimensões.

No Brasil, o conceito de reservação, visando ao impacto zero, enquanto critério para aprovação pelos órgãos competentes, deveria ser aplicado para as novas áreas a serem ocupadas, como os

Foto 2.8 *Exemplos de retardamento em áreas públicas, Denver (Portland, 2002)*

loteamentos, condomínios e zonas industriais. Para formular a regulamentação, é necessária uma ampla discussão envolvendo diversas áreas de especialidade. Portanto, é importante considerar os aspectos relativos à definição dos critérios para o dimensionamento hidrológico/hidráulico das bacias e órgãos de controle, que envolve o critério geral de impacto a jusante; a capacidade do sistema existente e de outros sistemas; a definição dos demais critérios para o projeto civil e análise das questões ambientais; a definição de formas de compensação fiscal ou outras, dos investimentos eventualmente realizados pelos proprietários, visando à detenção; a caracterização das responsabilidades quanto à inspeção, operação e manutenção dessas áreas (proprietário ou órgão público); e o controle e monitoramento dos aspectos de qualidade d'água, vetores de doenças etc.

Conforme alguns autores, como Urbonas (1993), pode ser desaconselhável a multiplicação de bacias de detenção em virtude das dificuldades e custos de inspeção, operação e manutenção, e das próprias incertezas quanto à real eficiência hidráulica desses sistemas, visto que em certos casos pode ocorrer o resultado inverso ao pretendido, ou seja, a ampliação dos picos de vazão. Isso ocorre porque a combinação dos hidrogramas de vazão efluente das diversas bacias, em determinado local a jusante, pode ser tal que resulte numa vazão de pico maior do que aquela que ocorreria naturalmente. É um problema de simultaneidade (timing) dos diversos hidrogramas efluentes (ver Fig. 2.22). Assim, recomenda-se uma análise global do problema, em fase anterior ao projeto desses sistemas.

Escolha dos Dispositivos

A escolha do dispositivo mais adaptado para a drenagem do local deve passar por uma análise criteriosa das condições de uso e ocupação do solo e da ocupação prevista pelo novo empreendimento; das características hidrológicas locais; das características fisiográficas da bacia; da *performance* requerida com relação à quantidade e à qualidade e dos benefícios a serem atingidos. Além disso, deverá atender aos requisitos de ordem ambiental visando o devido licenciamento.

As características de uso e ocupação do solo, assim como as do novo empreendimento, são importantes para o estabelecimento das condições de contorno com relação à quantidade e à qualidade da água resultantes da interação da água de chuva com as edificações. Dependendo do tipo de ocupação, uma solução mais abrangente pode ser requerida de forma a eliminar ou controlar volumes em excesso ou contaminantes das mais diversas fontes. Nesse caso, parece óbvio que o controle de uma área residencial de baixa densidade necessita de um menor número de dispositivos do que uma área industrial.

O dimensionamento dos dispositivos de controle deve estar adequado ao sistema de drenagem local já instalado, atuando em conjunto para o atendimento das metas vislumbradas ou previstas pela legislação.

Com relação às características locais, a escolha dos dispositivos deve atentar para o tipo de solo existente; a profundidade do lençol freático; a área de drenagem; a declividade e o espaço disponível (Woods-Ballard et al., 2007).

Junto a esses fatores deve ser dada particular atenção às leis vigentes para a bacia – todas devem ser atendidas. Nesse ponto, incluem-se ainda o enquadramento do corpo hídrico receptor e a existência de unidades de conservação ou qualquer outra determinação legal que deva ser respeitada. Ao mesmo tempo, outros aspectos devem ser considerados, como a mitigação do risco de inundação, a manutenção dos estuários e o abastecimento público.

Todas essas características devem ser avaliadas sempre se observando os anseios da comunidade local, a renda disponível para manutenção, a inserção paisagística, a segurança, os custos envolvidos e os benefícios esperados.

Woods-Ballard et al. (2007) desenvolveram uma série de matrizes para as condicionantes apresentadas de modo a escolher a melhor estrutura ou a combinação de estruturas mais adaptada à situação. O conjunto de matrizes é apresentado nos Quadros 2.4 a 2.7.

Quadro 2.4 Número de dispositivos a serem combinados de acordo com a origem do escoamento e a qualidade da água do corpo receptor

	NÚMERO DE UNIDADES DO TREM DE MANEJO		
Qualidade da água do corpo receptor Característica do escoamento	Baixa	Média	Alta
Telhados	1	1	1
Lotes residenciais e comerciais e estacionamentos	2	2	3
Áreas industriais, estradas, docas de carregamento	3	3	4

Drenagem Urbana e Controle de Enchentes

Quadro 2.5 Matriz de decisão de uso e ocupação do solo

MATRIZ DE DECISÃO DE USO E OCUPAÇÃO DO SOLO

Grupo	Técnica	Baixa densidade	Residência	Ruas	Comércio	Indústria	Construção	Zonas industriais em reurbanização	Área contaminada
Detenção in situ	Bacia de retenção	Sim	Sim	Sim[1]	Sim[2]	Sim[2]	Sim[3]	Sim	Sim[2]
	Reservatório enterrado	Sim	Sim	Sim	Sim	Sim	Sim[3]	Sim	Sim
	Bacia de detenção	Sim	Sim	Sim[1]	Sim[2]	Sim[1,2]	Sim[3]	Sim	Sim[2]
Infiltração	Trincheira de infiltração	Sim	Sim	Sim[1]	Sim[2]	Não	Não	Sim	Sim[4]
	Bacia de infiltração	Sim	Sim	Sim[1]	Sim[2]	Não	Não	Sim	Sim[4]
	Sumidouro	Sim	Sim	Sim[1]	Sim[2]	Não	Não	Sim	Sim[4]
Filtração	Filtro de areia superficial	Não	Sim	Sim[1]	Sim[2]	Sim[2]	Não	Sim	Sim[2]
	Filtro de areia subsuperficial	Não	Sim	Sim[1]	Sim[2]	Sim[2]	Não	Sim	Sim[2]
	Filtro de areia perimetral	Não	Não	Sim[1]	Sim[2]	Sim[2]	Não	Sim	Sim[2]
	Biorretenção	Sim	Sim	Sim[1]	Sim[2]	Sim[2]	Não	Sim	Sim[2]
	Trincheira de filtração	Sim	Sim	Sim[1]	Sim[2]	Sim[2]	Não	Sim	Sim[2]
Canais abertos	Vala comum	Sim	Sim	Sim[1]	Sim[2]	Sim[2]	Sim[3]	Sim	Sim[2]
	Vala seca	Sim	Sim	Sim[1]	Sim[2]	Sim[2]	Sim[3]	Sim	Sim[2]
	Vala úmida	Sim	Sim	Sim[1]	Sim[2]	Sim[1]	Sim[3]	Sim	Sim[2]

60

Grupo	Técnica	Solo Imperm.	Solo Perm.	Área de drenagem 0 a 2 ha	Área de drenagem > 2 ha	Prof. do lençol 0-1 m	Prof. do lençol > 1 m	Declividade 0-5%	Declividade > 5%	Carga hidráulica 0-1 m	Carga hidráulica 1-2 m	Espaço disponível Pouco	Espaço disponível Muito
Controle na entrada	Telhado verde	Sim	Sim	Sim	Não	Sim²	Sim	Sim	Não	Sim	Sim	Sim	Sim
	Cisterna	Sim	Sim	Sim	Não	Sim²	Não	Sim	Não	Sim	Sim	Sim	Sim
	Pavimento poroso	Sim	Sim	Sim	Não	Sim²	Sim¹	Sim	Não	Sim	Sim	Sim	Sim²
Alagados construídos	Alagado raso	Sim	Sim	Sim	Sim¹	Sim²	Sim²	Sim	Não		Sim	Sim	Sim²
	Detenção em alagado	Sim	Sim	Sim	Sim¹	Sim²	Sim²	Sim	Não		Sim	Sim	Sim²
	Alagado subsuperficial	Sim	Sim	Sim	Sim¹	Sim²	Sim²	Sim	Não		Sim	Sim	Sim²

1: pode necessitar de mais um estágio de tratamento; 2: pode necessitar de mais dois estágios de tratamento; 3: pode necessitar de reabilitação após a construção; 4: o projeto deve inibir a movimentação dos contaminantes.

Quadro 2.6   Matriz de decisão das características locais

		MATRIZ DE DECISÃO DAS CARACTERÍSTICAS LOCAIS										
		Solo		Área de drenagem		Prof. do lençol		Declividade		Carga hidráulica		Espaço disponível	
Grupo	Técnica	Imperm.	Perm.	0 a 2 ha	> 2 ha	0 -1 m	> 1 m	0 - 5%	> 5%	0 - 1 m	1 - 2 m	Pouco	Muito
Detenção *in situ*	Bacia de retenção	Sim	Sim¹	Sim	Sim⁵	Sim	Sim	Sim	Sim	Sim	Sim	Não	Sim
	Reservatório enterrado	Sim	Sim	Sim	Sim⁵	Sim	Sim	Sim	Sim	Sim	Sim	Sim	Sim
	Bacia de detenção	Sim	Sim¹	Sim	Sim⁵	Não	Sim	Sim	Sim	Não	Sim	Não	Sim

2   Medidas Não Convencionais

Drenagem Urbana e Controle de Enchentes

Quadro 2.6   Matriz de decisão das características locais (cont.)

MATRIZ DE DECISÃO DAS CARACTERÍSTICAS LOCAIS

Grupo	Técnica	Solo Imperm.	Solo Perm.	Área de drenagem 0 a 2 ha	Área de drenagem > 2 ha	Prof. do lençol 0 -1 m	Prof. do lençol > 1 m	Declividade 0 - 5%	Declividade > 5%	Carga hidráulica 0 - 1 m	Carga hidráulica 1 - 2 m	Espaço disponível Pouco	Espaço disponível Muito
Infiltração	Trincheira de infiltração	Não	Sim	Sim	Não	Não	Sim	Sim	Sim	Sim	Não	Sim	Sim
	Bacia de infiltração	Não	Sim	Sim	Sim[5]	Não	Sim	Sim	Sim	Sim	Não	Não	Sim
	Sumidouro	Não	Sim	Sim	Não	Não	Sim	Sim	Sim	Sim	Não	Sim	Sim
Filtração	Filtro de areia superficial	Sim	Sim	Sim	Sim[5]	Não	Sim	Sim	Não	Não	Sim	Sim	Sim
	Filtro de areia subsuperficial	Sim	Sim	Sim	Não	Não	Sim	Sim	Não	Não	Sim	Sim	Sim
	Filtro de areia perimetral	Sim	Sim	Sim	Não	Não	Sim	Sim	Não	Sim	Sim	Sim	Sim
	Biorretenção	Sim	Sim	Sim	Não	Não	Sim	Sim	Não	Sim	Sim	Não	Sim
	Trincheira de filtração	Sim	Sim[1]	Sim	Não	Não	Sim	Sim	Não	Sim	Sim	Sim	Sim

62

Canais abertos	Vala comum	Sim	Sim	Sim	Não	Não	Sim	Não	Não³	Não	Sim
	Vala seca	Sim	Sim	Sim	Não	Não	Sim	Não	Não³	Não	Sim
	Vala úmida	Sim²	Sim⁴	Sim	Não	Não	Sim	Não	Não³	Não	Sim
	Telhado verde	Sim	Sim	Sim	Não	Sim	Sim	Sim	Sim	Sim	Sim
Controle na entrada	Cisterna	Sim	Sim	Sim	Não	Sim	Sim	Sim	-	-	-
	Pavimento poroso	Sim	Sim	Sim	Sim	Sim	Sim	Não	Sim	Sim	Sim
Alagados construídos	Alagado raso	Sim²	Sim⁴	Sim⁴	Sim⁶	Sim²	Sim	Não	Sim	Não	Sim
	Detenção em alagado	Sim²	Sim⁴	Sim⁴	Sim⁶	Sim²	Sim	Não	Sim	Não	Sim
	Alagado subsuperficial	Sim²	Sim⁴	Sim⁴	Sim⁶	Sim²	Sim	Não	Sim	Não	Sim

1: com manta impermeável; 2: com provável vazão de base; 3: a não ser que siga curvas de nível; 4: com manta impermeável e vazão de base; 5: possível, mas não recomendado; 6: com desvio das vazões mais altas.

2 Medidas Não Convencionais

Drenagem Urbana e Controle de Enchentes

Quadro 2.7 Matriz de decisão de quantidade e qualidade

<table>
<tr><th colspan="2" rowspan="2">Grupo</th><th rowspan="3">Técnica</th><th colspan="6">Qualidade</th><th colspan="4">Quantidade</th></tr>
<tr><th rowspan="2">Sólidos totais</th><th rowspan="2">Metais</th><th rowspan="2">Nutrientes</th><th rowspan="2">Bactérias</th><th rowspan="2">Sedimentos finos e poluentes dissolvidos</th><th rowspan="2">Redução de volume</th><th colspan="3">Tempos de retorno adequados</th></tr>
<tr><th></th><th></th><th>1-2 anos</th><th>25 anos</th><th>100 anos</th></tr>
<tr><td colspan="2"></td><td>Bacia de retenção</td><td>Alto</td><td>Médio</td><td>Médio</td><td>Médio</td><td>Alto</td><td>Baixo</td><td>Alto</td><td>Alto</td><td>Alto</td></tr>
<tr><td rowspan="2">Detenção in situ</td><td></td><td>Reservatório enterrado</td><td>Baixo</td><td>Baixo</td><td>Baixo</td><td>Baixo</td><td>Baixo</td><td>Baixo</td><td>Alto</td><td>Alto</td><td>Alto</td></tr>
<tr><td></td><td>Bacia de detenção</td><td>Médio</td><td>Médio</td><td>Baixo</td><td>Baixo</td><td>Baixo</td><td>Baixo</td><td>Alto</td><td>Alto</td><td>Alto</td></tr>
<tr><td rowspan="3">Infiltração</td><td></td><td>Trincheira de infiltração</td><td>Alto</td><td>Alto</td><td>Alto</td><td>Médio</td><td>Alto</td><td>Alto</td><td>Alto</td><td>Alto</td><td>Baixo</td></tr>
<tr><td></td><td>Bacia de infiltração</td><td>Alto</td><td>Alto</td><td>Alto</td><td>Médio</td><td>Alto</td><td>Alto</td><td>Alto</td><td>Alto</td><td>Alto</td></tr>
<tr><td></td><td>Sumidouro</td><td>Alto</td><td>Alto</td><td>Alto</td><td>Médio</td><td>Alto</td><td>Alto</td><td>Alto</td><td>Alto</td><td>Baixo</td></tr>
</table>

Filtração	Filtro de areia superficial	Alto	Alto	Alto	Médio	Alto	Baixo	Alto	Médio	Baixo
	Filtro de areia subsuperficial	Alto	Alto	Alto	Médio	Alto	Baixo	Alto	Médio	Baixo
	Filtro de areia perimetral	Alto	Alto	Alto	Médio	Alto	Baixo	Alto	Médio	Baixo
	Biorretenção	Alto	Alto	Alto	Médio	Alto	Baixo	Alto	Médio	Baixo
	Trincheira de filtração	Alto	Alto	Alto	Médio	Alto	Baixo	Alto	Médio	Baixo
Canais abertos	Vala comum	Alto	Médio	Médio	Médio	Alto	Médio	Alto	Alto	Alto
	Vala seca	Alto	Alto	Alto	Médio	Alto	Médio	Alto	Alto	Alto
	Vala úmida	Alto	Alto	Médio	Alto	Alto	Baixo	Alto	Alto	Alto
Controle na entrada	Telhado verde	-	-	-	-	Alto	Alto	Alto	Alto	Baixo
	Cisterna	Médio	Baixo	Baixo	Baixo	-	Médio	Médio	Baixo	Baixo
	Pavimento poroso	Alto	Alto	Alto	Alto	Alto	Alto	Alto	Alto	Baixo
Alagados construídos	Alagado raso	Alto	Médio	Alto	Médio	Alto	Baixo	Alto	Médio	Baixo
	Detenção em alagado	Alto	Médio	Alto	Médio	Alto	Baixo	Alto	Médio	Baixo
	Alagado subsuperficial	Alto	Médio	Alto	Médio	Alto	Baixo	Alto	Médio	Baixo

2 Medidas Não Convencionais

Experiências Internacionais

No Brasil, em 2014, ainda são poucos os exemplos de LID/SUDS em áreas urbanas. Isso ocorre devido à percepção de que existe pouco espaço disponível para a implantação desse tipo de solução, à falta de planejamento dos empreendimentos e loteamentos e também à exigência de sistemas convencionais de drenagem de águas pluviais nas legislações existentes.

Um dos poucos estudos extensivos sobre a eficiência de técnicas de LID foi realizado por Dietz e Clausen (2007). Nele, foram avaliadas duas áreas próximas de tamanhos semelhantes, sendo uma urbanizada de maneira tradicional e a outra com técnicas de LID.

Os resultados obtidos demonstram o quanto o emprego dessa filosofia pode vir a ser importante dentro de um contexto de gerenciamento eficiente de águas pluviais. No estudo, constatou-se que uma área urbanizada de maneira tradicional elevaria a área impermeável total de 1% para 32%. O aumento da área urbanizada representou um aumento de 49.000% no volume de escoamento superficial anual (de 1 mm para 500 mm). Com o LID, mesmo com a impermeabilização de 21% da área, não foram percebidas mudanças significativas nesse parâmetro.

Similarmente, observou-se a mesma tendência nas amostras referentes à qualidade das águas. Enquanto no empreendimento tradicional foram encontradas tendências de aumento da poluição das águas para um aumento na área impermeável, no empreendimento com LID não foram constados aumentos significativos para nenhum dos parâmetros analisados.

Normalmente, a utilização dessas técnicas é principalmente endereçada às propriedades particulares. Essas propriedades representam em torno de 40% das áreas que produzem escoamento superficial e das propriedades ocupadas em uma grande cidade. Na cidade de Portland, EUA, conseguiu-se diminuir significativamente o risco de inundações devido à sobrecarga das tubulações e os investimentos em tratamento de águas pluviais após a introdução de um incentivo de U$ 53 para o redirecionamento das águas dos telhados para jardins e gramados. Até 2005, 47.000 casas já haviam aderido ao programa, retirando 4,2 milhões de metros cúbicos de esgotos da rede (Montalto et al., 2007).

A questão dos incentivos é de fundamental importância para o sucesso da implantação de sistemas sustentáveis com relação à drenagem. Algumas possibilidades para incentivar a implantação desses dispositivos são (UDFCD, 2001):

- créditos nos impostos, taxas, certificações e outorga onerosa;
- prioridade na aprovação de projetos, licenças e Habite-se para projetos que utilizem técnicas compensatórias;
- financiamento público para grandes projetos;
- permissão de publicidade.

Uma característica inerente à própria aceitação desses dispositivos relaciona-se com o caráter privado da geração do escoamento superficial, passando pela necessidade de implantação dessas soluções e pelos ganhos majoritariamente públicos após a introdução desses sistemas.

Enquanto localmente os benefícios de LID/SUDS são marginais, como o aumento do valor venal da propriedade, o poder público consegue, com sua implantação em larga escala, diminuir os gastos com a implantação, manutenção e operação de sistemas convencionais. Com incentivos, poderia ser encontrada uma maneira de potencializar a introdução desses dispositivos e, ao mesmo tempo, reduzir os custos do empreendedor privado.

Pesquisas realizadas pela Usepa (2000) indicam que, se por um lado a instalação dessas estruturas é geralmente mais cara do que a de estruturas convencionais, por outro elas demonstram melhor relação custo-benefício em razão do armazenamento que propiciam, reduzindo os custos de implantação das estruturas a jusante.

Segundo Fisher-Jeffes e Armitage (2011), esse tipo de comparação ainda não representa de maneira justa os dois sistemas, uma vez que eles não são equivalentes, ou seja, não exercem as mesmas funções. Um erro comum ao realizar a comparação direta entre os diferentes sistemas é que a análise de seus ciclos de vida não é considerada. O autor enfatiza que tanto o LID quanto os SUDS devem ter, integrados à relação custo-benefício, os "Custos de Danos Evitados", devido tanto à diminuição da quantidade de água nos dispositivos de drenagem e a consequente diminuição dos eventos de enchente quanto à melhoria da qualidade da água e a menor degradação do sistema natural, o que não pode ser alcançado por sistemas convencionais.

Resumidamente, ao compararmos esses sistemas somente sobre bases monetárias, estaremos excluindo seu maior benefício, que é a não externalização de custos devido à necessidade de sistemas de reservação e tratamento da água, comumente empregados em sistemas tradicionais.

Existem, obviamente, outras questões relevantes que deverão ser levadas em conta para o sucesso desses sistemas e que certamente representam empecilhos enormes a essa mudança de paradigma.

Embora a melhor eficiência desses sistemas se dê por meio da integração de proprietários privados junto a agências públicas, torna-se quase impossível conceber um sistema de fiscalização para acompanhar o andamento das construções e a execução correta da manutenção. Soma-se a isso a necessidade de normatização dos sistemas, para que, no futuro, conforme descrito por Lucey et al. (2011), seja possível uma maior flexibilidade com relação à manutenção caso o poder público venha a assumir a manutenção e a operação desses sistemas, fato esse ocorrido na Escócia. Segundo Urbonas (2009), deve-se ainda recordar que não basta adicionar esses dispositivos em uma bacia sem atentar para o fato de que eles são, no fundo, sistemas de tratamento de água de chuva e devem ser vistos como tal. Além das inspeções regulares, devem estar previstos e contabilizados os custos com disposição de material contaminado em aterro sanitário, reparos, reabilitação e, em último caso, reconstrução do dispositivo.

Com relação à introdução dessa tecnologia nas cidades brasileiras, mesmo em uma época de grande mudança de paradigma com relação à questão ambiental, inúmeras barreiras devem ser ultrapassadas até que essas tecnologias venham a ser plenamente aceitas e normatizadas, e os problemas, devidamente solucionados. Segundo Guy, Marvin e Moss (2001), as barreiras para a resolução de conflitos ambientais seguem a seguinte ordem:

- problema – consciência e consenso sobre um problema ambiental;
- acordo – estabelecimento de objetivos comuns para a solução do problema por parte do poder público, empresas e sociedade;
- conhecimento – suprimento da cadeia de produção científica acerca do problema (técnicas, normas e outros);
- tecnologia e economia – inovação, adaptação junto às tecnologias antigas, viabilidade técnica e econômica, taxas e incentivos;
- sociedade e política – motivação e resolução de conflitos devido ao detrimento de tecnologias antigas, modos de introdução das novas tecnologias, normas, leis e aceitação;
- solução.

Segundo os mesmos autores, dentro de um contexto urbano, a emergência dessas tecnologias é bastante complexa, uma vez que necessita de redistribuição de custos, responsabilidades e influência política das concessionárias de águas e esgoto para os proprietários privados. O modo e a velocidade para a mudança tecnológica dependem de como os fatores citados anteriormente se combinam ao longo das discussões. Em alguns exemplos apresentados, dentro de um mesmo país, diferentes cidades adotaram ou não as práticas LID, conforme a interação dos atores.

Vale ressaltar ainda que, embora esses conceitos e técnicas promovam muitos benefícios, são apenas mais uma ferramenta que os profissionais da área podem utilizar nas situações que exigem intervenção nos sistemas urbanos, não constituindo a solução definitiva para os problemas de drenagem urbana nem sendo adaptados a todas as situações.

O uso dessas técnicas deve estar amparado em um estudo extensivo dos objetivos a serem atingidos em dada situação, junto a uma análise de alternativas viáveis econômica e ambientalmente.

2.1.4 Detenção a Jusante

As estruturas de detenção dos deflúvios situadas a jusante visam controlar os escoamentos das bacias ou sub-bacias de drenagem; portanto, são de maior importância e significado para a intervenção urbana. Por meio da reservação dos volumes escoados, obtém-se o amortecimento dos picos das enchentes (Fig. 2.18).

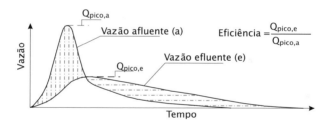

Fig. 2.18 *Efeito da detenção a jusante de enchentes*

O controle de enchentes em reservatórios é prática comum em rios médios a grandes. No Brasil, essa prática é bastante difundida, dado o grande desenvolvimento das obras de geração de energia hidrelétrica. Constata-se a existência de inúmeros reservatórios de usos múltiplos, incluindo o controle de cheias.

Poertner (1974) relatou estudos de viabilidade econômica para a implantação de reservatórios para o controle de cheias urbanas. A motivação principal nesses casos pioneiros foi a redução de custos visando à otimização econômica dos projetos.

Outra grande motivação foi a possibilidade de reabilitação dos sistemas existentes. Um exemplo marcante de reabilitação de sistemas antigos, que permitiu a extensão de sua vida útil é a solução adotada para o córrego Pacaembu (Cap. 7). O sistema de galeria da av. Pacaembu, na cidade de São Paulo, com 1,8 km de extensão, pôde ser reabilitado mediante redução dos picos de vazão realizada por um reservatório a montante da galeria.

A detenção de escoamentos é importante tanto para o controle da quantidade como da qualidade das águas drenadas nas vias urbanas. A atual filosofia do gerenciamento de sistemas de drenagem urbana, nos países mais desenvolvidos, inclui obrigatoriamente o controle de qualidade das águas coletadas. Diante dessa nova condicionante, diversas obras de detenção já implantadas foram modificadas ou adaptadas para servir melhor a esse requisito complementar. Destaque-se que nos locais onde os esgotos sanitários e industriais recebem conveniente tratamento, a contaminação pelas águas de chuva e lavagem das ruas responde pelo maior percentual de poluição dos corpos hídricos.

O controle de qualidade da água de drenagem superficial possibilitado pelas obras de detenção foi também descrito por Raasch (1982) e Huber (1986), que as consideram fundamentais na redução dos níveis de fósforo, pesticidas, metais pesados e bactérias, que são

Foto 2.9 *Reservatórios AT-1a em Mauá e AM-3 em Santo André, ambos na RMSP, com áreas verdes e de lazer incorporadas (DAEE – Projeto: Hidrostudio Engenharia, 1999)*

carreados pelas partículas sólidas e podem ser removidos após a decantação no reservatório.

A utilização da reservação em drenagem urbana transformou-se em um conceito multidisciplinar. O aspecto paisagístico adquire fundamental importância, principalmente na viabilização social dessas obras. A aceitação pelas comunidades de tal tipo de obra guarda estreita relação com o sucesso da implantação, nesses locais, de áreas verdes e de lazer.

De acordo com Walesh (1989), as obras de reservação podem ser diferenciadas em bacias de retenção e bacias de detenção. Diversos outros autores procuraram também classificar as obras nessas duas caracterizações (Urbonas, 1993; Lazaro, 1990; Asce, 1992). De forma geral, tal conceituação pode ser entendida como:

Bacias de Retenção: reservatórios de superfície que sempre contêm um volume substancial de água permanente para servir a finalidades recreacionais, paisagísticas, ou até para abastecimento de água ou outras funções. O nível d'água eleva-se temporariamente acima dos níveis normais durante ou imediatamente após as cheias. Ou seja, os escoamentos são retidos não apenas para atender aos requisitos de controle da quantidade (ver Fig. 2.19). Um exemplo dessa solução é o reservatório para contenção de cheias de Uberaba (Foto 2.10).

Bacias de Detenção: áreas normalmente secas durante as estiagens, mas projetadas para reter as águas superficiais apenas durante e após as chuvas. O tempo de detenção guarda relação apenas com os picos máximos de vazão requeridos a jusante e com os volumes armazenados (Fig. 2.20).

Fig. 2.19 *Bacias de retenção*

Foto 2.10 *Bacia de detenção – N.A. permanente – Município de Uberaba (Projeto: Hidrostudio Engenharia)*

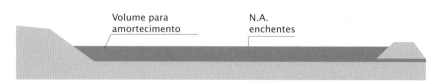

Fig. 2.20 *Bacias de detenção*

Bacias de Sedimentação: reservatórios com a função principal de reter sólidos em suspensão ou absorver poluentes carreados pelos escoamentos superficiais. A bacia de sedimentação pode ser parte de um reservatório com múltiplos usos, incluindo o de controle de cheias.

Os tipos principais dessas obras de reservação são os reservatórios *on-line* e *off-line*. Reservatórios *on-line* encontram-se na linha principal do sistema e restituem os escoamentos de forma atenuada e retardada ao sistema de drenagem, de maneira contínua, normalmente por gravidade. Reservatórios *off-line*, retêm volumes de água desviados da rede de drenagem principal quando ocorre a cheia, e os devolvem para o sistema, geralmente por bombeamento, ou por válvulas controladas, após obtido o alívio nos picos de vazão.

Em geral, quando a obra de reservação possui finalidade múltipla, incluindo o controle da qualidade da água, pode-se prever, em um mesmo ponto do sistema, os dois tipos de reservatórios, acoplando um reservatório *off-line* com a finalidade de reter os volumes iniciais do deflúvio, que contêm normalmente a maior carga de poluentes, provenientes da lavagem das ruas e edificações, ao reservatório permanente *on-line*.

A Fig. 2.21 apresenta um esquema da localização dos reservatórios *on-line* e *off-line* no sistema principal de drenagem.

Os diversos condicionantes hidrológicos, hidráulicos e de operação e manutenção a serem considerados no planejamento e projeto das bacias de retenção/detenção estão detalhados nos Caps. 3 e 4.

Uma verificação básica que deve ser procedida quanto à eficiência do sistema é a possibilidade de, ao contrário do pretendido, provocar uma ampliação dos picos de cheia a jusante da bacia de retenção/detenção; isso pode ocorrer caso o timing na composição dos hidrogramas de cheia afluentes pelas diversas sub-bacias contribuintes (amortecidos ou não) resulte nesse efeito. O exemplo apresentado na Fig. 2.22, segundo Debo (1989), adaptado pelo autor, é autoexplicativo e mostra um caso em que seria possível o agravamento dos picos a jusante.

A comparação entre a detenção a jusante e as soluções de armazenamento na fonte leva a algumas considerações que, em certos

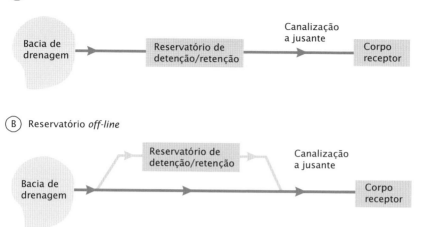

Fig. 2.21 *Reservatórios* on-line *e* off-line

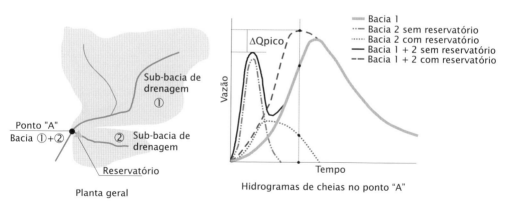

Fig. 2.22 *Ampliação do pico de cheias por efeito da bacia de retenção/detenção (Debo, 1989)*

casos, os custos de implantação referentes às estruturas de detenção a jusante mostraram-se mais baixos do que os de controle na fonte (Hartingan, 1986; Wiegandetall, 1986); os custos de operação e manutenção, dado o menor número de locais, são normalmente mais baixos no caso da detenção a jusante; há necessidade de utilizar maiores áreas para implantação das bacia de detenção e, portanto, as dificuldades para obter áreas e os custos de aquisição podem justificar essa solução; pode haver maior resistência das comunidades locais à implantação de bacias de retenção/detenção, muitas vezes por causa do porte das obras. É possível contornar esse problema com a introdução dos múltiplos usos, como por exemplo as funções paisagística, de lazer e recreação.

Nos estudos de caso (Cap. 7), estão analisados os reservatórios (bacias de detenção) estudados para aplicação na cidade de São Paulo, nos córregos Pacaembu, Cabuçu de Baixo, Água Espraiada e Aricanduva. Nessas quatro bacias, encontram-se exemplos de reservatórios *on-line* e *off-line*.

Como exemplo de reservatório *off-line* podem ser citados os túneis-reservatórios implantados em Tóquio (Fig. 2.23). Por meio dos sistemas de derivação para os reservatórios subterrâneos *off-line*, pretende-se proteger essas bacias para precipitações de até 75 mm/h. Apresenta-se na Foto 2.11 o interior de um túnel-reservatório de Osaka (Nakamura, 1988).

A seguir, apresentam-se exemplos de bacias de detenção de Los Angeles (EUA). A primeira (Foto 2.12), Pan-Pacific Park em Beverly Hills, possui uma interessante utilização múltipla com ciclovias, área de lazer e campo de beisebol. Note-se o grande porte e o tipo

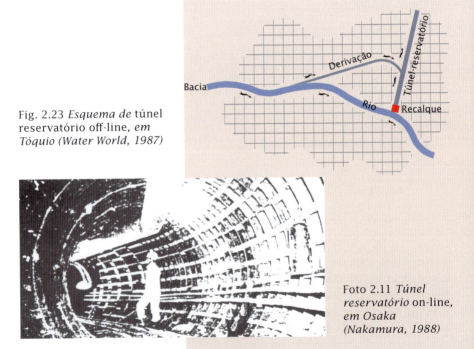

Fig. 2.23 *Esquema de* túnel reservatório off-line, *em Tóquio (Water World, 1987)*

Foto 2.11 *Túnel reservatório* on-line, *em Osaka (Nakamura, 1988)* da estrutura de entrada ao reservatório, principalmente em razão do fenômeno das cheias instantâneas (*flash-floods*) que atingem essa região, já que a parte superior da bacia situa-se em áreas montanhosas íngremes.

Como exemplo de bacia de detenção, que também possui a finalidade de retenção de debris (detritos), é a bacia de Rubio (Foto 2.13), onde se pode notar o extravasor de emergência dotado de barreira para a contenção de detritos.

Na Foto 2.14 há outro exemplo de bacia de detenção, revestida em concreto, a céu aberto, denominada Altadena Golf Course, também localizada na área metropolitana de Los Angeles.

2.2 Retardamento da Onda de Cheia

Em muitos casos, a aceleração dos escoamentos resultante das canalizações convencionais dos sistemas de drenagem torna-se mais deletéria quanto ao potencial de provocar inundações do que a própria impermeabilização da bacia. O gráfico apresentado na Fig. 2.24 de certa forma corrobora tal constatação, na medida em

Foto 2.12 *Estrutura de entrada de bacia de retenção/detenção associada à área de lazer – Pan-Pacific Park (1995)*

Foto 2.13 *Rubio Debris Basin – Califórnia (1995)*

Foto 2.14 *Altadena Golf Course Detention Basin – Califórnia (1995)*

que confronta o efeito da impermeabilização versus a disponibilidade de sistema de drenagem na bacia, na amplificação das enchentes. Nota-se que, para uma bacia com 40% de impermeabilização, a relação entre deflúvios, para as etapas posteriores e anteriores à urbanização, passa de 1,5 para 3 vezes, ao considerar sistemas de drenagem em 0% ou 80%, respectivamente. Para uma área com 80% de impermeabilização, esses índices de amplificação passam de 2 para 5 vezes em relação às condições naturais, considerando-se 0% e 80% de sistema de drenagem. Ou seja, a implantação de sistemas de drenagem, que normalmente consideram velocidades elevadas para o escoamento nos condutos, provoca grande aumento nas vazões drenadas. Em contraposição, se a drenagem fosse realizada de forma a manter-se em condições próximas às naturais, o impacto da impermeabilização seria bem menor.

O retardamento da onda de cheia consiste na diminuição da velocidade média de translação do escoamento pela canalização; isso resulta no aumento do tempo de percurso da onda de cheia, com a consequente ampliação do tempo de concentração da bacia e, finalmente, a redução nos picos de vazão.

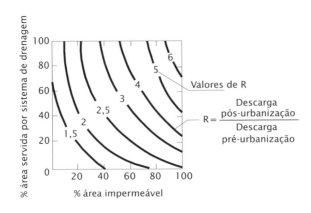

Fig. 2.24 *Efeito da urbanização x sistemas de drenagem no incremento dos deflúvios (Leopold, 1968)*

A Fig. 2.25 mostra como o somatório dos hidrogramas de enchentes de duas sub-bacias pode sofrer grande amplificação quando se reduz o tempo de concentração de uma delas. Essa situação, por exemplo, poderia ocorrer no rio Tietê, na região central de São Paulo, caso, por efeito da canalização, fossem acelerados os escoamentos na porção da bacia situada a montante da barragem da Penha (no exemplo, sub-bacia 2), ainda dotada de várzeas remanescentes e o traçado de sua calha próximo ao natural (meandrado).

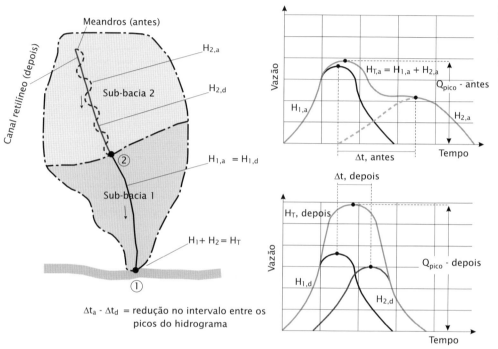

Fig. 2.25 *Exemplo de um mecanismo de amplificação das enchentes com a urbanização/canalização*

A Fig. 2.26 mostra os resultados obtidos em uma simulação para uma bacia hipotética, onde se obtiveram os picos de cheia pelo método do SCS, para diferentes condições de permeabilidade do solo (método CN – ver Cap. 3) e diversos tempos de concentração. Nota-se que, se forem mantidos os tempos de concentração naturais, por exemplo, supondo uma velocidade de 1,5 m/s no córrego, o pico de vazão para CN = 90 seria de 85 m^3/s, em contrapartida ao valor de 135 m^3/s, se a canalização tivesse sido feita, por exemplo, em concreto com velocidade de 4 m/s. Em virtude desse comportamento hidrológico, a seção hidráulica do canal mais lento (1,5 m/s) deveria ser 1,7 vez maior a do canal rápido (4m/s) e não 2,7 vezes

(4/1,5), como uma análise mais simplista poderia indicar, se fosse considerada inalterada a vazão de projeto, o que não ocorre.

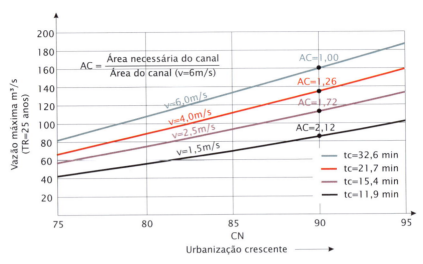

Fig. 2.26 *Efeitos da canalização x urbanização*

Para conseguir o retardamento, há alguns procedimentos aos quais se pode recorrer, descritos a seguir, com as respectivas fotos.

- A manutenção, tanto quanto possível, do traçado natural do córrego original, fixando-se as curvas e eventuais alargamentos existentes. Caso se necessite majorar a capacidade de vazão, pode-se promover a ampliação da calha (Foto 2.15).
- A redução das declividades a partir da introdução de degraus, ou a manutenção das declividades naturais (Foto 2.16).
- A adoção de revestimentos rugosos, como gabiões e enrocamentos, ou de revestimentos naturais, como vegetação e grama,

Foto 2.15
Manutenção do traçado original, canal em grama, via de serviço (ciclovia) – Cherry Creek (Denver – 1996)

Foto 2.16 *Soleiras de pedra argamassada – Cherry Creek (Denver – 1996)*

desde que compatíveis com as velocidades que se pretenda manter (Foto 2.17 e 2.19).

- Dotar a seção hidráulica de patamares (seções mistas), mantendo as vazões mais frequentes contidas no leito menor. No leito maior devem ser previstos parques e áreas de lazer, implantando-se vegetação arbustiva e gramados (Foto 2.18). Para o escoamento de base, pode-se adotar um canalete no fundo da calha, revestido com pedra argamassada ou concreto, para proteção contra erosão de pé e para facilitar os trabalhos de manutenção (Foto 2.17).

Foto 2.17 *Soleiras em execução (em gabião "caixa") e calha do rio Aricanduva (em gabião "colchão") (2002)*

Foto 2.18 *Canal com seção composta, revestimento em grama – Denver*

Foto 2.19 *Exemplo de situação natural inadequada para as velocidades do canal e sua posterior correção com gabião (Maccaferri, 2007)*

Um interessante caso de utilização de seção mista para retardar o escoamento é a reconstrução do sistema de drenagem na bacia do Emscher (área de drenagem de 800 km^2), localizado entre os rios Ródano e Lippe, na Alemanha. As finalidades dessa reconstrução, com obras previstas para um período de 20-25 anos, abrangeram o controle de cheias e a separação dos sistemas de esgotos sanitários e pluviais (Londong e Becker, 1994). Ver Fig. 2.27.

A Foto 2.20 mostra um esquema típico desse projeto de reconstrução, notando-se o conceito de retardamento dos escoamentos nas canalizações e a adoção de seções mistas.

Foto 2.20 *Exemplo de restauração das condições naturais de um córrego em Sidney, Austrália (Frost, 2002)*

Fig. 2.27 *Seção típica da canalização no projeto de reconstrução do sistema de drenagem da bacia do Emscher (Londong e Becker, 1994)*

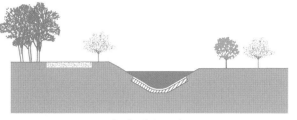

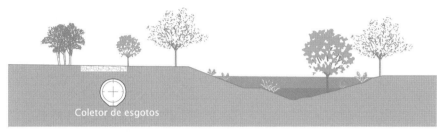

Um exemplo desse conceito foi concebido pela Hidrostudio Engenharia para o córrego da Fazenda, afluente do rio Aricanduva, na cidade de São Paulo (Fig. 2.28).

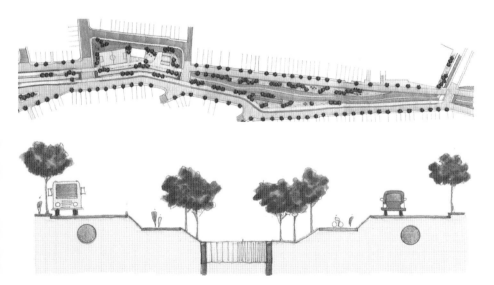

Fig. 2.28 *Recuperação dos fundos de vale na bacia do Aricanduva – croqui de trecho do córrego Fazenda*

No Cap. 5 deste livro são apresentados os métodos disponíveis para o cálculo do amortecimento dos picos de cheias em canais.

EXEMPLO

Nos estudos de canalização do córrego Paciência, na cidade de São Paulo, foram considerados três tipos de revestimento levando a velocidades médias de escoamento diferenciadas. Assim, a alternativa de concreto corresponde a v = 3,2 m/s; alternativa com paredes de concreto e fundo de enrocamento, v = 2,7 m/s; e alternativa de gabião, v = 2 m/s.

Para esses três casos foram obtidos os hidrogramas de projeto, considerando diferentes tempos de concentração resultantes das velocidades no canal, para chuvas com TR = 25 anos, com o método do hidrograma unitário do SCS (*Soil Conservation Service*).

Mesmo com os valores das velocidades abaixo das usuais nos projetos de canalização de drenagem urbana, que normalmente variam entre 4 m/s e 6 m/s para galerias e canais de concreto, as diferenças nas vazões de pico dos hidrogramas resultantes foram significativas (Tab. 2.1).

Tab. 2.1 Córrego Paciência – Vazões de projeto x velocidades na canalização

SEÇÃO	LOCAL	ÁREA DE DRENAGEM DA BACIA (km²)	VAZÕES DE PROJETO TR = 25 ANOS Q (m³/s)		
			v = 3,2 m/s	v = 2,7 m/s	v = 2,0 m/s
1	Paciência – Rua Gustavo Adolfo	0,92	23,3	22,0	19,6
2	Paciência – montante da confluência com o córrego Maria Paula	2,01	45,1	43,1	39,4
3	Paciência + Maria Paula - confluência	3,70	82,3	77,8	70,2
4	Paciência – Rua Edu Chaves	5,35	98,6	92,5	79,5
5	Paciência – foz no Cabuçu de Cima	6,20	109,4	101,2	86,8

Nota-se que, na foz do córrego Paciência, a vazão de pico variou entre 86,8 m³/s e 109,4 m³/s, em consequência de mudanças no revestimento do canal, e que levaram às diferenças de velocidades e de tempos de concentração.

2.3 Sistema de Proteção de Áreas Baixas *(Pôlderes)*

Os *pôlderes* são sistemas compostos por diques de proteção, redes de drenagem e sistemas de bombeamento. Visam proteger áreas ribeirinhas ou litorâneas que se situam em cotas inferiores às dos níveis d'água durante os períodos de enchentes ou marés.

As áreas a serem protegidas ficam, portanto, totalmente isoladas por diques, cuja cota de coroamento é estabelecida em função dos riscos de galgamento assumidos. Esses diques podem ser construídos em aterros de solo ou de concreto, dependendo do espaço disponível, condições de fundação e custos.

Protegidas as áreas do avanço das águas externas, a drenagem interna aos diques é direcionada para o sistema de bombeamento que recalca as vazões drenadas por sobre os diques, de volta ao corpo d'água. Em certos casos, o controle pode ser efetuado por meio de válvulas ou comportas unidirecionais (*flap-gates*).

Para o desenvolvimento do projeto de um sistema de proteção de áreas baixas, deve-se ainda observar os seguintes aspectos adicionais:

- desconexão de redes de galerias de águas pluviais com captação existente na área protegida pelo pôlder e com desemboque no rio adjacente;
- previsão de sistema de energia elétrica alternativo para o sistema de bombeamento em caso de falta de energia;
- previsão de um sistema de iluminação interna ao reservatório de amortecimento, em caso de implantação de um reservatório subterrâneo, para facilitar a manutenção.

O funcionamento das estruturas individuais que compõem o sistema de pôlder deve ser capaz de satisfazer por si só as condições estruturais e geotécnicas para o seu correto desempenho. Como critério inicial para o desenvolvimento do projeto de proteção de áreas baixas contra inundações, devem ser atendidas as condições apresentadas na Fig. 2.29.

Em relação ao grau de proteção da área baixa, levam-se em consideração os riscos assumidos para as chuvas que ocorrem somente na bacia do rio adjacente e para as chuvas que ocorrem somente na

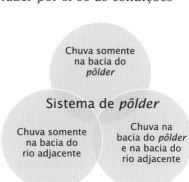

Fig. 2.29 *Critério inicial para o desenvolvimento do projeto de* pôlderes

bacia do pôlder. Os riscos assumidos não precisam ser os mesmos em ambas as situações, mas deve ser prevista a concomitância dos eventos e o seu funcionamento nessa situação.

Nos recentes projetos de pôlder desenvolvidos na cidade de São Paulo, adotou-se a linha d'água correspondente à recorrência TR 100 anos para o rio adjacente e a linha d'água correspondente ao TR 25 anos para a bacia da área protegida (redes de microdrenagem e reservatório).

Recomenda-se que a cota da crista do muro-dique possua um *freeboard* em relação ao risco assumido para o rio adjacente, em que:

- muro-dique de concreto: a cota da crista deve ser o nível d'água para o TR adotado acrescida de 0,50 m;
- muro-dique de terra: a cota da crista deve ser o nível d'água para o TR adotado acrescida de 1,00 m.

O muro-dique, além de atender a esses critérios, deve ter a cota da crista do dique no mínimo igual ou superior ao nível d'água correspondente às vazões de TR 100 anos para o rio adjacente.

No caso de *flash floods* em uma área baixa, o dique de proteção deve ser de caráter definitivo; já em áreas baixas onde se pode ter uma previsão da ocorrência de eventos, cabe o uso de muros-diques móveis, como é o caso do sistema de proteção da cidade de Colônia, na Alemanha (Foto 2.21). O uso de um sistema misto para o dique de proteção também pode ser adotado. O sistema de diques móveis deve ser dotado também de um centro de operação e previsão para que não ocorram falhas.

Uma recomendação básica ao projeto desses sistemas é que os critérios de projeto dos diques e/ou muros de proteção devem levar em conta as recomendações pertinentes aos projetos de pequenas

Foto 2.21 *Muro-dique móvel em Colônia, na Alemanha*

barragens, principalmente no que se refere aos fatores de segurança quanto aos esforços, condições de fundação (prevenção de erosão regressiva ou *piping*), subpressões e bordas-livres. Outro item importante é analisar a condição de galgamento em relação aos esforços, e também as proteções necessárias ao dique e suas fundações e às possíveis erosões de pé. Além disso, o sistema de recalque deve ser operado continuamente e não apenas durante as eventuais cheias do rio, a fim de prevenir falhas provocadas pela falta de manutenção e uma forma de operar continuamente é promover o rodízio das bombas no recalque das vazões de base. Deve ser prevista uma válvula de descarga no poço de bombas, para possibilitar o esvaziamento da área interna na situação de não operação das bombas e corpo d'água receptor com nível d'água abaixo das cotas de inundação, sendo necessário garantir que a válvula seja novamente fechada após o esvaziamento. É relevante, ainda, no que se refere aos *pôlderes*, que a casa de bombas tenha no mínimo duas unidades, de preferência com acionamento elétrico, e quadro de comando programado para promover o rodízio entre elas. Acrescenta-se que sempre há de se considerar a possibilidade de implantação de um reservatório de armazenamento e decantação, visando reter os detritos e reduzir o pico de vazão nas bombas (é recomendada uma análise econômica), principalmente nos casos em que as áreas "polderizadas" forem pequenas e, portanto, com hidrogramas de altos picos e pequenos volumes. O reservatório, ademais, aumenta a segurança do sistema. Deve-se providenciar um manual de operação e manutenção do sistema, incluindo tanto a parte civil como a eletromecânica dos equipamentos. Em eventuais cortes no fornecimento de energia elétrica, a operacionalidade pode ser garantida com um sistema de abastecimento de energia emergencial, tipo geradores a diesel, desde que se tenha um programa de manutenção que inclua testes frequentes desses equipamentos.

Os primeiros sistemas de *pôlder* implantados na cidade de São Paulo foram os pôlderes das pontes das Bandeiras, da Casa Verde e Attílio Fontana (Rodovia Anhanguera), no rio Tietê. No *pôlder* da Ponte das Bandeiras, na av. Assis Chateaubriand/av. Pres. Castelo Branco (Marginal do rio Tietê), por necessidade de gabarito vertical rodoviário, as pistas da marginal tiveram de ser rebaixadas sob essa ponte, criando um ponto mais baixo, sujeito à inundação quando das cheias do rio Tietê, por refluxo dos bueiros conectados ao rio. Neste local, em ambas as margens do rio, foram implantados diques de concreto, e os sistemas de drenagem existentes nas microbacias foram redirecionados para os reservatórios de armazenamento e decantação.

Os cálculos de amortecimento no reservatório da margem esquerda do rio Tietê mostraram que, para um pico de vazão de 1,8 m³/s (TR = 25 anos), afluente ao reservatório, resultou uma vazão máxima a ser bombeada de cerca de 0,9 m³/s. Foram previstas três bombas, tipo submersíveis, com capacidade unitária de 330 m³/s, com acionamento automático em função dos níveis d'água atingidos no interior do reservatório. A Fig. 2.30 mostra o esquema típico da solução implantada na ponte das Bandeiras.

O custo total do sistema de *pôlder* foi estimado em US$ 2 milhões, contra uma previsão de US$ 15 milhões para a alternativa de alteamento da ponte, cuja viabilidade técnica não chegou a ser totalmente comprovada, dadas as incertezas quanto ao projeto estrutural da ponte e o intenso tráfego que deveria ser desviado.

Embora alguns problemas de manutenção tenham sido registrados, o sistema opera com eficiência desde 1992, tendo sido adotada essa solução noutros locais, como a Ponte Casa Verde e a Ponte Attílio Fontana (saída para a Rodovia Anhanguera), ambas no rio Tietê na cidade de São Paulo. Após as obras de ampliação e rebaixamento da calha do rio Tietê, ainda é necessária a manutenção dos *pôlderes*. Há também os *pôlderes* implantados no município de São Caetano do Sul, às margens do ribeirão dos Meninos.

As Fotos 2.22 e 2.23 apresentam obras no *pôlder* da Ponte Casa Verde.

Em 2009, o bairro do Jardim Romano, na cidade de São Paulo, sofreu severamente com as cheias do rio Tietê, passando vários dias sob inundação. A solução para proteger o bairro foi a implantação de um sistema de pôlder. O pôlder do Jardim Romano foi projetado e executado com muro-dique em aterro, redes de microdrenagem e reservatório a céu aberto com sistema de bombeamento. A área pro-

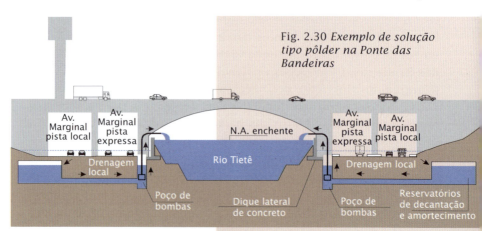

Fig. 2.30 *Exemplo de solução tipo pôlder na Ponte das Bandeiras*

Foto 2.22 Pôlder *da ponte Casa Verde – tratamento da fundação dos diques de concreto*

Foto 2.23 Pôlder *da ponte Casa Verde – obras de construção do reservatório de amortecimento e decantação (margem direita)*

2 Medidas Não Convencionais

tegida pelo sistema de pôlder abriga hoje em torno de 12.000 pessoas. Oportunamente, o dique em aterro foi adequado para servir também de pista de manutenção e ciclovia a fim de integrar o projeto do Parque Várzeas do Tietê (PVT).

A geração de mapas de inundação da região do bairro do Jardim Romano para o desenvolvimento do projeto do sistema de pôlder foi possível graças ao avanço computacional e de softwares de simulação e modelagem. Com a geração de um modelo digital de terreno detalhado, pôde-se fazer a sobreposição dos níveis d'água em forma de superfície. A subtração dessas superfícies resultou em um mapa de inundação da região com a hipsometria da inundação que afetou o Jardim Romano (Figs. 2.31 e 2.32).

Os estudos desenvolvidos para a elaboração do projeto do pôlder do Jardim Romano consideraram o critério para a linha d'água do rio Tietê para TR 25 anos e o critério para o dimensionamento da rede de microdrenagem e do reservatório para TR 10 anos. A cota da crista do dique previsto também atende aos níveis d'água no rio Tietê para o TR 100 anos. As Fotos 2.24 e 2.25 ilustram a inundação de 2009 no bairro do Jardim Romano e parte das obras realizadas.

Os eventos de chuvas intensas registrados nos anos de 2010 e 2011 na bacia do Alto Tietê motivaram o estudo e o projeto de sistemas de proteção das áreas baixas da av. Marginal do Rio Tietê. Nesse programa, foram projetadas seis unidades de pôlderes, localizados nas cercanias da Ponte Aricanduva e da Ponte da Vila Maria (Foto 2.26), em ambas as margens, da Ponte da Vila Guilherme, na margem esquerda, e da Ponte do Limão, na margem direita. Além dos critérios de projeto já apresentados anteriormente, mostrou-se de suma importância a gestão das interferências, principalmente das redes subterrâneas das concessionárias de serviços como água, esgoto, gás e energia.

Os sistemas de captação das microdrenagens projetados para as áreas polderizadas devem ter capacidade para atender as vazões de pico dessas áreas.

O Programa de Proteção das Áreas Baixas da Avenida Marginal do rio Tietê, entre a barragem móvel e a barragem da Penha, no município de São Paulo, garante as vazões de projeto do rio Tietê na região polderizada, além de fornecer importante incremento à segurança dessa avenida, que tem importante papel na circulação de cargas, passageiros e viagens diárias, com acesso às principais rodovias do Estado e do Brasil. O Quadro 2.8 apresenta as características dos pôlderes da Marginal Tietê com execução iniciada em 2012.

Fig. 2.31 *Pôlder Jardim Romano – mapa de inundação com hipsometria para TR 25 anos e TR 100 anos*

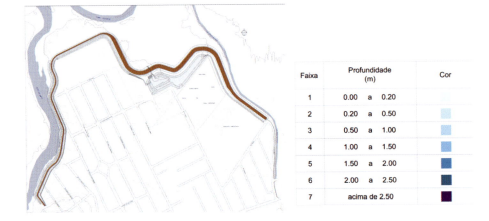

Fig. 2.32 *Legenda da inundação e implantação do dique com adequação do traçado da via parque do PVT*

Foto. 2.24 *Inundação do Jardim Romano em 2009*

Foto 2.25 *Canal de drenagem interno e dique de terra*

Foto 2.26 *Situação durante e após a execução do reservatório do pôlder da Ponte da Vila Maria (margem direita) e detalhe do muro-dique integrado com canalete de drenagem*

Quadro 2.8 Características dos pôlderes da Marginal Tietê – Fase 2 (2012) – DAEE

LOCAL (PONTE)	ÁREA DE DRENAGEM (m²)	VOLUME DO RESERVATÓRIO (m³)	COMPRIMENTO DO MURO-DIQUE (m) Jusante da ponte	COMPRIMENTO DO MURO-DIQUE (m) Montante da ponte
Limão – margem direita	146.000	1.550	93	117
Vila Guilherme – margem esquerda	180.000	3.260	67	355
Vila Maria – margem direita	30.000	2.187	60	120
Vila Maria – margem esquerda	195.000	4.577	120	525
Aricanduva – margem direita	92.300	2.420	705	38
Aricanduva – margem esquerda	160.000	4.349	63	668

O dimensionamento do volume do reservatório deve ser feito por meio dos métodos convencionais de dimensionamento de bacias de detenção, atentando-se para o fato de que o volume do reservatório pode ser variável em função do sistema de bombeamento adotado. Logo, o volume do reservatório é a diferença entre o volume total escoado (*runoff*), resultante dos cálculos hidrológicos para a área polderizada, e o volume total retirado pelo sistema de bombeamento adotado.

A supressão das inundações por meio da implantação do sistema de pôlder, ou seja, a diminuição do risco das áreas baixas frequentemente inundadas, tem, na maioria das vezes, custo de implantação inferior quando comparado aos custos de remoção das residências e/ou de alteamento de pistas rodoviárias, e a alternativa em pôlder não afeta bairros adjacentes, podendo até colaborar no contexto geral de drenagem das áreas do entorno da região protegida e na valorização dessas áreas.

Condicionantes Gerais

As medidas modernas voltadas ao projeto ou correção de sistemas de macrodrenagem normalmente interagem com os elementos determinantes da formação das ondas de enchente, para promover a alteração nos tempos de concentração ou a redução das áreas de drenagem (efeitos obtidos via derivação) ou, ainda, a redução dos volumes a escoar (obtida pela detenção). A adequada definição dos hidrogramas de projeto nos diversos pontos notáveis do sistema de drenagem é uma atividade essencial para o sucesso da medida proposta.

Nos estudos hidrológicos voltados à drenagem urbana, principalmente em virtude da carência de dados fluviométricos que poderiam subsidiar análises estatísticas de cheias, normalmente são adotados modelos matemáticos do tipo chuva x vazão para a definição dos hidrogramas de projeto.

Os dados necessários à elaboração desses estudos compreendem fundamentalmente as características hidráulicas e geomorfológicas da bacia, suas condições de impermeabilização, tempos de concentração, bem como as precipitações de projeto.

Com relação aos dados pluviométricos, estão disponíveis para as principais cidades do País as relações IDF (intensidade-duração-frequência). Entretanto, a desagregação dessas precipitações para a determinação dos hietogramas é o grande problema do hidrólogo, visto que, para cada distribuição temporal das chuvas, têm-se hidrogramas diferentes.

Estudos Hidrológicos

três

Nos casos de dimensionamento de reservatórios de amortecimento de cheias, quando, além da correta estimativa do pico de vazão, também é vital a determinação dos volumes associados, os estudos para a definição dos hidrogramas de projeto exigem uma análise mais profunda dos mecanismos climatológicos que influenciam a desagregação das precipitações e das durações críticas. Por essa razão apresentam-se, no item Definição da chuva de projeto, diversos métodos disponíveis para desagregação das precipitações. No item Modelos chuva x deflúvio, são descritos os principais métodos adotados para a transformação chuva x vazão em projetos e estudos de drenagem urbana, incluindo as formas de obtenção dos tempos de concentração em áreas urbanas.

3.1 Definição da Chuva de Projeto

Nos projetos de canalização, o parâmetro mais importante a considerar é a vazão de projeto, ou seja, o pico dos deflúvios associado a uma precipitação crítica e a um determinado risco assumido. Portanto, outras precipitações que levem a picos de vazão menores serão sempre conduzidas com segurança pelo sistema existente ou projetado. Ou seja, o volume das cheias, associado às diferentes precipitações, passa a ter interesse secundário.

Entretanto, nos projetos de obras de reservação de deflúvios, é fundamental a definição do hietograma da precipitação e do volume de deflúvio. A determinação da intensidade média da precipitação, em muitos casos suficiente para o dimensionamento de canais de drenagem, não o é para o projeto de reservatórios de controle de cheias.

À medida que o projeto se torna mais complexo, cresce a necessidade de utilizar registros históricos (cronológicos) de precipitação, que muitas vezes não são disponíveis. Nesse caso, dados de locais próximos poderão ser utilizados, porém comprometendo a confiabilidade dos resultados. Em sistemas maiores requer-se, muitas vezes, não só a distribuição da precipitação no tempo, como a sua variação espacial. Dados dessa natureza são quase inexistentes. Portanto, as obras de reservação e mesmo as de canalização necessitam ser projetadas, em muitos casos, sem se dispor de informações completas. Informações generalizadas, conforme será discutido nos itens a seguir, podem servir como base adequada para o projeto. O mais importante é reconhecer as limitações da informação e utilizá-la de maneira criteriosa (Urbonas e Stahre, 1990).

3.1.1 Curvas de Intensidade-Duração-Frequência (IDF)

Um aspecto a ser ressaltado, quando se utilizam os valores das curvas IDF, é que elas são construídas a partir de registros históricos de alturas de precipitação versus duração. Esses valores são tabulados e processados estatisticamente, resultando nas curvas IDF (Figs. 3.1 e 3.2).

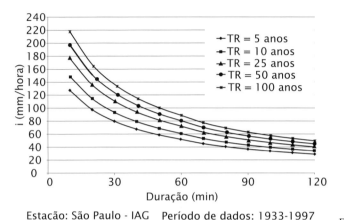

Estação: São Paulo - IAG
Latitude: 23°39'S
Longitude: 46°48'W
Altitude: 780 m
Período de dados: 1933-1997
i: mm/min
t: min
T: Período de retorno (anos)

$i_{t,T} = 39{,}3015\,(t + 20)^{-0{,}9228} + 10{,}1767\,(t + 20)^{-0{,}8764} \cdot$
$\cdot\,[-0{,}4653 - 0{,}8407\,\ln\ln(T/T - 1)]$ para $10 \leq t \leq 1440$

Fig. 3.1 *Exemplo de curvas IDF (intensidade-duração-frequência) para São Paulo/SP (Magni e Martinez, 1999)*

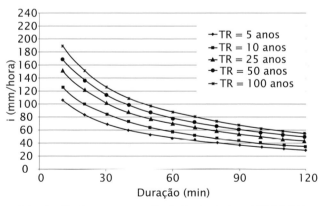

Estação: Santos
Latitude: 23°56'S
Longitude: 46°20'W
Altitude: 14 m
Período de dados: 1924-1974
i: mm/min
t: min
T: anos

$i = (t + 20)^{-0{,}76}\,[15{,}53 - 6{,}08\,\ln\ln(T/(T - 1))]$, para $10 \leq t \leq 60$
$i = t^{-0{,}662}\,[8{,}60 - 3{,}36\,\ln\ln(T/(T - 1))]$, para $60 < t \leq 1440$

Fig. 3.2 *Exemplo de curvas IDF (intensidade-duração-frequência) para Santos/SP (Magni e Mero, 1986)*

Na ausência de outras informações, a composição de hietogramas a partir das curvas IDF pode ser bastante útil para o projetista. Com a adoção desse método, ocorre uma maximização das precipitações para cada duração, já que muito raramente os totais precipitados máximos para cada duração ocorrerão em um único evento.

3.1.2 Tormentas Padronizadas

Um dos métodos mais utilizados para a definição da chuva de projeto, em obras de reservação, consiste na adoção de chuvas padronizadas. Em alguns casos, essas chuvas são obtidas a partir das relações IDF e, em outros, são derivadas de dados pluviométricos existentes.

O que se espera de uma chuva de projeto é que seja representativa de muitos eventos registrados e tenha as características de intensidade, volume e duração de uma tormenta de mesma frequência.

Quando se dimensiona uma obra de reservação a partir de uma determinada precipitação de projeto, espera-se que, em média, sua capacidade, assim definida, sirva para proteger a bacia contra eventos de mesma recorrência desta precipitação de projeto. Nesse caso, é importante assumir implicitamente algumas hipóteses, tais como: a tormenta de projeto tem um volume equivalente ao de uma chuva observada com a mesma recorrência; a distribuição temporal da chuva adotada é representativa de uma tormenta ocorrida; o reservatório está vazio quando da entrada da cheia oriunda da chuva de projeto; e a chuva é considerada uniformemente distribuída na bacia.

A adoção de tormentas padronizadas foi criticada por diversos autores: Marsalek (1978), Marsalek e Watt (1983), McPherson (1976), Walesh (1989) e Wenzel (1978), pelo fato de que essas tormentas não reproduzem adequadamente a frequência de ocorrência do volume dos deflúvios.

Urbonas (1990) considera que, apesar das críticas a tais métodos, a inexistência de dados locais impõe que as tormentas padronizadas sejam ainda amplamente utilizadas tanto na Europa como nos EUA.

Os métodos mais usados para a desagregação de tormentas e composição da chuva de projeto são descritos nos itens seguintes.

a) Bloco de Tormenta (*Block Rainstorm*): é o método mais simples de desagregação de tormentas de projeto. Um bloco de tormenta tem uma intensidade constante durante todo o evento, obtida a partir das curvas IDF. Tem sua origem no método racional. Sua utilização é discutível para o dimensionamento de obras de reservação, por considerar apenas o período de chuva mais intenso (Figs. 3.3 e 3.4).

b) **Método de Sifalda:** Sifalda (1973) apresentou uma modificação do método do bloco de tormenta, incluindo um padrão de hietograma trapezoidal antes e depois do bloco relativo ao período de chuva mais intenso (Fig. 3.5).

Arnell (1983) comparou estatísticas de volume x duração e concluiu que o método de Sifalda superestima os volumes de escoamento (3.1.3).

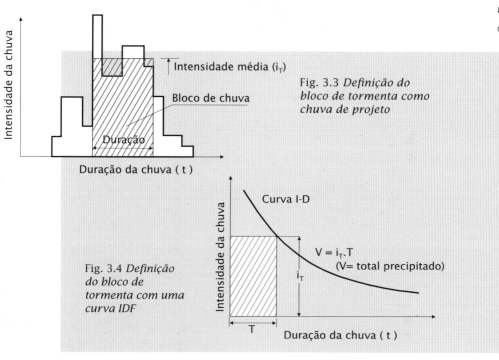

Fig. 3.3 *Definição do bloco de tormenta como chuva de projeto*

Fig. 3.4 *Definição do bloco de tormenta com uma curva IDF*

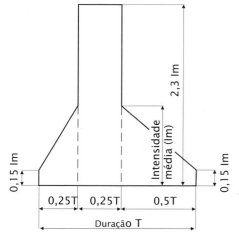

Fig. 3.5 *Distribuição de chuva pelo método de Sifalda (1973)*

c) **Método de Chicago:** descrito por Keifer e Chu (1957), é bastante utilizado, por derivar a sua configuração das relações IDF. Esse método pressupõe que a relação IDF para um determinado local esteja contida na forma:

$$i = \frac{A}{t_d^B + C}$$

onde:
i — é a intensidade da precipitação (mm/min);
A, B, C — são as constantes para calibração (adimensionais);
t_d — é a duração da chuva de intensidade média (min).

A intensidade da chuva de projeto ao longo do tempo é calculada pelas expressões:

$$i = \frac{A\left[(1-B)\left(\frac{t_b}{r}\right)^B + C\right]}{\left[\left(\frac{t_b}{r}\right)^B + C\right]^2} \qquad e \qquad i = \frac{A\left[(1-B)\left(\frac{t_a}{1-r}\right)^B + C\right]}{\left[\left(\frac{t_a}{1-r}\right)^B + C\right]^2}$$

respectivamente antes e depois do instante da intensidade máxima, com:

$$r = \frac{t_p}{t_d}$$

onde:
r — coeficiente de avanço da tormenta
t_p — instante do pico
t_b — $t_p - t$
t_a — $t - t_p$

O coeficiente de avanço da tormenta (r) pode ser estimado a partir de uma série histórica local, como a relação entre o tempo de ocorrência do pico e a duração total da precipitação. Os valores de $r = t_p/t_d$ apresentados na Tab. 3.1 foram obtidos a partir dos registros históricos. Yen e Chow (1983) desenvolveram valores de t_p/t_d para diversas regiões dos EUA e, com base nas análises realizadas, indicaram que o pico da intensidade de precipitação tende a cair no segundo quartil da duração total do evento, sendo em média igual a $0,375 t_d$. Na falta de dados locais é aceitável adotar esse valor.

Na prática, deve-se proceder à discretização dessa função contínua, configurando um hietograma (Fig. 3.6).

A análise das equações acima revela que, para um dado período de retorno, o pico de intensidade é constante e igual a A/C, independentemente da duração da chuva. Isso é esperado, pois o hietograma da chuva de projeto, obtido pelo método de Chicago, para qualquer duração, contém todas as chuvas críticas de durações menores, para a mesma recorrência. Similarmente às desagregações desenvolvidas pelo SCS, o método de Chicago pode ser adotado tanto para pequenas como para grandes bacias.

Tab. 3.1 Valores de r = t_p/t_d do método de Chicago (Tucci, 1993)

LOCAL	Nº DE POSTOS	r
Chicago	83	0,37
Winnipeg	60	0,31
SCS	—	0,37
São Paulo	1	0,36
Porto Alegre	1	0,44

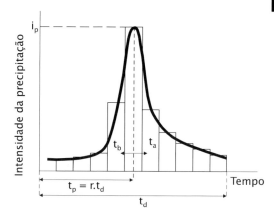

Fig. 3.6 *Elementos do hietograma do método de Chicago*

d) Método dos Blocos Alternados: é uma aproximação do método de Chicago. Uma chuva de projeto sintética pode ser construída com base nas curvas IDF, a partir da hipótese de que o somatório dos volumes de precipitação, à medida que se acrescentam blocos, coincide com o valor definido pelas curvas IDF, para cada duração parcial. A colocação dos blocos no hietograma é arbitrária e pode conduzir a diversas configurações. Existem algumas regras empíricas que devem conduzir a picos mais elevados.

Uma dessas regras impõe que a parcela mais intensa da precipitação seja colocada entre 1/3 e 1/2 da duração da chuva. Os demais blocos podem ser colocados alternadamente, à esquerda e à direita do pico, para a composição do hietograma de projeto (Fig. 3.7). No método dos blocos alternados, quanto menor o passo de tempo (Δt) empregado, maiores as intensidades de pico. Embora a definição de Δt seja arbitrária, alguns fatores devem ser considerados, como o Δt de cálculo do modelo (chuva x vazão) adotado, por exemplo, sendo t igual ou é um submúltiplo do t utilizado no modelo. Outra restrição é que o t não deve ser maior do que o tempo de concentração da bacia de drenagem considerada. A Tab. 3.2 apre-

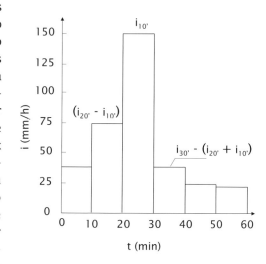

Fig. 3.7 *Método dos blocos alternados – exemplo de hietograma*

senta um exemplo de transformação da equação IDF para blocos alternados, para uma precipitação com $t_d = 1$ h, e a Fig. 3.8 compara os padrões das distribuições, segundo a equação IDF e os blocos alternados, onde:

t_d – tempo de duração da precipitação;
i – intensidade da precipitação;
P – altura de precipitação acumulada;
ΔP – precipitação no intervalo de tempo.

Tab. 3.2 Exemplo de transformação da equação IDF para blocos alternados

EQUAÇÃO IDF		CÁLCULO PARA TRANSFORMAÇÃO			BLOCOS ALTERNADOS	
t_d (min)	i (mm/h)	P=i.t_d (mm)	ΔP (mm)	ΔP/t (mm/h)	t (min)	i (mm/h)
10	150,0	25,0	25,0	150,0	10	37,5
20	112,5	37,5	12,5	75,0	20	75,0
30	87,5	43,8	6,3	37,5	30	150,0
40	75,0	50,0	6,2	37,5	40	37,5
50	65,0	54,0	4,0	24,0	50	24,0
60	57,5	57,5	3,5	21,0	60	21,0

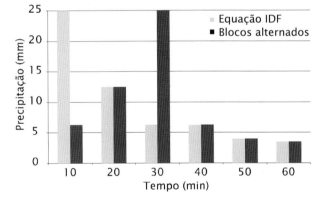

Fig. 3.8 *Gráfico comparativo entre as distribuições de precipitação da equação IDF e blocos alternados*

e) Método de Yen e Chow: a principal virtude desse método é a simplicidade. Baseado em análises de cerca de 10 mil tormentas em quatro locais bastante diferentes do ponto de vista hidrológico: Boston (Massachussets), Elizabeth City (New Jersey), Urbana (Illinois) e San Luiz Obispo (Califórnia), Yen e Chow (1983) propuseram um hietograma triangular. A intensidade de pico fica definida por:

$$i_p = \frac{2p}{t_d}$$

onde:

i_p – a intensidade de pico (mm/min);

$2p$ – precipitação total (mm);
t_d – tempo de duração da precipitação (min).
O instante de ocorrência do pico foi definido como $tp = 0{,}375 \cdot t_d$ (ver Fig. 3.9).

Fig. 3.9 *Método de Yen e Chow (1983)*

f) Método de Huff: Huff (1967) desenvolveu quatro distribuições temporais para chuvas intensas com durações superiores a três horas, para a região Centro-Leste do Estado de Illinois (EUA). Foram analisados 11 anos de registros de chuvas de uma rede de 49 postos pluviográficos distribuídos em uma área de cerca de 1.000 km².

Os registros históricos de chuvas foram divididos em quatro grupos, cada um considerando 1/4 da duração total da chuva, de acordo com o instante de ocorrência do pico de intensidade da precipitação.

Para cada um desses grupos, denominados quartis, 1º ao 4º, foram desenvolvidos os padrões médios de distribuição temporal.

As precipitações intensas de curta duração, normalmente de maior interesse para os projetos de drenagem urbana, foram classificadas no primeiro quartil. Dessa forma, no Estado de Illinois, foi recomendada a utilização da distribuição de Huff 1º quartil, para projetos de drenagem.

O modelo computacional Illudas, bastante utilizado mundo afora, adota Huff 1º quartil, embora o propósito original dessa distribuição fosse abranger apenas o Estado de Illinois.

O Quadro 3.1 mostra a relação entre a duração da chuva e o quartil que recebeu a maior intensidade de precipitação. De acordo com Huff, mais de 50% dos eventos analisados atenderam a essas condições (Mays, 2001).

Nas chuvas inferiores a 12 horas, a adoção do 1º ou 2º quartil deve ser

Quadro 3.1 Relação entre a duração da chuva e o quartil que melhor representa o fenômeno

DURAÇÃO DA CHUVA	QUARTIL
$t_d < 12$ h	1º, 2º
12 h $< t_d <$ 24 h	3º
$t_d > 24$ h	4º

verificada de acordo com as respectivas vazões excedentes, que variam em função das abstrações e condições iniciais do terreno.

O método de Huff foi utilizado para a distribuição temporal de chuvas nos estudos hidrológicos do PDMAT – DAEE (1998; 2001), conforme a Fig. 3.10.

Na Fig. 3.11 apresentam-se as quatro distribuições de Huff. A Fig. 3.12 apresenta um exemplo considerando chuvas de projeto, calculadas

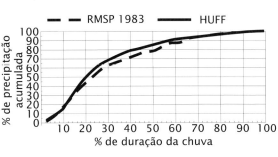

Fig. 3.10
Comparação entre a chuva observada na RMSP em 1983 e a distribuição de Huff 1º quartil

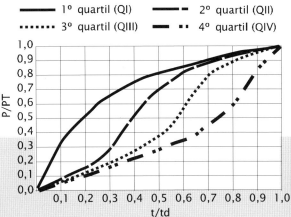

Fig. 3.11
Distribuição das precipitações – Método de Huff

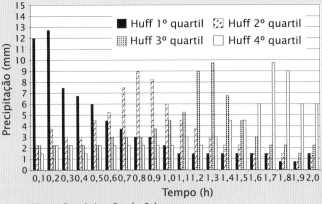

Fig. 3.12
Distribuições temporais de chuva pelo método de Huff

Nota: Precipitação de 2 horas
Vazão excedente - SCS - CN = 86
São Paulo - TR = 25 anos

pela equação IDF para São Paulo, com duração de 2 horas e período de retorno de 25 anos, para as quatro distribuições propostas por Huff (1º a 4º quartis).

3.1.3 Comparação entre Diferentes Métodos de Distribuição Temporal de Precipitação

A Fig. 3.13 apresenta uma comparação entre hietogramas obtidos por meio de diferentes métodos de distribuição das precipitações. O projetista deve tomar a decisão de qual escolher, analisando os efeitos de cada uma no parâmetro de projeto, julgando o que é mais importante, se pico de vazão ou volume, por exemplo, ou a combinação de ambos.

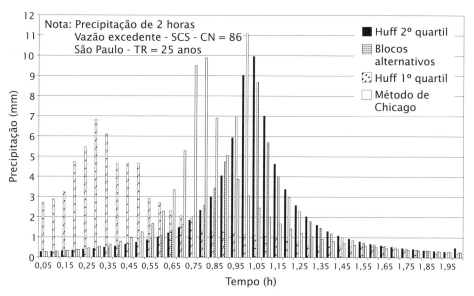

Fig. 3.13 *Distribuição temporal de precipitações (quatro diferentes métodos)*

3.1.4 Influência da Distribuição Temporal das Chuvas

Em alguns estudos comparativos, destaca-se a importância da análise hidráulico-hidrológica para a desagregação temporal da chuva de projeto na definição dos volumes a reservar em bacias de detenção e nos picos de vazão para projetos de canalização, por exemplo.

A comparação entre os dimensionamentos de bacia de detenção, com base nos diversos métodos de desagregação das chuvas, foi objeto de estudos de diversos autores, como Arnell (1984), que realizou uma abrangente análise comparativa entre os volumes de espera necessários para bacias de detenção, em função da chuva de projeto adotada. Calculou os volumes de armazenamento necessários para a mesma condição de vazão máxima efluente, adotando para a formulação do hietograma os métodos de Chicago (Sifalda, 1973), dos Blocos Alternados e de Huff 1º e 2º quartis.

Os volumes foram comparados com os resultantes da aplicação de hietogramas registrados (históricos), assumindo que os volumes obtidos com base nesses registros fornecem os resultados mais precisos.

O modelo matemático de transformação chuva x vazão adotado foi o CTH-Model, que incluía um módulo de amortecimento em reservatórios.

Três bacias de drenagem foram estudadas, com as respectivas obras de detenção localizadas na posição mais a jusante, e foram utilizados dados de 18 anos de registros contínuos, dos quais selecionaram-se 176 eventos para os estudos de *routing*.

As máximas vazões efluentes admitidas foram de 5 ℓ/s.ha a 30 ℓ/s.ha. Escolheram-se chuvas de projeto para os períodos de retorno de seis meses, ou um, dois e cinco anos, com o cuidado de pesquisar, em cada caso, a duração mais crítica. As bacias de drenagem estudadas tinham as características apresentadas na Tab. 3.3.

Os gráficos da Fig. 3.14 mostram os resultados obtidos por Arnell, os quais podem ser considerados uma aproximação expedita, quando se desejar estimar o volume de uma bacia de detenção e as vazões máximas efluentes em função do tipo de ocupação das proximidades.

Assim, numa comparação inicial, pode-se aproximar a área de drenagem do córrego Pacaembu à bacia Linköping 1, estudada por Arnell.

O volume da bacia de detenção da Praça Charles Miller foi definido em 74.000 m³, para um período de retorno de 25 anos e uma área de drenagem de 2,22 km², com ocupação mista e parcela impermeável de 55% (ver seção 7.1).

Tab. 3.3 Características das bacias estudadas por Arnell (1984)

BACIA	ÁREA km²	PARTE IMPERMEÁVEL (%)	USO PREDOMINANTE	DETENÇÃO SUPERFICIAL (mm)	DECLIVIDADE
Bergsjön	0,154	38	Residencial (prédios)	0,42	Forte
Linköping 1	1,450	46	Residencial e comercial	0,70	Plana
Linköping 2	0,185	34	Residencial (unifamiliar)	0,63	Média

Com base nos resultados obtidos por Arnell para TR = 25 anos, no caso da bacia de Linköping 1, ter-se-ia um valor aproximado de armazenamento específico de 300 m³/ha, o que resultaria, em uma primeira aproximação, num volume de 66.000 m³, para o caso do reservatório do Pacaembu, valor bastante próximo ao adotado naquele projeto.

As pesquisas de Arnell conduziram a algumas constatações a respeito das distribuições de chuvas de projeto. Assim, a adoção de hietogramas pelo método de Chicago levou a uma subestimação dos volumes a reservar de cerca de 15%-20% em média. Ainda com relação ao método de Chicago, constatou-se que os valores serão mais corretos, quanto maiores forem as vazões efluentes admissí-

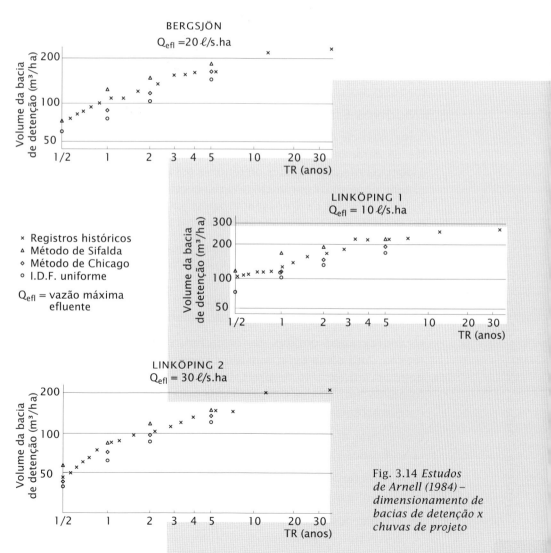

Fig. 3.14 *Estudos de Arnell (1984) – dimensionamento de bacias de detenção x chuvas de projeto*

veis. Isso explica por que esse método leva a picos de vazão mais elevados, que adquirem importância maior nos eventos mais críticos. Por outro lado, adotando-se hietogramas pelo método de Sifalda, obteve-se uma superestimativa, em média de 13%, para o volume de armazenamento, enquanto a utilização da intensidade de chuva média (*uniform intensity design storm*) resultou em volumes de detenção 18% menores do que os obtidos com chuvas históricas. A razão está na desconsideração das precipitações antecedentes e posteriores ao bloco principal da chuva, característica desse método.

Johansen (1987) concluiu que o uso de chuvas registradas, associadas ao método do hidrograma unitário, resultou em valores semelhantes ao uso de tormentas padronizadas que adotam os valores das curvas IDF. Marsalek (1978), ao adotar o método de Chicago, obteve volumes maiores do que conseguiria caso aplicasse distribuições de chuvas históricas. Pecher (1978) concluiu que o uso de chuvas históricas poderia levar a volumes menores do que os estimados pelas relações IDF.

3.2 Modelos Chuva x Deflúvio

A inexistência ou a insuficiência de dados fluviométricos provenientes de campanhas sistemáticas de hidrometria em áreas urbanas, associadas às dificuldades inerentes a essas campanhas, incluindo o grande número de parâmetros variáveis como o tipo de solo e a ocupação das bacias de drenagem urbanas, induzem à utilização de processos indiretos para a determinação dos hidrogramas de projeto.

Por outro lado, a necessidade de planejamento urbano exige, muitas vezes, o prévio conhecimento dos efeitos da urbanização, com a alteração do uso e ocupação do solo da bacia, assim como a avaliação de alternativas de intervenções propostas. Isso só pode ser obtido de forma indireta, mediante simulações de modelos.

Os hidrogramas obtidos de forma indireta são denominados sintéticos. Para a sua determinação é necessário estimar o volume de deflúvio, ou excesso de precipitação, e a forma do hidrograma. A forma do hidrograma é especificada pelo tempo entre o seu início e o de ocorrência do pico e pela duração da recessão.

Os modelos disponíveis para o uso em drenagem urbana podem ser classificados em discretos, ou por eventos, e contínuos.

Essa caracterização é importante, porque a necessidade de dados varia significativamente entre as duas técnicas.

a) Simulações Discretas
Neste tipo de simulação é feita uma análise estatística dos dados

históricos, em termos de picos e volumes de cheias, e, então, selecionados os eventos extremos.

Emprega-se também a geração de hietogramas de projeto com base nas equações do tipo IDF.

Em seguida, com um modelo do tipo chuva x deflúvio, geram-se os hidrogramas dos eventos selecionados, e assume-se que a vazão excedente apresenta a mesma recorrência estatística da chuva que a gerou.

b) Simulações Contínuas

Destaca-se a simulação contínua no dimensionamento de bacias de detenção e outras soluções não convencionais significativamente dependentes da distribuição temporal da precipitação de projeto. Esse tipo de simulação requer a obtenção de dados históricos contínuos, em geral não disponíveis. Nos trabalhos de Urbonas (1990), Tucci (1993), e ASCE (1992), são descritos e comentados os diversos modelos contínuos disponíveis.

Quando não há registros históricos contínuos, a simulação pseudocontínua pode ser adequada, e consiste, basicamente, na execução de algumas atividades (Walesh, 1989), como, por exemplo, a definição dos hietogramas para os eventos considerados extremos, ocorridos na bacia, com o registro das condições antecedentes e, por meio dos modelos discretos, a obtenção dos hidrogramas correspondentes. Além disso, selecionam-se os picos máximos anuais ou os volumes máximos dos deflúvios e realizam-se análises estatísticas de vazão x frequência ou volume x frequência (Fig. 3.15).

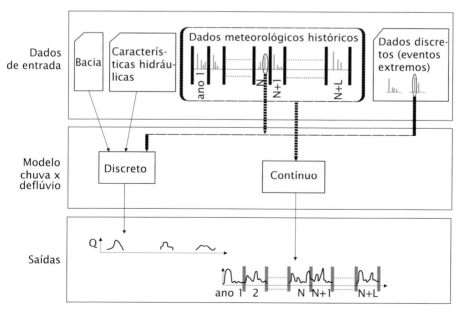

Fig. 3.15 *Técnica de simulação pseudocontínua (Walesh, 1989)*

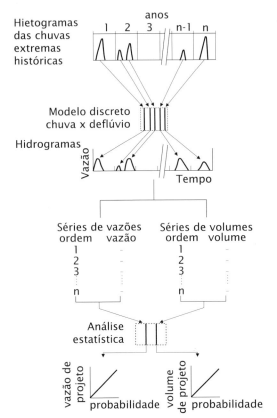

Fig. 3.16 *Modelo chuva x deflúvio. Comparação conceitual entre modelagens discreta e contínua (Walesh, 1989)*

A maior vantagem desse método, em relação ao da simulação discreta, é o fato de realizar a estatística diretamente com as vazões. Elimina-se, assim, a inconveniência de ter que admitir a mesma recorrência estatística para precipitação e vazão excedente (deflúvio).

O esquema apresentado na Fig. 3.16 mostra as diferenças conceituais entre as modelagens discreta e contínua.

Embora os modelos contínuos possam fornecer informações mais completas e seguras, o tipo de processamento e a eventual insuficiência dos dados utilizados para o processo de calibração do modelo podem tornar o seu uso pouco confiável ou mesmo inútil.

A principal vantagem dos modelos contínuos é eliminar a definição de chuva ou hidrograma de projeto.

Existem inúmeros modelos chuva x deflúvio discretos e contínuos, disponíveis para utilização nos estudos e projetos de drenagem urbana. Alguns desses modelos são descritos sucintamente a seguir, para ressaltar em cada caso os parâmetros principais e as suas inter-relações com as intervenções na bacia. Também são indicadas as técnicas de uso mais difundidas atualmente.

3.2.1 Determinação da Chuva Excedente

Chuva excedente é a denominação dada à parcela da chuva que escoará superficialmente pela bacia. Existem pelo menos quatro conceitos de uso generalizado para a determinação da parcela da precipitação que infiltrará (Wanielista e Yousef, 1993): a razão de infiltração variável e específica do local; a razão constante de infiltração; o balanço de massa; e o número de curva (CN – SCS).

a) Razão de Infiltração Variável e Específica do Local
   Esse conceito assume que a parcela de infiltração é geralmente maior no início e decai ao longo da precipitação, até atingir um patamar constante. Horton (1939) procurou refletir essa hipótese por meio de uma relação exponencial, válida quando o poten-

cial da vazão de infiltração é maior ou igual à precipitação.
A relação proposta por Horton é:

$$f(t) = f_c + (f_o - f_c) e^{-kt}$$

onde:
$f(t)$ – infiltração (cm/h) em função do tempo;
f_c – infiltração final ou constante (cm/h);
f_o – infiltração inicial (cm/h);
k – constante de decaimento da infiltração (h^{-1});
t – tempo (h).

Todos esses parâmetros são dependentes de vários fatores que controlam o processo de infiltração e, combinados, podem afetar significativamente o valor da razão de infiltração. Por essa razão, a alocação de valores típicos para esses parâmetros deve ser realizada com cautela, pois sua faixa de variação é bastante ampla (McCuen, 1989). Para maior confiabilidade, recomenda-se a realização de ensaios de infiltração em campo.

b) Razão Constante de Infiltração

Esse método é também denominado "índice j". Assume que a intensidade da infiltração é constante e determinada por meio da relação:

$$\varphi = \frac{P - R}{D}$$

onde:
ϕ – índice (mm/h);
R – volume excedente (mm);
P – volume precipitado (mm);
D – duração da chuva (h).

c) Balanço de Massa

Esse método é utilizado para equalizar a intensidade da precipitação à intensidade do deflúvio. Em uma bacia totalmente impermeabilizada, o volume precipitado é igual ao volume do deflúvio. O trabalho original de Kuichling (1889), realizado para uma bacia urbana, mostrou que a relação entre a vazão de precipitação e a vazão excedente (deflúvio) é igual à área impermeabilizada da bacia quando toda a área está contribuindo. Logo, em unidades equivalentes, tem-se:

$$\frac{Q}{I} = \frac{A_d \cdot C}{3,6}$$

onde:
Q – deflúvio (m³/s);
I – precipitação (mm/h);

A_d – área total de drenagem (km²);
C – fração da área impermeável (adimensional).

Kuichling chamou a razão Q/I de valor racional, daí a denominação corrente de Fórmula Racional, utilizada para o projeto de drenagem de pequenas bacias.
A vazão excedente resulta também das áreas permeáveis, quando a intensidade da precipitação excede a capacidade de infiltração. O deflúvio proveniente das áreas impermeáveis diretamente conectadas é praticamente igual ao volume precipitado, apenas afetado pelas depressões e detenções eventualmente existentes. Valores de C para diferentes ocupações de terreno estão disponíveis em diversas publicações, como, por exemplo: ASCE (1970), Tucci (1993) e Cetesb/DAEE (1986). Na publicação de Mays (2001), constam valores característicos de C para os diversos tipos de usos, e ocupação do solo urbano e rural (Tab. 3.4). De acordo com a Tab. 3.4, o coeficiente C deve ser modificado, conforme a recor-

Tab. 3.4 Coeficiente de escoamento superficial (C) – Método Racional (Mays, 2001)

USO DO SOLO	PERÍODO DE RETORNO (ANOS)			
	2-10	25	50	100
Sistema viário				
Vias pavimentadas	0,75 – 0,85	0,83 – 0,94	0,90 – 0,95	0,94 – 0,95
Vias não pavimentadas	0,60 – 0,70	0,66 – 0,77	0,72 – 0,84	0,75 – 0,88
Áreas industriais				
Pesadas	0,70 – 0,80	0,77 – 0,88	0,84 – 0,95	0,88 – 0,95
Leves	0,60 – 0,70	0,66 – 0,77	0,72 – 0,84	0,75 – 0,88
Áreas comerciais				
Centrais	0,75 – 0,85	0,83 – 0,94	0,90 – 0,95	0,94 – 0,95
Periféricas	0,55 – 0,65	0,61 – 0,72	0,66 – 0,78	0,69 – 0,81
Áreas residenciais				
Gramados planos	0,10 – 0,25	0,11 – 0,28	0,12 – 0,30	0,13 – 0,31
Gramados íngremes	0,25 – 0,40	0,28 – 0,44	0,30 – 0,48	0,31 – 0,50
Condomínios c/ lotes >300m²	0,30 – 0,04	0,33 – 0,44	0,36 – 0,48	0,31 – 0,50
Residências unifamiliares	0,45 – 0,55	0,50 – 0,61	0,54 – 0,66	0,56 – 0,69
Uso misto - denso	0,50 – 0,60	0,55 – 0,66	0,60 – 0,72	0,63 – 0,75
Prédios/conjunto de apartamentos	0,60 – 0,70	0,66 – 0,77	0,72 – 0,84	0,75 – 0,88
Playground/Praças	0,40 – 0,50	0,44 – 0,55	0,48 – 0,60	0,50 – 0,63
Áreas rurais				
Áreas agrícolas	0,10 – 0,20	0,11 – 0,22	0,12 – 0,24	0,13 – 0,25
Solo exposto	0,20 – 0,30	0,22 – 0,33	0,24 – 0,36	0,25 – 0,38
Terrenos montanhosos	0,60 – 0,80	0,66 – 0,88	0,72 – 0,95	0,75 – 0,95
Telhados	0,80 – 0,90	0,90	0,90	0,90

Fonte: Adaptado de Drainage Design Manual of Maricopa, Arizona (Mays, 2001)

rência adotada para a chuva de projeto, em função das diferentes perdas relativas, por causa da abstração inicial em cada caso.

d) Número de Curva (CN – SCS)
O método do SCS (1986), atualmente NRCS – National Resource Conservation Service, do U.S. Department of Agriculture, utiliza parâmetros de classificação hidrológica e de cobertura dos solos. Por meio da análise de mais de 3 mil tipos de solos e coberturas de vegetação e plantações, foi estabelecida uma relação empírica que visa correlacionar a capacidade de armazenamento pela bacia a um índice denominado de número curva (CN).
A correlação para a estimativa do CN é a seguinte:

$$S_D = \frac{25.400 - 254CN}{CN}$$

onde:
S_D – armazenamento máximo (mm);
CN – número de curva (≤ 100) (quando o número de curva é igual a 100, o armazenamento é nulo).

Para a estimativa do valor do CN, deve-se observar os valores tabelados disponíveis em função do tipo de solo e do uso e ocupação existentes na área de interesse.

Para as áreas permeáveis estão disponíveis os números de curva CN, em função do grupo hidrológico do solo (A, B, C ou D) e do tipo de vegetação e/ou ocupação (áreas urbanas), para áreas residenciais, comerciais e industriais, conforme tabelado em SCS (1986), Wanielista e Yousef (1993) e Tucci (1993). Ver Tabs. 3.5 e 3.6.

O trabalho de Porto e Setzer (1979) contém a classificação hidrológica dos solos para o Estado de São Paulo, com os respectivos números de curva e que, de forma geral, podem ser adotados para outras regiões. Contém também uma caracterização detalhada de CN, para as áreas rurais, considerando os vários tipos de uso agrícola e seu estado geral.

Tendo em vista que, em geral, as bacias urbanas são compostas por diversas sub-bacias de características hidrológicas diferentes, realiza-se usualmente uma média ponderada dos valores de CN com relação às respectivas áreas, para a obtenção do valor médio.

Outra condicionante comum às áreas urbanas é a disposição das partes impermeáveis em relação às porções permeáveis da bacia. Por essa razão, o SCS considera dois tipos de áreas impermeáveis:

Tab. 3.5 Classificação dos grupos hidrológicos dos solos e sua capa cidade de infiltração (Método do SCS)

GRUPO HIDROLÓGICO DO SOLO	DESCRIÇÃO DO SOLO	CAPACIDADE DE INFILTRAÇÃO (cm/h)
A	Areias e cascalhos profundos (h>1,50 m), muito permeáveis, com alta taxa de infiltração, mesmo quando saturados. Teor de argila até 10%	1,20 – 0,80
B	Solos arenosos com poucos finos, menos profundos (h<1,50 m) e permeáveis. Teor de argila 10%-20%	0,80 – 0,40
C	Solos pouco profundos com camadas subsuperficiais que impedem o fluxo descendente da água, ou solos com porcentagem elevada de argila (20%-30%)	0,40 – 0,15
D	Solos compostos principalmente de argilas (acima de 30%) ou solos com nível freático elevado, ou solos com camadas argilosas próximas à superfície, ou solos rasos sobre camadas impermeáveis	0,15 – 0,00

as totalmente conectadas e as parcialmente conectadas a áreas permeáveis. Isso significa que, caso a caso, as partes permeáveis também podem receber os deflúvios provenientes das áreas impermeáveis a elas direcionados. O valor médio do CN nesses casos deve refletir essa condição. Para tanto, o SCS desenvolveu os gráficos apresentados nas Figs. 3.18 e 3.19.

Durante a elaboração do PDMAT, em 1999 (Cap. 8), foram estimados os valores de CN das diversas sub-bacias componentes, a partir da análise geológica dos solos da região. Esses estudos foram consubstanciados em relatório específico desse plano diretor (Kutner, 1998). Uma planta geral da bacia do Alto Tietê, resultante desses estudos, é apresentada na Fig 3.17.

As precipitações excedentes são estimadas a partir da precipitação efetiva e do número de curva. Se o armazenamento ao longo do tempo for proporcional ao volume precipitado, resulta:

$$R = \frac{(P - I_A)^2}{(P - I_A) + S_D}$$

onde:

R – deflúvio (precipitação excedente) (mm);
P – precipitação (mm);
I_A – abstração inicial (mm);
S_D – armazenamento máximo (mm).

A abstração inicial (I_A) compreende a água precipitada interceptada pela vegetação, ou retida em depressões do terreno, infiltrada

Tab. 3.6 Estimativa de CN para áreas urbanas

TIPO DE SOLO/OCUPAÇÃO E CONDIÇÃO HIDROLÓGICA	ÁREA IMPERMEÁVEL (%)	GRUPO HIDROLÓGICO A	B	C	D
ÁREAS URBANAS					
Áreas livres					
Condições ruins (gramados <50%)		68	79	86	89
Condições normais (gramados de 50% a 75%)		49	69	79	84
Condições excelentes (gramados >75%)		39	61	74	80
ÁREAS IMPERMEÁVEIS					
Estacionamentos pavimentados, telhados		98	98	98	98
Estradas e ruas					
Pavimentadas com sistema de drenagem		98	98	98	98
Pavimentadas sem sistema de drenagem		83	89	92	93
Cascalho		76	85	89	91
Terra		72	82	87	89
ÁREAS URBANAS					
Áreas comerciais	85	89	92	94	95
Áreas industriais	72	81	88	91	93
ÁREAS RESIDENCIAIS (EM FUNÇÃO DA PARTE IMPERMEÁVEL*)					
Área residencial Tipo 1	65	77	85	90	92
Área residencial Tipo 2	38	61	75	83	87
Área residencial Tipo 3	25	54	70	80	85
Área residencial Tipo 4	20	51	68	79	84
Área residencial Tipo 5	12	45	65	77	82

Adaptado de SCS (1986); Akan e Houghtalen (2003).

(*) Para a estimativa da área impermeável utilizou-se nesta tabela, o trabalho de Campana & Tucci (1994), que apresenta uma relação empírica que permite avaliar a parcela de área impermeável com base na densidade populacional. Esse trabalho é baseado em dados populacionais de três grandes centros urbanos: São Paulo, Curitiba e Porto Alegre. Às curvas apresentadas por Campana & Tucci podem ser ajustadas as seguintes equações (Conte, 2001):

$$\frac{A_{imp}}{A_{total}}\% = -3{,}86 + 0{,}55 \cdot d \text{ (para } 7 \leq d \leq 115 \text{ hab/ha)}$$

$$\frac{A_{imp}}{A_{total}}\% = 53{,}2 + 0{,}054 \cdot d \text{ (para } d > 115 \text{ hab/ha)}$$

com d = densidade populacional (hab/ha)
Normalmente é adotado CN = 98 para áreas impermeáveis (SCS, 1986).

ou evaporada antes do início do deflúvio. Kohler e Richards (1962) recomendam como estimativa preliminar $I_A = 0{,}2S_D$ (Tucci, 1993).

Logo, $R = \dfrac{(P - 0{,}2S_D)^2}{(P + 0{,}8S_D)}$

essa equação é válida para $P > 0{,}2S_D$

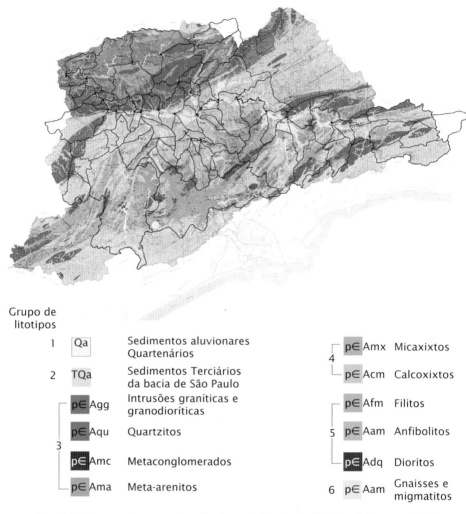

Fig. 3.17 *Compartimentação e litotipos da bacia do Alto Tietê (Kutner, 1998)*

Alguns autores sugerem o valor de $I_A = 0{,}1S_D$ para áreas urbanas, com porcentagem substancial de áreas impermeáveis, a fim de refletir o decréscimo de interceptação e de depressões que ocorre nas áreas urbanas (Mays, 2001).

A Fig. 3.20 contém uma solução gráfica para as equações apresentadas, para diferentes CN.

3.2.2 Tempos de Concentração

O tempo de concentração para uma dada bacia hidrográfica é definido como o tempo de percurso da água desde o ponto mais afastado da bacia até à seção de interesse, a partir do instante de início da precipitação. Deve-se determinar o tempo de concentração para

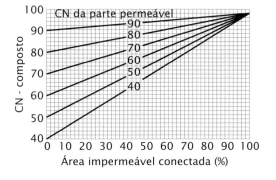

Fig. 3.18 *Ábaco para determinação do CN composto com área impermeável conectada (SCS, 1986)*

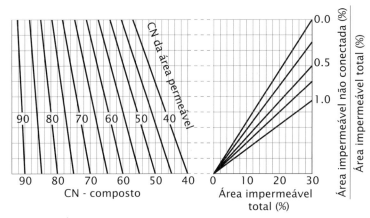

Fig. 3.19 *Ábaco para determinação do CN composto com área impermeável conectada e total da área impermeável menor do que 30% (SCS, 1986)*

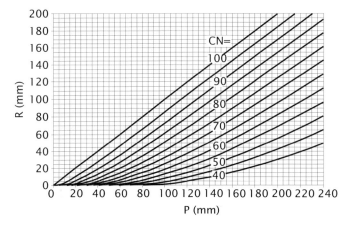

Fig. 3.20 *Chuva excedente pelo método do SCS – solução gráfica*

bacias urbanas de modo criterioso, considerando que a maioria dos métodos de cálculo existente foi desenvolvida a partir de observações e medições experimentais em bacias rurais. É preciso também levar em conta que a dispersão entre os tempos de concentração obtidos pelos diversos métodos é muito grande; em consequência, as vazões de pico dos hidrogramas de projeto podem apresentar variações sensíveis, dada a grande influência do tempo de concentração nos valores desses picos.

Os métodos mais adequados para a estimativa do tempo de concentração, como o do SCS (1986), Akan (1993) e Walesh (1989), recomendam que seja calculado pela soma de três parcelas, todas elas tratadas com enfoque cinemático:

$$t_c = t_s + t_n + t_q$$

onde:

t_c – tempo de concentração (h);
t_s – tempo de escoamento em superfície (h);
t_n – tempo de escoamento em canais rasos (h);
t_q – tempo de escoamento em canais ou galerias definidos (h).

Normalmente esses três tipos de escoamento são encontrados em bacias urbanas (Fig. 3.21).

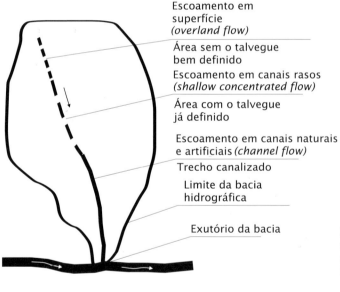

Fig. 3.21 *Tipos de escoamento na bacia hidrográfica*

a) Tempo de Escoamento em Superfície

O tempo de escoamento em superfície (*overland flow*) deve ser calculado para os primeiros 50 m a 100 m de montante do talvegue e se caracteriza por pequenas espessuras de lâminas d'água com velocidades baixas. Depende da declividade do terreno, de sua rugosidade e da intensidade da chuva. Pode ser calculado pela equação:

$$t_s = \frac{0{,}091(n.L)^{0,8}}{P_2^{0,5} \cdot S^{0,4}}$$

onde:
- n – coeficiente de rugosidade de Manning (s/m5/2);
- L – comprimento do trecho (m);
- P_2 – total precipitado em 24 horas para recorrência de 2 anos (mm);
- S – declividade do terreno (m/m).

Os coeficientes de rugosidade de Manning encontram-se na bibliografia corrente (Chow, 1973; Walesh, 1989). A Tab. 3.7 apresenta alguns valores de *n* para escoamento em superfícies.

Tab. 3.7 Valores de *n* para escoamento em superfícies (*overland flow*)

TIPO DE SUPERFÍCIE	*n* DE MANNING
Asfalto liso	0,011
Concreto liso/rugoso	0,012
Pisos cerâmicos	0,015
Pavimento intertravado/paralelepípedo	0,024
Gramados (esparsos/densos)	0,15/0,24
Vegetação arbustiva (leve/densa)	0,40/0,80
Plantações rasteiras (normais)	0,13

b) Tempo de Escoamento em Canais Rasos

Após o trecho sobre a superfície (overland flow), o escoamento da drenagem tende a se concentrar, inicialmente formando canais rasos. O tempo de percurso nessas condições pode ser calculado pela fórmula:

$$t_n = \frac{L}{3.600V}$$

onde:
- L – comprimento do trecho de talvegue (m);
- V – velocidade média do escoamento no trecho (m/s).

Para a estimativa da velocidade média desse escoamento raso, pode-se utilizar o gráfico da Fig. 3.22, que fornece a velocidade do fluxo em função da declividade do trecho e do tipo de revestimento.

c) Tempo de Escoamento em Canalizações

O tempo de escoamento em canais naturais ou artificiais, ou mesmo em galerias artificiais, pode ser calculado cinematicamente, como no caso anterior, supondo regime uniforme, e as velocidades médias do escoamento, dos diversos trechos

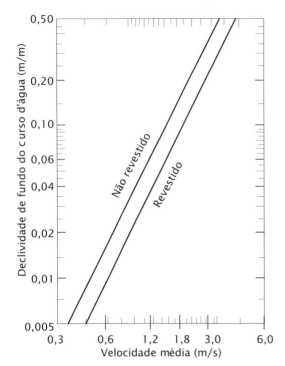

Fig. 3.22 *Estimativa da velocidade média em canais rasos (SCS, 1986)*

considerados, são obtidas pela fórmula de Manning. Para essa estimativa, adota-se a seção hidráulica plena (Akan, 1993).

Logo, $V = \dfrac{1}{n} \cdot S^{1/2} \cdot Rh^{2/3}$

onde:
V – velocidade média do escoamento (m/s);
n – coeficiente de rugosidade de Manning (s/m$^{5/2}$);
S – declividade longitudinal de fundo do canal (m/m);
$Rh^{2/3}$ – raio hidráulico do canal (m).

As características geométricas são obtidas por meio do projeto ou no campo. A estimativa do valor de n consta no Cap. 4 e em diversas publicações (Mays, 2001; Chow, 1973; French, 1985), e na Tab. 3.8 estão os valores de n para os revestimentos mais usuais, considerando-se a seção hidráulica plena para a avaliação das velocidades.

Tab. 3.8 Valores de *n* para revestimentos usuais em canais

REVESTIMENTO DO CANAL	FAIXA DE PROFUNDIDADE (M)		
	0 - 0,15	0,15 - 0,60	>0,60
Concreto liso	0,015	0,013	0,013
Concreto com juntas ou rugoso	0,018	0,017	0,017
Pedra argamassada	0,040	0,030	0,028
Solo cimento	0,025	0,022	0,020
Escavado em solo	0,045	0,035	0,025
Gabião	0,030	0,028	0,026
Grama baixa	0,033	0,027	0,022
Grama alta	0,035	0,033	0,030
Cascalho	0,033	0,030	0,027

Fonte: adaptado de Brown e Stein (1996), Akan e Houghtalen (2003).

3.2.3 Hidrogramas Unitários Sintéticos

O conceito de hidrograma unitário é atribuído a Sherman (1932); é definido como uma função de transferência usada para converter um hietograma de chuva excedente em um hidrograma de projeto. Baseia-se na hipótese de que, se uma bacia ideal comporta-se como um reservatório linear, pode-se demonstrar que chuvas efetivas de intensidades constantes e mesmas durações geram hidrogramas com tempos de pico e durações iguais. Os deflúvios gerados estarão na mesma proporção das chuvas efetivas. Ou seja, se é determinado, para uma bacia, o hidrograma para 1 cm de chuva efetiva (hidrograma unitário), então se pode determinar, por proporção, os deflúvios para outros totais de precipitação excedente, desde que as chuvas tenham a mesma duração.

Como uma precipitação de projeto normalmente possui intensidade variável ao longo de sua duração, um hietograma da chuva excedente é interpretado como uma sequência de blocos de chuva com a mesma duração. Logo, dispondo-se do hidrograma unitário para essa duração, obtêm-se os hidrogramas parciais relativos a cada bloco e, somando-se as ordenadas (deflúvios), tem-se o hidrograma referente à chuva de projeto.

É necessário lançar mão dos denominados hidrogramas unitários sintéticos em face da pouca disponibilidade dos dados hidrológicos (que permitam estabelecer a relação chuva x vazão) das bacias hidrográficas em geral, e das urbanas em particular, que permitem a composição de hidrogramas unitários baseados nas observações de campo.

Os hidrogramas sintéticos são normalmente baseados em análises hidrológicas, apoiadas em dados obtidos em bacias devidamente instrumentadas, cujos resultados são extrapolados para uso mais generalizado.

Existem diversos processos para a obtenção de hidrogramas unitários sintéticos. A seguir, são descritos cinco métodos de cálculo: método racional, do SCS, Santa Bárbara, da convolução contínua, e CUHP-Colorado Urban Hydrograph Procedure, todos bastante utilizados nos projetos de drenagem urbana.

a) Método Racional
    A fórmula racional é tradicionalmente utilizada para cálculo da vazão do pico em pequenas áreas urbanas (menores de 1 km^2), usualmente com tempo de concentração inferior a 20 minutos, dado que, por hipótese do método, a precipitação é considerada constante em todo o processo. Conforme descrito por Williams (1950), Mitchi (1974), Pagan (1972) e Wanielista e Yousef (1993), uma forma para o hidrograma pode ser estimada a partir desse método.

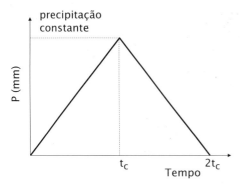

Obs: recomendado para t_c < 20 min e A_d <1,0 km²

Fig. 3.23 *Hidrograma simplificado baseado no Método Racional*

Em geral, adota-se um hidrograma em forma de triângulo isósceles, com a base igual ao dobro do tempo de concentração, e a duração da precipitação adotada é igual ao tempo de concentração (Fig. 3.23).

A vazão de pico Q_p para uma dada duração da chuva excedente, igual ao tempo de concentração, é calculada de acordo com a fórmula:

$$Q_p = \frac{C.I.A_d}{3,6}$$

onde:

Q_p – vazão de pico (m³/s);
C – coeficiente de escoamento superficial (Tab. 3.4);
I – precipitação média (mm/h);
A_d – área de drenagem superficial (km²).

Variações sobre esse método, que visam principalmente subsidiar o projeto de bacias de detenção, foram propostas por Kao (1975), Poertner (1974), Rao (1975) e Walesh (1989), que adotaram outros tipos de hidrograma, considerando as fases anterior e posterior ao deflúvio máximo.

b) Método do SCS (*Soil Conservation Service*)

O método do SCS (1986) especifica um hidrograma unitário adimensional e foi desenvolvido por Victor Mockus (SCS,1985). A sua forma representa a média de um grande número de hidrogramas unitários de bacias de diferentes características (Fig. 3.24), onde Q_u é a vazão por centímetro de chuva excedente (m³/s.cm); $Q_{u,p}$, a vazão de pico por centímetro de chuva excedente (m³/s.cm); e t_p, o tempo de ocorrência do pico (h).

Pode-se converter esse hidrograma adimensional em um hidrograma unitário para uma duração desejada, desde que $Q_{u,p}$ e t_p sejam conhecidos.

O hidrograma total de um dado evento pode ser construído pela soma dos hidrogramas parciais obtidos para cada bloco de chuva excedente (correspondente a cada intervalo de tempo Δt), obtendo-se assim o hidrograma final para dada precipitação.

O tempo de ocorrência da vazão de pico (t_p) e a vazão de pico ($Q_{u,p}$) são calculados por:

$$t_p = \frac{t_R}{2} + t_L \qquad t_L = 0,6 t_c \qquad Q_{u,p} = \frac{2,08 A_d}{t_p}$$

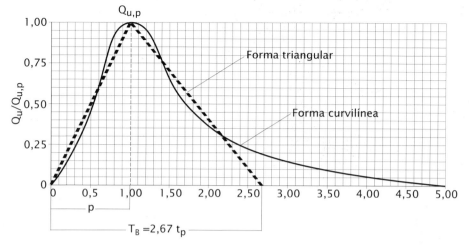

Fig. 3.24 *Hidrograma adimensional do SCS – curvilíneo e triangular*

onde:

t_p – tempo de ocorrência do pico (h);
t_R – duração da precipitação excedente (h);
t_L – tempo de resposta da bacia (h);
t_c – tempo de concentração (h);
A_d – área de drenagem (km²).

O método do SCS foi desenvolvido somente para $t_R = 0,2t_p$ ou $t_R = 0,133t_c$. Entretanto, em termos práticos, admite-se a sua validade para $t_R \leq 0,25t_p$ ou $t_R \leq 0,17t_c$ (Akan e Houghtalen 2003; U.S. Department of the Interior, 1987).

Esse hidrograma curvilíneo pode ser aproximado por simplicidade a um hidrograma triangular, com o tempo de base desse triângulo T_B, calculado por $T_B = 2,67t_p$, em unidades de tempo consistentes (Fig. 3.24).

c) Método de Santa Bárbara

O SBUH (Santa Barbara Urban Hydrograph) foi desenvolvido pelo Santa Barbara County Flood Control and Water Conservation District, Califórnia, por Stubchaer (1975).

Nesse método, a parcela impermeável da bacia é assumida como diretamente conectada ao sistema de drenagem, e as perdas da precipitação nessas áreas são desprezadas. Para determinar as perdas nas áreas permeáveis, pode ser utilizado, por exemplo, o método do SCS-CN (1986) ou o de Horton (1939).

O SBUH combina os deflúvios das áreas permeáveis e impermeáveis para desenvolver um hidrograma instantâneo das vazões excedentes, o qual é amortecido em um reservatório imaginário que provoca um retardamento igual ao tempo de concentração

EXEMPLO 3.1

Uma bacia urbana tem área de drenagem de 2,5 km² e um tempo de concentração (tc) de 0,6 h. Determine o hidrograma unitário dessa bacia, para uma precipitação excedente de 2 cm e duração (t_R) igual a 10 minutos.

Solução

Inicialmente, calcula-se o tempo de resposta da bacia (t_L):

$$t_L = 0,6 t_c \Rightarrow t_L = 0,36h$$

assim,

$$t_p = \frac{t_R}{2} + t_L \Rightarrow t_p = \left(\frac{10}{60 \times 2} + 0,36\right)h \Rightarrow t_p = (0,08 + 0,36)\,h = 0,44h$$

logo,

$$Q_{u,p} = \frac{2,08 \times 2,5}{0,44} = 11,82 \; m^3/s.cm$$

Para 2 cm de chuva excedente, tem-se:

$$Q_{pico} = 11,82 \times 2 = 23,64 \; m^3/s$$

O tempo de base (TB) é igual a

$$T_B = 2,67 t_p = 2,67 \times 0,44 = 1,17h$$

A Fig. 3.25 apresenta graficamente os resultados desse exemplo:

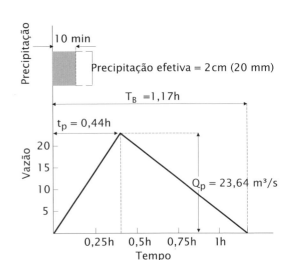

Fig. 3.25 *Solução do exemplo 3.1*

da bacia. Para cada intervalo de tempo Δt, é calculado o valor da ordenada do hidrograma, adotando-se um sistema de unidades consistente, na forma:

$$I = [i \cdot d + i_e (1,0 - d)] A_d$$

onde:
I – ordenada do hidrograma instantâneo;
i – precipitação;
d – parcela de área impermeável;
i_e – precipitação excedente da área permeável;
A_d – área total de drenagem.

O hidrograma dos deflúvios é determinado utilizando-se:
$$Q j = Q j\text{-}1 + Kr (Ij\text{-}1 + Ij\ 2Q j\text{-}1)$$

com

$$K_r = \frac{\Delta t}{2t_c + \Delta t}$$

onde:
Q – o deflúvio;
t_c – tempo de concentração.
Os índices j-1 e j indicam intervalos sucessivos de tempo.

d) Convolução Contínua

De acordo com a teoria do hidrograma unitário, o produto da hidrógrafa unitária pela precipitação excedente resulta no hidrograma da bacia para um dado hietograma.

De modo geral, a convolução na forma de integral pode ser assim escrita (Wanielista e Yousef, 1993):

$$Q_t = \int R(\tau) g(t - \tau) d\tau$$

onde:
Q_t – vazão no instante t (m^3/s);
$R(\tau)$ – excesso de precipitação (t);
$g(t - \tau)$ – função de amortecimento (t) por τ.

A equação apresentada pode ser resolvida assumindo-se uma função de amortecimento e uma parcela constante de precipitação excedente em função do tempo. Wanielista (1983) propôs as seguintes soluções:

$Q_t = R(t)(1\ e^{-kt})$ para $0 \leq t \leq D$
$Q_t = R(t)e^{-kt}(e^{-kD} - 1)$ para $t > D$

onde:
k – coeficiente de routing (min^{-1});

t   – tempo (min);
D   – período de cada intervalo de precipitação.

Nas duas últimas soluções o fator k, também denominado coeficiente de armazenamento, é igual ao inverso do tempo de concentração.

e) Método Colorado Urban Hydrograph Procedure – CUHP
O método CUHP permite obter um hidrograma unitário sintético com base em dados de estudos realizados para a cidade de Denver, nos EUA (Denver, 1999).
Duas equações básicas são utilizadas para definir o hidrograma unitário sintético. A primeira é:

$$t_p = 0{,}752 C_t (L \cdot Lg)^{0,3}$$

onde:

t_p – tempo de retardo, correspondente ao intervalo entre o ponto médio da chuva efetiva e o pico do hidrograma unitário (h);
L – extensão do talvegue principal da bacia hidrográfica (km);
Lg – extensão ao longo do talvegue, desde a seção de estudo até a projeção do centro de gravidade da bacia sobre o talvegue (km);
C_t – coeficiente empírico que depende das características da bacia, o qual pode ser estimado por:

$$C_t = \frac{7{,}81}{I_a^{0,78}} \text{, para } I_a > 30\%$$

I_a – porcentagem de área impermeabilizada em relação à área total da bacia hidrográfica. Para obter a estimativa de C_t, levam-se em conta duas correções: adicionar 10% para áreas esparsamente dotadas de galerias e subtrair 10% para áreas inteiramente servidas por galerias.

A segunda equação define o pico do hidrograma unitário em termos de vazão específica:

$$q_p = 2{,}755 \frac{c_p}{t_p}$$

onde:
q_p – pico do hidrograma unitário (m³/s.km²);
$c_p = 0{,}89 \, (Ct)0{,}46$.

O pico do hidrograma unitário resulta:

$$Q_p = q_p \cdot A_d$$

onde:
Q_p – pico do HU (m³/s);
A_d – área da bacia hidrográfica (km²).

As larguras características do hidrograma unitário a 50% e 75% da vazão de pico são dadas pelas seguintes relações empíricas (ver Fig. 3.26):

$$W_{50\%p} = \frac{2,15}{Q_p/A_d} \quad e \quad W_{75\%p} = \frac{1,12}{Q_p/A_d}$$

O intervalo de tempo, em minutos, compreendido entre o início da chuva e o pico do hidrograma unitário, é dado por:

$$T_p = 60t_p + 0,5t_u$$

onde:
t_u – duração da chuva unitária (min).

O hidrograma unitário assim obtido deve ser ajustado para que o volume de escoamento superficial seja igual ao da chuva unitária. Com as ordenadas do hidrograma unitário assim calculado e o hietograma da precipitação efetiva (obtido, por exemplo, pelo método do SCS) é determinado o hidrograma para cada módulo de hietograma.

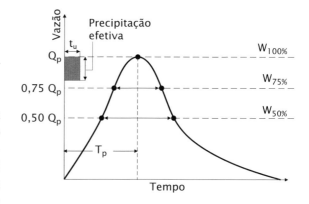

Fig. 3.26 *Hidrograma do método CUHP*

O hidrograma de projeto final é obtido pela soma dos hidrogramas parciais, defasados entre si em um intervalo de tempo.

3.2.4 Hidrogramas de Projeto Baseados no Método do Hidrograma Unitário

Para a determinação do hidrograma de projeto com o método do hidrograma unitário sintético, deve-se considerar duas hipóteses que generalizam a aplicação do método do hidrograma unitário a qualquer duração e distribuição da chuva excedente. Essas hipóteses constituem os princípios da proporcionalidade e da superposição.

A Fig. 3.27 ilustra o primeiro princípio. Conhecido o hidrograma unitário, correspondente a uma chuva unitária, pode-se obter o hidrograma correspondente a qualquer outra chuva, de mesma duração, multiplicando-se as ordenadas do hidrograma unitário pela relação entre as chuvas. Essa hipótese só é válida se a duração do escoamento superficial direto (t_B) permanecer constante, qualquer que seja a intensidade da chuva, o que também pode ser chamado de princípio da constância do tempo de base.

A Fig. 3.28 ilustra o princípio da superposição, que possibilita obter o hidrograma total por meio da soma dos hidrogramas unitários de cada bloco de chuva excedente. Na Figura, nota-se que Q_u é o hidrograma unitário obtido da chuva unitária H_u; Q_1 é o hidrograma resultante do bloco de chuva H_1, proporcional a H_u; Q_2 e Q_3 são resultantes de H_2 e H_3, respectivamente. A soma das ordenadas dos hidrogramas dá o hidrograma total (Q).

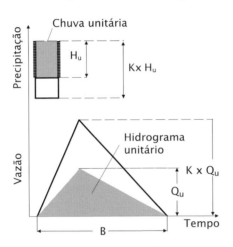 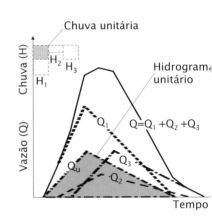

Fig. 3.27 *Hidrograma unitário – Princípio da proporcionalidade*

Fig. 3.28 *Hidrograma unitário – Princípio da superposição*

A seguir, apresenta-se um exemplo de cálculo do hidrograma de projeto baseado no método do hidrograma unitário, utilizando o método do SCS para a obtenção dos hidrogramas unitários sintéticos.

Exemplo 3.2

Obter o hidrograma final de projeto, pelo método do SCS, de uma bacia de drenagem de 2,5 km², com tempo de concentração de 0,6 h, CN = 80. Utilizar chuva de 2 horas de duração, para a cidade de São Paulo, com período de retorno de 25 anos.

Solução:

Inicialmente deve-se definir a chuva de projeto, sua distribuição e intervalo de discretização. Foi escolhida a IDF para a cidade de São Paulo, definida por Magni e Mero (1986), e adotada a distribuição de Huff 2º quartil, discretizada em intervalos de 0,10 h.

A seguir, deve-se proceder ao cálculo da chuva excedente na bacia:

$$S_D = \frac{25.400 - 254.80}{80} = 63,5 \qquad R = \frac{(P - 0,2S_D)^2}{(P + 0,8S_D)} \text{ para } P > 0,2S_D$$

Como a chuva é dividida em intervalos, deve-se calcular a chuva excedente com os totais acumulados em cada intervalo. A Tab. 3.9 apresenta o cálculo, e a Fig. 3.29 o gráfico correspondente.

Tab. 3.9 Cálculo da chuva excedente

TEMPO (h)	PRECIPITAÇÃO (mm)	PRECIPITAÇÃO ACUMULADA (mm)	CHUVA EXCEDENTE (R) ACUMULADA (mm)	ΔR (mm)
0,10	0,60	0,60	0,00	0,00
0,20	0,72	1,32	0,00	0,00
0,30	0,90	2,22	0,00	0,00
0,40	1,14	3,36	0,00	0,00
0,50	1,51	4,87	0,00	0,00
0,60	2,04	6,91	0,00	0,00
0,70	2,91	9,82	0,00	0,00
0,80	4,51	14,33	0,04	0,04
0,90	7,59	21,92	1,17	1,13
1,00	16,12	38,04	7,23	6,06
1,10	18,26	56,30	17,75	10,52
1,20	8,63	64,93	23,57	5,82
1,30	4,98	69,91	27,11	3,54
1,40	3,16	73,07	29,42	2,31
1,50	2,19	75,26	31,05	1,62
1,60	1,59	76,85	32,24	1,19
1,70	1,21	78,06	33,15	0,91
1,80	0,95	79,01	33,87	0,72
1,90	0,75	79,76	34,44	0,57
2,00	0,85	80,61	35,09	0,65

Uma vez calculada a chuva excedente, deve-se obter o hidrograma unitário e proceder ao cálculo do hidrograma final, resultado da soma de cada hidrograma unitário proporcional à chuva excedente em cada intervalo.

Calcula-se a vazão de pico do hidrograma unitário por centímetro de precipitação:

$$Q_{u,p} = \frac{2,08 \times A_d}{t_p}$$

$t_L = 0,6 \times t_c = 0,6 \times 0,6 = 0,36$ h
$t_R = 0,1$ h (corresponde ao intervalo de discretização da chuva)

$$t_p = \frac{t_R}{2} + t_L = \frac{0,1}{2} + 0,36 = 0,41\ h$$

$$T_B = 2,67 \times 0,41 = 1,09\ h$$

$$\therefore Q_{u,p} = \frac{2,08 \times 2,5}{0,41} = 12,68\ m^3/s.cm$$

Cada intervalo de discretização da chuva corresponde a um

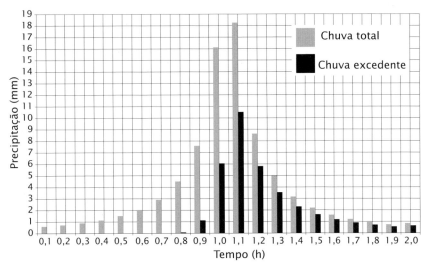

Fig. 3.29 *Chuva total e excedente – método do hidrograma unitário*

bloco de chuva excedente unitária, que gera um hidrograma triangular com t_p, T_B e Q_u próprios (Tab. 3.10).

Pode-se observar que o hidrograma começa a partir do início

Tab. 3.10 Cálculo dos tempos de pico, base e valores dos picos dos hidrogramas em cada bloco de chuva excedente

BLOCO DE CHUVA EXCEDENTE	TEMPO t (h)	T_p' (h)	T_B' (h)	$Q_{U,P}$ (m³/s)
Bloco 1	0,80	1,21	1,89	0,05
Bloco 2	0,90	1,31	1,99	1,43
Bloco 3	1,00	1,41	2,09	7,68
Bloco 4	1,10	1,51	2,19	13,34
Bloco 5	1,20	1,61	2,29	7,38
Bloco 6	1,30	1,71	2,39	4,49
Bloco 7	1,40	1,81	2,49	2,93
Bloco 8	1,50	1,91	2,59	2,06

Tab. 3.10 Cálculo dos tempos de pico, base e valores dos picos dos hidrogramas em cada bloco de chuva excedente (cont.)

BLOCO DE CHUVA EXCEDENTE	TEMPO t (h)	T_p' (h)	T_B' (h)	$Q_{U,P}$ (m³/s)
Bloco 9	1,60	2,01	2,69	1,51
Bloco 10	1,70	2,11	2,79	1,16
Bloco 11	1,80	2,21	2,89	0,91
Bloco 12	1,90	2,31	2,99	0,72
Bloco 13	2,00	2,41	3,09	0,82

Obs.: $t_p' = t + t_p$; $T_B' = t + T_B$

da chuva excedente, que ocorre no instante 0,80 h. Nos instantes anteriores houve infiltração total da precipitação.

Agora deve-se proceder ao cálculo do hidrograma final, que é a soma, por superposição, dos hidrogramas de cada intervalo ou bloco de chuva. A Tab. 3.11 apresenta o cálculo do hidrograma final, superposto, e a Fig. 3.30 apresenta esse resultado graficamente.

Tab 3.11 Cálculo do hidrograma final – método do hidrograma unitário (superposição)

t (h)	BLOCO 1	BLOCO 2	BLOCO 3	BLOCO 4	BLOCO 5	BLOCO 6	BLOCO 7	BLOCO 8	BLOCO 9	BLOCO 10	BLOCO 11	BLOCO 12	BLOCO 13	TOTAL
0,10														
0,20														
0,30														
0,40														
0,50														
0,60														
0,70														
0,80	0,00													
0,90	0,01	0,00												0,01
1,00	0,03	0,35	0,00											0,37
1,10	0,04	0,70	1,87	0,00										2,61
1,20	0,05	1,05	3,75	3,25	0,00									8,10
1,30	0,04	1,40	5,62	6,51	1,80	0,00								15,37
1,40	0,04	1,24	7,50	9,76	3,60	1,10	0,00							23,24
1,50	0,03	1,03	6,67	13,02	5,40	2,19	0,71	0,00						29,07
1,60	0,02	0,82	5,55	11,59	7,20	3,29	1,13	0,50	0,00					30,41
1,70	0,01	0,62	4,43	9,64	6,41	4,38	2,14	1,01	0,37	0,00				29,01
1,80	0,01	0,41	3,31	7,69	5,34	3,90	2,86	1,51	0,74	0,28	0,00			26,03
1,90	0,00	0,20	2,19	5,74	4,26	3,25	2,54	2,01	1,11	0,57	0,22	0,00		22,08

Tab 3.11 Cálculo do hidrograma final – método do hidrograma unitário (superposição) (cont.)

Q(m³/s)

t (h)	BLOCO 1	BLOCO 2	BLOCO 3	BLOCO 4	BLOCO 5	BLOCO 6	BLOCO 7	BLOCO 8	BLOCO 9	BLOCO 10	BLOCO 11	BLOCO 12	BLOCO 13	TOTAL
2,00	0,00	0,00	1,06	3,79	3,18	2,59	2,11	1,79	1,47	0,85	0,45	0,18	0,00	17,48
2,10	0,00	0,00	0,00	1,85	2,10	1,93	1,69	1,49	1,31	1,13	0,67	0,35	0,20	12,72
2,20	0,00	0,00	0,00	0,00	1,02	1,28	1,26	1,19	1,09	1,01	0,89	0,53	0,40	8,67
2,30	0,00	0,00	0,00	0,00	0,00	0,62	0,83	0,89	0,87	0,84	0,79	0,71	0,60	6,15
2,40	0,00	0,00	0,00	0,00	0,00	0,00	0,40	0,59	0,65	0,67	0,66	0,63	0,80	4,40
2,50	0,00	0,00	0,00	0,00	0,00	0,00	0,00	0,28	0,43	0,50	0,53	0,52	0,72	2,98
2,60	0,00	0,00	0,00	0,00	0,00	0,00	0,00	0,00	0,21	0,33	0,39	0,42	0,60	1,95
2,70	0,00	0,00	0,00	0,00	0,00	0,00	0,00	0,00	0,00	0,16	0,26	0,31	0,48	1,21
2,80	0,00	0,00	0,00	0,00	0,00	0,00	0,00	0,00	0,00	0,00	0,13	0,21	0,35	0,69
2,90	0,00	0,00	0,00	0,00	0,00	0,00	0,00	0,00	0,00	0,00	0,00	0,10	0,23	0,33
3,00	0,00	0,00	0,00	0,00	0,00	0,00	0,00	0,00	0,00	0,00	0,00	0,00	0,11	0,11
3,10	0,00	0,00	0,00	0,00	0,00	0,00	0,00	0,00	0,00	0,00	0,00	0,00	0,00	0,00

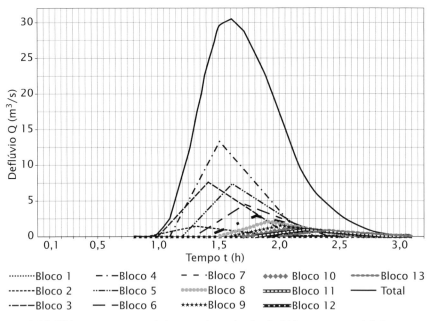

Fig. 3.30 *Hidrogramas parciais e total – método do hidrograma unitário – exemplo 3.2*

3.2.5 Avaliação Expedita de Cheias Urbanas – Exemplo

Em estudos preliminares, principalmente voltados para o planejamento de sistemas de drenagem, é de grande valia a consulta a estudos paramétricos que permitam a estimativa de vazões de projeto de maneira expedita.

Conte (2001) apresentou resultados de experiências obtidas com a utilização do método do SCS e o auxílio do modelo CABC-Análise de Bacias Complexas, desenvolvido por Porto, Kamel e Gikas (FCTH, 1998a), com a finalidade de definir diretrizes de projeto em diversas bacias hidrográficas localizadas na RMSP, com áreas de drenagem entre 50 km² e 100 km², subdivididas em módulos variáveis entre 1 km² e 10 km². Assim, para as bacias dos rios Pirajuçara e Aricanduva e dos ribeirões dos Couros e dos Meninos, foi possível estabelecer alguns parâmetros médios de análise que possibilitaram a proposição de um método expedito para a avaliação de cheias específicas de projeto, em função do tamanho da área de drenagem, recomendado para áreas de drenagem entre 1 km² e 100 km².

Foi adotada a equação IDF de Magni e Mero (1986) para São Paulo, com chuva de 2 horas e distribuição temporal de Huff 1º quartil. Os demais parâmetros foram obtidos conforme se descreve a seguir.

a) Estimativa dos Tempos de Concentração
   De acordo com a análise de alguns hidrogramas observados, e considerando os comprimentos dos talvegues de algumas bacias como as dos rios Pirajuçara, Aricanduva e ribeirão dos Meninos, os seguintes tempos médios de concentração em função das áreas de drenagem foram adotados para a avaliação expedita dos picos de vazão, conforme Fig. 3.31. A hipótese de projeto para fixar esses tempos de concentração foi a consideração de uma faixa para as velocidades médias de percurso das vazões entre 2,2 m/s e 2,5 m/s.

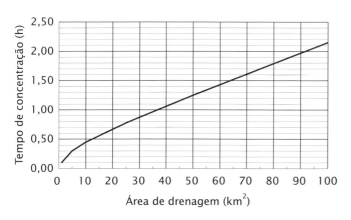

Fig. 3.31 Tempos médios de concentração (Conte, 2001)

b) Hidrogramas Típicos

Para as bacias densamente urbanizadas, adotou-se CN = 86. Com todos os demais parâmetros já mencionados, obtêm-se os hidrogramas característicos para áreas de drenagem entre 1 km² e 100 km², determinados com o modelo CABC, de acordo com o método do SCS (Fig. 3.32).

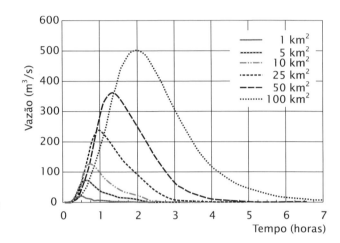

Fig. 3.32 *Hidrogramas característicos para* T = 25 anos (CN = 86, P = 75,8 mm, d = 2 horas) (Conte, 2001)

Os picos de vazões resultantes estão razoavelmente alinhados numa escala logarítmica da Área de Drenagem (Fig. 3.33). Para relacionar as vazões específicas de recorrência em 25 anos, com as respectivas áreas de drenagem, pode-se utilizar a relação:

$$Q_{25} = 20 - 3{,}257 \cdot \ln (A_d)$$

onde:
Q_{25} – vazão específica para TR = 25 anos (m³/s.km²);
A_d – área de drenagem (km²).

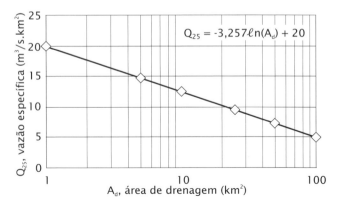

Fig. 3.33 *Vazões específicas para* T = 25 anos (CN = 86, P = 75,8 mm, d = 2 horas) (Conte, 2001)

c) Generalização das Vazões Específicas de Cheia
   Com o método do SCS, foi possível obter, para diversos TR e CN, as vazões específicas de enchente em função das áreas de drenagem. (Conte, 2001).
   A Fig. 3.34 mostra a família de curvas de vazão específica x área de drenagem, para TR = 2, 5, 10, 25, 50 e 100 anos, com as áreas de drenagem válidas no intervalo entre 1 km² e 100 km².
   A Fig. 3.35 mostra o resultado generalizado para outros valores CN inferiores a 86, mediante a introdução de um fator $K_{CN} < 1$.

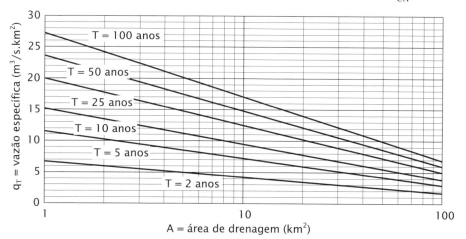

Fig. 3.34 *Cheias específicas na RMSP (chuva de duas horas; CN = 86) (Conte, 2001)*

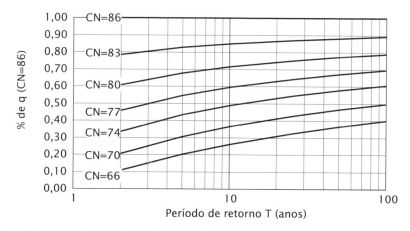

Fig. 3.35 *Fator relativo de CN (de run-off) (Conte, 2001)*

3.3 *Softwares* de Simulação Hidráulico-Hidrológica

A modelagem da bacia hidrográfica e da rede de macrodrenagem tem papel importante no gerenciamento da drenagem urbana, pois possibilita avaliar cenários e fazer o planejamento. O processo de aplicação do modelo hidrológico ou hidráulico para se obter a resposta da bacia hidrográfica e da rede de macrodrenagem em decorrência de um conjunto de variáveis de entrada é chamado de simulação hidráulico-hidrológica. A simulação de modelos matemáticos requer a solução de sistemas de equações, que demandam a utilização de ferramentas computacionais para o processamento dos cálculos. Existem no mercado diversos pacotes de software disponíveis para a simulação dos modelos hidrológicos e hidráulicos. Neste item, estão apresentados os principais critérios a serem considerados na escolha do software e algumas informações sobre os principais pacotes disponíveis para aplicação em drenagem urbana.

As etapas de modelagem e simulação hidráulico-hidrológica podem ser estruturadas da seguinte forma:

1) escolha dos modelos e determinação dos parâmetros e variáveis de entrada necessários à modelagem;
2) escolha do *software* e preparação/inserção dos dados de entrada;
3) simulação;
4) calibração dos parâmetros dos modelos;
5) interpretação dos resultados.

Este item tem por objetivo oferecer orientação para a escolha da ferramenta de software mais adequada, que deve considerar alguns critérios técnicos importantes, a seguir enumerados:

Disponibilidade de modelos: os pacotes de *software* com maior número de opções de modelos permitem maior flexibilidade da modelagem, sendo mais aplicáveis às diferentes situações de projeto que possam se apresentar. Por exemplo, para a modelagem hidrológica, o mesmo *software* pode oferecer opções de modelos concentrados, distribuídos ou semidistribuídos, e ainda diferentes métodos para o cálculo da precipitação efetiva e da propagação da onda de cheia. Na modelagem hidráulica, o *software* pode permitir a simulação do escoamento permanente ou variado e o cálculo unidimensional ou bidimensional dos perfis de velocidades.

Funcionalidades: diz respeito às opções de configuração das simulações dentro do *software*. Quanto mais modulado ele for, permitindo diferentes configurações de simulação sobre a mesma base, mais eficiente será o processo de simulação, reduzindo o tempo gasto na preparação dos dados e no processamento computacional. Por exemplo, o *software* pode permitir aplicar diferentes chuvas de projeto ou observadas sobre a mesma bacia, ou diferentes configurações da rede de drenagem, tais como com ou sem reservatórios e situação atual ou futura de urbanização. É também desejável que o *software* tenha a opção de calibração de parâmetros, que possibilite o ajuste que melhor reproduza as características da bacia com base em dados observados.

Interface amigável: telas de trabalho de fácil manipulação, com janelas, menus e barras de ferramentas intuitivas, contribuem para a boa comunicação entre usuário e *software* e para o sucesso do projeto. Mensagens claras de status dos processos e dos erros, com informações diretas e precisas, trazem eficiência para a simulação.

Visualização e apresentação dos resultados: é importante que o *software* possibilite a apresentação gráfica e tabular dos resultados, bem como a exportação dos arquivos de saída em formato compatível para uso em outros *softwares*. Esses são fatores que contribuem para a fluência de informações e uma boa comunicação no projeto.

Integração com SIG (Sistema de Informações Geográficas): os *softwares* de simulação hidráulico-hidrológica possibilitam cada vez mais a integração com sistemas de informações geográficas, tanto para a inserção automática dos dados de entrada a partir de levantamentos topobatimétricos georreferenciados quanto para a exportação, em forma de manchas de inundação, dos resultados das simulações sobre bases cartográficas georreferenciadas. Esse tipo de apresentação dos resultados possibilita a análise direta e simplificada dos cenários simulados e tem se consolidado como uma importante ferramenta de gerenciamento da drenagem urbana.

Documentação: uma boa documentação do *software* torna muito mais ágil e eficiente o processo de simulação e deve contemplar três elementos principais:

- descrição detalhada dos modelos e processos matemáticos de solução dos sistemas de equações utilizados pelo *software*;
- manual completo contendo explicações sobre todas as funcionalidades disponíveis no pacote e roteiro de simulação;
- projetos de exemplo que permitam ao usuário maior facilidade na compreensão dos comandos, métodos e apresentação de resultados.

Manutenção e suporte: neste aspecto, dois problemas podem comprometer a utilização de um pacote de *software*:

- falta de suporte ao usuário. É fundamental ter a quem recorrer em situações de erro (*bugs*), problemas na instalação, dúvidas de processamento ou mesmo treinamento para usuários iniciantes;
- falta de manutenção: quando o *software* não dispõe de manutenção contínua do código-fonte, tende a se tornar incompatível com as novas versões de sistemas operacionais e processadores, inviabilizando a continuidade de sua utilização.

O uso de *softwares* que não dispõem de manutenção e suporte adequados pode implicar mudanças futuras de plataforma, com alto custo de recursos humanos e de tempo para a adequação do projeto a outra plataforma.

Aplicabilidade em diferentes sistemas operacionais: é desejável que o pacote possua versões para diferentes sistemas operacionais, ampliando sua aplicabilidade. Existe uma tendência cada vez maior de utilização, pelos órgãos gestores, de sistemas operacionais livres, de modo que os *softwares* restritos a sistemas comerciais podem ficar inviáveis para aplicação na gestão pública da infraestrutura urbana.

Pacotes de *software* disponíveis para a simulação hidráulico-hidrológica voltada para a drenagem urbana

Entre as ferramentas disponíveis para a simulação hidráulico-hidrológica voltada para drenagem urbana, a plataforma HEC (*Hydrologic Engineering Center*), desenvolvida pelo Corpo de Engenheiros do Exército dos Estados Unidos (U.S. Army Corps of Engineers), especialmente os seus módulos HMS (hidrológico) e RAS (hidráulico), e a plataforma SWMM (*Storm Water Management Model*), desenvolvida pela Agência de Proteção Ambiental dos Estados Unidos (U.S. Environmental Protection Agency – Usepa), têm se mostrado muito eficazes para aplicação nos propósitos de planos diretores e projetos de macrodrenagem.

Considerando as possibilidades que oferece em termos de multiplicidade de modelos disponíveis, integração com SIG, ampla documentação, operação em diferentes sistemas operacionais (o módulo HEC-HMS opera nas plataformas Windows, Solaris e Linux, enquanto o módulo HEC-RAS e o pacote SWMM operam na plataforma Windows), customização de interface e gratuidade da licença, o uso combinado das plataformas HEC e SWMM tem se revelado muito adequado para o atendimento das demandas que se apresentam no planejamento e no projeto em drenagem urbana. A plataforma HEC é bastante robusta e permite a simulação de grandes bacias e de redes completas de macrodrenagem. A plataforma SWMM oferece maiores possibilidades de detalhamento da simulação, permitindo simular o escoamento em dutos e galerias de águas pluviais e alagamentos resultantes de sobrecargas no sistema.

A seguir, são apresentadas as principais funcionalidades dessas duas plataformas. O Quadro 3.2 apresenta uma comparação com outras plataformas disponíveis no mercado para a simulação de bacias hidrográficas voltada ao gerenciamento da drenagem urbana.

Plataforma HEC (*Hydrologic Engineering Center*)

A plataforma HEC (*Hydrologic Engineering Center*) possui diferentes módulos que permitem realizar simulações para variadas finalidades em gerenciamento de recursos hídricos. A seguir estão apresentadas as principais características e funcionalidades dos módulos hidrológico (HMS) e hidráulico (RAS) mais adequados às simulações em drenagem urbana.

Módulo HEC-HMS (*Hydrologic Modeling System*) (hidrológico)

Esse módulo simula o processo de transformação chuva-vazão em sistemas de bacias e sub-bacias hidrográficas. Ele possibilita estimar o escoamento superficial, calculando as vazões resultantes de uma determinada precipitação de entrada em diferentes pontos da rede de macrodrenagem, por meio dos modelos tradicionalmente utilizados em hidrologia para planejamento e projeto em drenagem urbana.

- *Opções de modelagem no HEC-HMS:*
  - precipitação: hietogramas fornecidos pelo usuário;
  - separação do escoamento por meio dos modelos mais comumente aplicados, como Green and Ampt, SCS (*curve number*, concentrado ou semidistribuído), Horton, Smith Parlange, entre outros;
  - cálculo do escoamento superficial por meio dos seguintes modelos: hidrograma unitário de Clark (concentrado ou semidistribuído), hidrograma unitário de Snyder, hidrograma triangular do SCS (concentrado ou semidistribuído), entre outros;
  - amortecimento nos canais por meio dos modelos de Muskingum, Muskingum-Cunge, onda cinemática, e Straddle-Stragger;
  - amortecimento em reservatórios com base nas relações cota x volume e cota-vazão do reservatório;
  - calibração de parâmetros: são disponibilizados diversos métodos de calibração e de função objetivo, que permitem o melhor ajuste de vazões de pico, tempo de pico ou volume escoado.
- *Características do* software *HEC-HMS:*
  - sistemas operacionais compatíveis: Windows, Solaris e Linux;
  - instalação: arquivo executável disponível gratuitamente para *download* no site do U.S. Army Corps of Engineers;
  - documentação: manual de usuário e manual de fundamentos dos modelos e projetos-modelo, disponíveis para *download* gratuito;

Drenagem Urbana e Controle de Enchentes

Quadro. 3.2 Comparativo das funcionalidades dos *softwares* de simulação hidráulico-hidrológica

CARACTERÍSTICAS	PLATAFORMA HEC	PLATAFORMA SWMM	PLATAFORMA MIKE	PLATAFORMA SOBEK	PLATAFORMA PC-SWMM	PLATAFORMA KALYPSO
Desenvolvedor	US Army Corps of Engineers – EUA	U.S. Environmental Protection Agency – EPA – EUA	DHI - Dinamarca	Deltares - Holanda	CHI - Canadá	Björnsen Cons./ Univ. Técnica de Hamburbo - Alemanha
Sistema operacional	Windows, Solaris, Linux	Windows	Windows	Windows	Windows	Windows, Solaris, Linux
Idioma	Inglês	Inglês	Inglês	Inglês	Inglês	Inglês/Alemão
Licença gratuita	x	x				x
Código fonte aberto						x
Documentação completa: manual de usuário, manual de fundamentos dos modelos e projetos-exemplo	x	x	x	x	x	x
Interface gráfica para entrada de dados e exibição de resultados	x	x	x	x	x	x
Exportação de resultados em formato compatível com outros aplicativos	x	x	x	x	x	x

Integração com sig para entrada de dados e exibição de resulados de forma georreferenciada	x	x	x	x	x
Ferramenta automática para calibração de parâmetros dos modelos	x	x	x	x	x
Modelagem hidrológica concentrada e distribuida	x	x	x	x	x
Simulação hidrodinâmica 1D	x	x	x	x	x
Simulação hidrodinâmica 2D	Em desenvolvimento (versão 4.2)	x	x	x	x
Simulação em condutos forçados - extravasamento para a superfície	Módulo de integração com SWMM para esta função.	x	x	x	x
Módulo de simulação do risco e cálculo de perdas por inundação					x
Treinamento e suporte técnico	Contratado	Contratado	Contratado	Contratado	Contratado

- idioma: inglês;
- entrada de dados: tabular ou por interface gráfica;
- resultados: gráfica e tabular, exportável em formato compatível com Excel;
- integração com SIG: possível por meio do módulo HEC-GEO-HMS, que funciona como uma barra de ferramentas na plataforma ARC-GIS. Possibilita a inserção automática de dados a partir de modelo digital de terreno e a exportação dos resultados em base georreferenciada.

A Fig. 3.36 apresenta as telas de entrada e saída de dados do HEC-HMS.

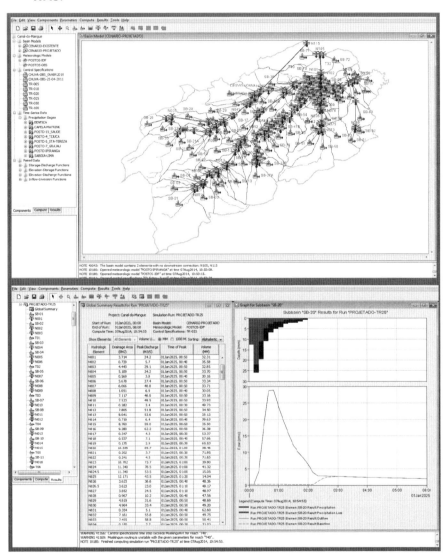

Fig. 3.36 *Telas de entrada e saída de dados do HEC-HMS*

Módulo HEC-RAS (*River Analysis System*) (hidráulico)

Possibilita a simulação unidimensional do escoamento em canais abertos, sob o regime permanente e não permanente e também na condição de fundo móvel (transporte de sedimentos). A interface gráfica permite a construção de projetos com um único trecho ou com uma rede de canais.

- *Opções de modelagem no HEC-RAS:*
  - regimes de escoamento: permanente uniforme, permanente gradualmente variado e não permanente;
  - modelagem nos regimes permanente uniforme e gradualmente variado: por meio da equação de energia na forma unidimensional e da equação da continuidade; perdas de energia por atrito calculadas por meio do modelo de Manning com consideração de seções compostas; perdas localizadas calculadas por meio de coeficientes de contração e expansão das seções; solução numérica das equações por meio do método iterativo *standard step*; cálculo nos regimes subcrítico, crítico e supercrítico;
  - modelagem no regime não permanente: utilização de um sistema de equações hidrodinâmicas, composto pela equação da continuidade e pela equação da conservação dos momentos; perdas de energia por atrito calculadas por meio das equações de Chézy e Manning; solução das equações por meio de método numérico de discretização por diferenças finitas em esquema implícito. Condição de contorno requerida na seção montante: hidrograma de entrada; na seção de jusante, quatro possibilidades: hidrograma de entrada, cotagrama, curva-chave ou função de profundidade normal estimada pela equação de Manning.
- *Características do* software *HEC-RAS:*
  - sistemas operacionais compatíveis: Windows, Solaris e Linux;
  - instalação: arquivo executável disponível gratuitamente para *download* no site do U.S. Army Corps of Engineers;
  - documentação: manual de usuário e manual de fundamentos dos modelos e projetos-modelo, disponíveis para *download* gratuito;
  - idioma: inglês;
  - entrada de dados: tabular ou por interface gráfica;
  - resultados: visualização dos resultados em 3D ou gráficos editáveis conforme as informações desejadas pelo usuário. Visualização em 3D dos níveis d'água simulados. Para as simulações hidrodinâmicas, é possível também visualizar uma animação do fluxo, em forma de vídeo;

- integração com SIG: possível por meio do módulo HEC-GEO-RAS, que funciona como uma barra de ferramentas na plataforma ARC-GIS. Possibilita a inserção automática de dados a partir de modelo digital de terreno e a exportação dos resultados em base georreferenciada, na forma de manchas de inundação.

A Fig. 3.37 apresenta as telas de entrada e saída de dados do HEC-RAS, e a Fig. 3.38, a tela de trabalho do HEC-GEO-RAS para geração de manchas de inundação.

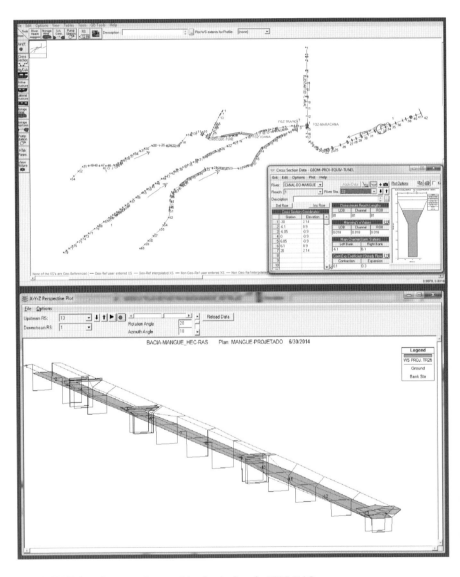

Fig. 3.37 *Telas de entrada e saída de dados do HEC-RAS*

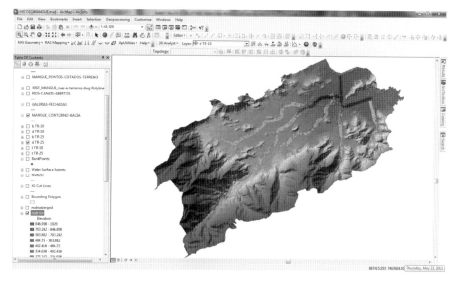

Fig. 3.38 *Tela de trabalho do HEC-GEO-RAS para geração de manchas de inundação*

Plataforma SWMM

A plataforma SWMM (*Storm Water Management Model*) é um *software* hidrológico-hidráulico desenvolvido pela Agência de Proteção Ambiental dos Estados Unidos (U.S. Environmental Protection Agency – Usepa) para a modelagem e simulação do escoamento superficial em áreas urbanas.

O SWMM utiliza uma abordagem distribuída para o cálculo das vazões, integrando a modelagem da microdrenagem e da macrodrenagem. Essa simulação integrada da rede de galerias com o escoamento superficial possibilita a simulação de alagamentos, que são fenômenos hidráulicos muito comuns em bacias urbanas, decorrentes da sobrecarga nas galerias e bueiros de drenagem e que ocasionam o transbordamento dessas bacias e o aumento do nível d'água nas ruas sem que necessariamente tenha havido transbordamento dos córregos e canais principais.

O SWMM é um pacote livre, que possui um modelo hidráulico de simulação do escoamento em condutos fechados integrado com um modelo de simulação do escoamento superficial. Para a propagação do escoamento são utilizadas equações hidrodinâmicas completas. A solução do sistema de equações de Saint Vennant é feita por meio de processo explícito de discretização numérica das equações diferenciais. A solução do sistema de equações não linear é feita pelo método iterativo de Newton-Raphson.

- *Opções de modelagem no SWMM:*
  - representação da bacia em sistemas de nós conectados por elementos da bacia hidrográfica e da rede de drenagem;
  - representação dos condutos por meio de galerias, sarjetas e canais, caracterizados pelo comprimento, rugosidade, declividade e geometria da seção transversal;
  - precipitação: hietogramas fornecidos pelo usuário;
  - separação do escoamento: modelos de Green and Ampt, modelo SCS (*curve number*) e Horton;
  - modelo de escoamento superficial: feito no módulo *runoff* do programa, em que as sub-bacias são representadas por reservatórios não lineares.
  - modelo de propagação do escoamento na rede de drenagem: baseado nas equações da continuidade e de conservação dos momentos (modelo hidrodinâmico). A situação de sobrecarga em uma junção é identificada quando o escoamento atinge o nível máximo da seção de um dos condutos ligados ao nó. Para essas situações, o programa assume a condição de que o somatório das vazões de entrada e saída na junção é igual a zero, considerando que a variação de pressão corresponde a um ajuste do nível d'água no nó que tem que ocorrer para garantir a condição de continuidade. A vazão nos condutos é então recalculada considerando essa condição na junção e o cálculo das características hidráulicas do escoamento é refeito, e novamente a variação no nó é calculada. O processo se repete até que seja atingida a convergência definida pelo usuário;
  - o *software* possui também a opção de calibração dos parâmetros para ajuste das variáveis simuladas a valores observados previamente fornecidos pelo usuário.
- *Características do* software *SWMM:*
  - sistema operacional: Windows;
  - instalação: arquivo executável disponível para *download* no site da U.S. Environmental Protection Agency – Usepa;
  - documentação: manual de usuário e manual de fundamentos dos modelos e projetos–modelo, disponíveis para *download* gratuito;
  - idioma: inglês;
  - interface gráfica para traçado de trechos de canal, redes de canais, junções e seções transversais; seleção de modelos, inserção de dados, visualização e edição de resultados.

A Fig. 3.39 apresenta a tela de trabalho do SWMM.

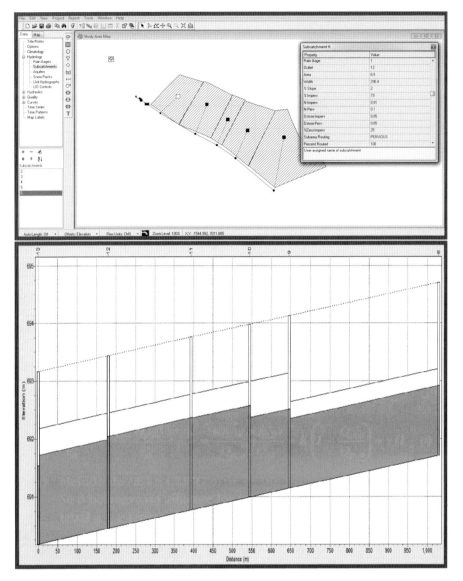

Fig. 3.39 *Tela de trabalho do SWMM*

Um dos aspectos hidráulicos mais importantes na aplicação de medidas de readequação da macrodrenagem refere-se à determinação das capacidades de vazão das canalizações existentes. Outro aspecto do projeto hidráulico julgado relevante é determinar os volumes a reservar e o dimensionamento das respectivas estruturas de entrada e saída das bacias de detenção. Com relação aos canais, não apenas o seu dimensionamento, mas também o amortecimento das cheias na calha são relevantes na análise hidráulica de tais estruturas.

Nos itens a seguir, detalha-se cada um desses aspectos. As obras hidráulicas de microdrenagem que envolvem o projeto de redes de águas pluviais, bocas de lobo e outras estruturas não são aqui tratadas. As publicações Cetesb/DAEE (1986) e Mays (2001), por exemplo, tratam com propriedade do projeto hidráulico das obras de microdrenagem.

4.1 Hidráulica de Canais
4.1.1 Considerações Gerais

O dimensionamento hidráulico dos canais constitui importante atividade no projeto dos sistemas de macrodrenagem.

Para a correta readequação dos sistemas de drenagem, é importante avaliar a capacidade de vazão das canalizações existentes, identificando os eventuais pontos de estrangulamento (gargalos).

Muitas vezes, os canais existentes são constituídos por trechos de diferentes tipos de revestimento e diversas seções transversais, ou seja, com reduções ou ampliações das seções hidráulicas, contínuas ou abruptas, bem como declividades de fundo não uniformes.

Estudos Hidráulicos

quatro

Para definir as linhas d'água e verificar as capacidades de vazão em canais com essas características variáveis, que conduzem a escoamentos gradual ou bruscamente variados, é necessária a análise das curvas de remanso, no primeiro caso, ou, por exemplo, a análise do ressalto hidráulico no segundo caso. Os aspectos metodológicos para essas análises são encontrados em Chow (1973) e French (1985).

Em termos práticos, no campo da drenagem urbana o escoamento permanente uniforme é frequentemente considerado no dimensionamento e na verificação da capacidade da vazão dos canais. Isso decorre da maior facilidade e simplicidade matemática características da aplicação dessa metodologia. A possibilidade de análise, considerando trecho a trecho, com características razoavelmente uniformes dos canais de drenagem, também concorre para esse fato. Nos casos em que ocorre o desemboque em lagos ou córregos cujos níveis d'água influenciam o escoamento nos trechos finais, a determinação da linha d'água nesses segmentos deve considerar o escoamento gradualmente variado para canais prismáticos.

As grandezas fundamentais inerentes à hidráulica dos canais são o raio hidráulico (R_H): a razão entre a seção hidráulica (A_H) e o perímetro hidráulico (P_H); e a energia específica: $E = \dfrac{V^2}{2g} + y$

(y: profundidade média; V: velocidade média; g: aceleração da gravidade).

4.1.2 Regime Permanente Uniforme

O escoamento em regime uniforme ocorre quando, em um canal com geometria e declividade constantes, a profundidade, a área molhada e a velocidade, em todas as seções transversais, são constantes e há o equilíbrio entre a energia disponível e a despendida pelo fluxo, de forma que a linha de energia é paralela à linha d'água.

A equação de Chézy, desenvolvida em 1769, descreve em termos matemáticos o escoamento uniforme em condutos livres:

$$V = C\sqrt{R_H\, i}$$

onde:

V – velocidade média do escoamento;
C – fator de resistência, coeficiente de Chézy;
R_H – raio hidráulico;
i – declividade do fundo = declividade da linha de energia (j) (que decorre da definição de regime permanente uniforme).

A maior dificuldade em aplicar a equação consiste em obter o valor de C, coeficiente de Chézy. Na prática, esse valor é obtido mediante experimentos de campo e de laboratório.

A expressão de uso mais frequente, e muito disseminada no meio técnico, é atribuída a Manning e Strickler, de 1889, para a obtenção de C:

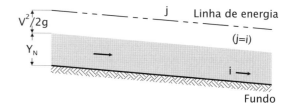

Fig. 4.1 *Regime permanente uniforme*

$$C = \frac{1}{n} R_H^{1/6}$$

e, por substituição na equação de Chézy, resulta na denominada equação de Manning, que no S.I. fica:

$$V = (\frac{1}{n} R_H^{1/6}) R_H^{1/2} i^{1/2} \Rightarrow V = \frac{R_H^{2/3} i^{1/2}}{n}$$

onde n é o coeficiente de resistência de Manning.

A grandeza n não é adimensional; tem as dimensões $TL^{-1/3}$ ou $(s/m^{1/3})$. Esse fato deve ser considerado nas eventuais mudanças de unidade ou de equacionamento.

Deve-se também ressaltar que a equação de Manning é válida somente para escoamentos turbulentos rugosos, o que ocorre com frequência nos canais naturais e artificiais de drenagem, onde o coeficiente de resistência ao fluxo independe do nº de Reynolds. Em termos de n de Manning, esse escoamento inicia-se para $n^6\sqrt{R_H \cdot i} = 1,9 \times 10^{-13}$ (French, 1985).

Para obter a vazão (Q) no regime uniforme, faz-se a transformação da fórmula de Manning:

$$Q = V \cdot A_H \Rightarrow Q = A_H \frac{R_H^{2/3} i^{1/2}}{n}$$

A profundidade da lâmina d'água no regime uniforme é denominada altura normal (y_N).

4.1.3 Escoamento Gradualmente Variado em Seções Prismáticas

No caso de canais com seções prismáticas, declividades e rugosidades constantes, a análise do escoamento gradualmente variado, observado quando a seção de controle impõe uma lâmina d'água diferente da altura normal, definida pelo regime uniforme, pode-se obter uma solução por meio de uma planilha de cálculo, com o método denominado standard step. Nesses canais (Fig. 4.2), para um trecho onde a linha d'água pode ser admitida como reta, tem-se, igualando-se as energias específicas (E_1 e E_2):

$$i\Delta x + \underbrace{y_2 + \frac{V_2^2}{2g}}_{E_2} = \underbrace{y_1 + \frac{V_1^2}{2g}}_{E_1} + j\Delta x$$

com o rearranjo, fica:

$$\frac{\left(y_2 + \frac{V_2^2}{2g}\right) - \left(y_1 + \frac{V_1^2}{2g}\right)}{\Delta x} = (j - i)$$

$$\begin{cases} \text{Por hipótese; } j = \left(\frac{n^2 \overline{V}^2}{\overline{R_H}^{4/3}}\right) \text{ (Manning);} \\ \text{sendo } \overline{V} \text{ e } \overline{R_H} \text{ (médios do trecho)} \end{cases} \Rightarrow \Delta x = \frac{\left(y_2 + \frac{V_2^2}{2g}\right) - \left(y_1 + \frac{V_1^2}{2g}\right)}{\frac{n^2 \overline{V}^2}{\overline{R_H}^{4/3}} - i}$$

Com exceção de Δx, as demais variáveis são função da profundidade (y). Essa equação pode ser resolvida com a seleção de valores conjugados para y_1 e y_2, calculando-se então $\overline{V}$ e $\overline{R_H}$, e assim obtém-se o valor de Δx. Passo a passo, percorre-se então todo o trecho desejado.

4.1.4 Estimativa do valor de n

O valor de n de Manning depende de inúmeras variáveis, além da rugosidade da superfície do canal, como: o efeito da vegetação, as irregularidades nas paredes, as variações na seção hidráulica, as

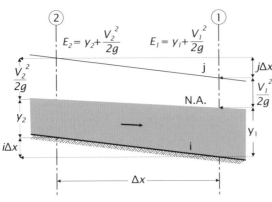

Fig. 4.2 *Método* standard step

Exemplo 4.1

Um canal retangular, com base b = 5 m, $n = 0,025$, $i = 0,1\%$, conduz, em regime uniforme, uma vazão de 30 m³/s. Esse canal deságua, em descarga livre, em uma bacia de detenção. Calcular a que distância da bacia de detenção se estabelece o regime uniforme.

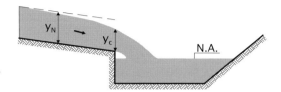

Fig. 4.3 *Esquematização do exemplo 4.1*

Solução:

a) Características de montante:

$y_N = 3,64$ m, $v_N = 1,65$ m/s (escoamento uniforme)

Como o canal deságua em descarga livre na bacia, o escoamento passa pelo regime crítico, com lâmina yc, calculada como segue:

b) Características de jusante:

vazão específica no canal: $q = \dfrac{30}{5} = 6$ m³/s.m; $g = 10$ m/s²

expressão da lâmina crítica em canais retangulares:

$$y_C = \sqrt[3]{\dfrac{q^2}{g}} \Rightarrow y_C = 1,53 \text{ m}; \quad v_C = 3,92 \text{ m/s}$$

A Tab. 4.1 apresenta os passos de cálculo para a obtenção da linha d'água apresentada na Fig. 4.4, seguindo o método *standard step*.

Tab. 4.1 Planilha de cálculo do método *standard step*

y (m)	A_H (m²)	P_H (m)	R_H (m)	V (m/s)	V²/2g (m)	E (m)	V (m/s)	R_H (m)	j (m/m)	Δx (m)	x (m)
1,53	7,65	8,06	0,95	3,92	0,77	2,30					0,00
							3,80	0,97	0,0094	-1,01	
2,03	10,15	9,06	1,12	2,96	0,44	2,47					-33,54
							2,89	1,14	0,0044	-17,65	
2,53	12,65	10,06	1,26	2,37	0,28	2,81					-182,34
							2,33	1,27	0,0025	-54,10	
3,03	15,15	11,06	1,37	1,98	0,20	3,23					-611,86
							1,95	1,38	0,0015	-160,93	
3,53	17,65	12,06	1,46	1,70	0,14	3,67					-2.408,95
							1,68	1,47	0,0010	-1.885,73	
3,63	18,15	12,26	1,48	1,65	0,14	3,77					-4.294,68
							1,65	1,48	0,0010	-1.090,31	
3,64	18,20	12,28	1,48	1,65	0,14	3,78					-5.384,99

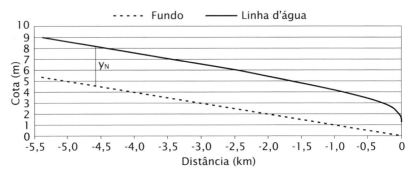

Fig. 4.4 Exemplo 4.1: perfil de fundo e linha d'água

Pelos cálculos, conclui-se que o regime uniforme se estabelece entre 3 km e 4 km a montante do ponto de deságue do canal.

obstruções, o traçado do canal, a sedimentação e erosão, e as profundidades do canal.

Quando não é possível calibrar a rugosidade do canal por medições de campo, ou nas fases de anteprojeto, deve-se lançar mão das estimativas desse coeficiente disponíveis na literatura.

Método do SCS

O método do SCS para estimativa de n (French, 1985) envolve a determinação do n_0 básico, alterado pelos demais fatores, descritos no item anterior.

O Quadro 4.1 contém os n_0 base e mostram os Quadros 4.2 (n_1) e 4.3 (n_2), de forma resumida, os valores de n^* que devem ser somados ao n_0 base para a obtenção do n_{final}.

Ou seja, ($n_{final} = n_0 + n_1 + n_2 + n_{demais\ fatores}$). Esses demais fatores, como obstruções e traçado do canal, na forma como são considerados pelo SCS (French, 1985), podem, na opinião do autor, levar à superestimativa do n_{final}. Cabe ao projetista considerá-lo ou não.

Quadro 4.1 Método do SCS – n de base

TIPO DE CANAL	n_0 BASE
Em solo	0,020
Escavado em rocha	0,025
Em material granular fino	0,024
Em material granular graúdo	0,020

Quadro 4.2 Método do SCS – n_1 – Efeito da vegetação nas margens

CARACTERÍSTICAS DAS MARGENS DO CANAL	FAIXA DE n_1
Vegetação baixa (1/3 a 1/2)h	0,005 - 0,0110
Vegetação média (1/2 a 1)h	0,010 - 0,025
Vegetação alta (acima do N.A.)	0,025 - 0,050
(h: lâmina d'água)	

Uso de tabelas disponíveis

Chow (1973) apresentou uma expressiva tabela de valores de n para vários tipos e condições de canais, baseada em trabalho do U.S. Geological Survey. Foi considerada uma faixa de variação em cada uma delas.

Quadro 4.3 Métododo SCS – n_2 – Efeito das irregularidades da superfície

GRAU DE IRREGULARIDADE DA SUPERFÍCIE	n_2
A menos rugosa possível	0,000
Pequenas variações	0,005
Variações moderadas	0,010
Variações severas	0,020

Por meio dessa referência e de outras, como Mays (2001), foi adaptado o Quadro 4.4, voltado para os tipos de canais mais frequentes nas condições urbanas brasileiras.

Estimativa de *n* para situações usuais

A seguir apresentam-se alguns canais de macrodrenagem com situações típicas de revestimentos e estado geral. Para cada caso,

Quadro 4.4 Valores de *n* de Manning para diversos tipos de canais (adaptado de: Chow, 1973; French, 1985; Macaferri, 2002)

TIPO	*n* DE MANNING		
	mínimo	médio	máximo
A - Condutos parcialmente cheios			
A1 - Concreto			
galeria reta e livre de detritos	0,010	0,011	0,013
galeria com curvas, conexões e poucos detritos	0,011	0,013	0,014
tubo de concreto com poços de visita, juntas etc.	0,013	0,015	0,017
sem acabamento, fôrma rugosa (madeira)	0,015	0,017	0,020
sem acabamento, fôrma lisa (aço)	0,012	0,013	0,014
A2 - Metal corrugado	0,021	0,024	0,030
A3 - Tubos cerâmicos	0,011	0,013	0,017
B - Canais a céu aberto			
B1 - Concreto			
acabamento liso	0,013	0,015	0,016
sem acabamento	0,014	0,017	0,020
acabado (margens) com cascalho (fundo)	0,015	0,017	0,020
projetado, seção uniforme	0,016	0,019	0,023
projetado, seção não uniforme (ondulada)	0,018	0,022	0,025
B2 - Pedra Argamassada			
pedra argamassada (margens) com fundo em concreto acabado	0,017	0,020	0,024
pedra argamassada (margens) com fundo em cascalho	0,020	0,023	0,026

Quadro 4.4 Valores de *n* de Manning para diversos tipos de canais (adaptado de: Chow, 1973; French, 1985; Macaferri, 2002) (cont.)

TIPO	*n* DE MANNING		
	mínimo	médio	máximo
B3 - Gabiões			
gabião manta, sem revestimento	0,022	0,025	0,027
gabião caixa, sem revestimento	0,026	0,027	0,028
gabião manta, recoberto com argamassa	0,015	0,016	0,018
gabião manta, sem revestimento, com vegetação recente	0,028	0,030	0,032
C - Canais escavados ou dragados			
C1 - Solo reto e uniforme			
limpo, recente	0,016	0,018	0,020
limpo, após intempéries	0,018	0,022	0,025
cascalho, limpo	0,022	0,025	0,030
com grama curta	0,022	0,027	0,033
C2 - Solo sinuoso e não uniforme			
sem vegetação	0,023	0,025	0,030
grama com poucos arbustos	0,025	0,030	0,033
arbustos densos ou plantas aquáticas em canais fundos	0,030	0,035	0,040
C3 - Solo sinuoso e não uniforme			
fundo em solo e margem em materiais granulares	0,028	0,030	0,035
fundo pedregoso com taludes vegetados	0,025	0,035	0,040
C4 - Escavado em rocha			
liso e uniforme	0,025	0,035	0,040
pontiagudo e irregular	0,035	0,040	0,050
C5 - Canais sem manutenção	0,050	0,080	0,120
mata densa			
fundo limpo, arbustos nas margens	0,040	0,050	0,080
idem, alto como o fluxo	0,045	0,070	0,110
arbusto denso, alta profundidade	0,080	0,100	0,140
D - Canais naturais			
D1 - Córregos em planícies (largura < 30 m)			
limpo, reto, cheio, seções uniformes	0,025	0,030	0,033
idem, pedras no fundo e vegetação	0,030	0,035	0,040
limpo, sinuoso, alguns remansos, seções não uniformes	0,033	0,040	0,045
idem, alguma vegetação nas margens e pedras	0,035	0,045	0,050
D2 - Calha secundária/áreas marginais/várzeas			
pasto sem arbustos - grama rente	0,025	0,030	0,035
grama alta	0,030	0,035	0,050
áreas cultivadas - sem plantio	0,020	0,030	0,040
cultivo maduro em linha	0,025	0,035	0,045
cultivo maduro em terraço	0,030	0,040	0,050
vegetação arbustiva - esparsa	0,035	0,050	0,070
esparsa com árvores	0,040	0,070	0,110

com base nas tabelas apresentadas, foi estimada uma faixa para n de Manning.

Foto 4.1 *Canal do Aricanduva – São Paulo/SP*

Canal com paredes de concreto e fundo de enrocamento/material granular.

$n_{estimado}$ = 0,018 a 0,022

Foto 4.2 *Córrego Retiro Saudoso – Ribeirão Preto/SP*

Canal retilíneo trapezoidal, de concreto e acabamento regular

$n_{estimado}$ = 0,018 a 0,022

Foto 4.3 *Ribeirão Preto – Ribeirão Preto/SP*

Canal com seções retangulares, retilíneo, escavado em rocha, com laterais de pedra argamassada.

$n_{estimado}^{*}$ = 0,018 a 0,026

(*) sem considerar obstrução

Foto 4.4 *Córrego Retiro Saudoso – Ribeirão Preto/SP*

Canal retilíneo com paredes verticais de concreto sem acabamento, fundo rochoso.

$n_{estimado}^{*}$ = 0,018 a 0,024

Foto 4.5 *Canal do Aricanduva – São Paulo/SP*

Canal revestido com mantas de gabião sem revestimento, e fundo de enrocamento.

$n_{estimado}$ = 0,027 a 0,030

Foto 4.6 *Canal do Aricanduva – São Paulo/SP*

Canal de paredes verticais de gabião, com vegetação densa e fundo de enrocamento/areia.

$n_{estimado}$ = 0,028 a 0,033

Foto 4.7 *Córrego Laureano – Ribeirão Preto/SP*

Canal escavado regular, com fundo de solo e margens com vegetação alta.

$n_{estimado}$ = 0,025 a 0,033

Foto 4.8 *Córrego da Fazenda – São Paulo/SP*

Canal escavado retilíneo, leito menor de gabião, margens de grama com poucas árvores.

$n_{estimado}$ = 0,040 a 0,055

Foto 4.9 *Córrego Caguaçu – São Paulo/ SP*

Canal natural, seções irregulares, fundo de solo, margens com mato baixo.

$n_{estimado} = 0{,}035$ a $0{,}040$

Foto 4.10 *Córrego Rapadura – São Paulo/SP*

Canal natural, com margens invadidas, fundo de material granular e mato alto; seções hidráulicas muito irregulares.

$n_{estimado} = 0{,}060$ a $0{,}080$

Estimativa de *n* para seções compostas

Na maioria dos canais naturais ou projetados, a rugosidade varia com o perímetro do canal, devido aos revestimentos diferentes de fundo e margens, à presença de vegetação nas margens, ou a outros condicionantes. Nesses casos, é necessário calcular um valor equivalente para o coeficiente de rugosidade da seção de escoamento.

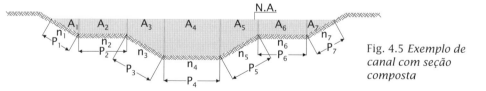

Fig. 4.5 *Exemplo de canal com seção composta*

Há diversos métodos para obter o *n* equivalente. Todos consideram a divisão da seção hidráulica em *N* subseções e a cada uma delas associa-se um perímetro molhado (P_i), uma seção hidráulica (A_i) e um coeficiente de rugosidade (n_i).

Um dos métodos mais utilizados, principalmente para canais projetados, é o atribuído a Cox (1973), para o U.S. Army Corps of Engineers – Los Angeles, que calcula o *n* equivalente como segue:

$$n_e = \frac{\sum_{i=1}^{N} n_i A_i}{A}$$

onde:
A_i – seção hidráulica da subseção i;
A – seção hidráulica total.

Outra aproximação que pode ser adotada para a obtenção de *n* equivalente, em função do perímetro molhado, é (French, 1985):

$$n_e = \left[\frac{\sum_{i=1}^{N} (n_i P_i)^2}{P} \right]^{1/2}$$

onde:
P_i – perímetro hidráulico da subseção i;
P – perímetro hidráulico total.

Nesse caso, P_i considera apenas as margens e o fundo do canal, sem abranger as linhas auxiliares verticais das divisões das subseções.

4.1.5 Amortecimento de Enchentes em Canais

As calhas dos rios, córregos e canais podem também desempenhar a função de amortecer e retardar as ondas de cheias.

Nos projetos voltados para a restauração ou readequação dos córregos urbanos, por exemplo, objetiva-se também recuperar ou incrementar a capacidade de retardamento e amortecimento das cheias. Alguns métodos simplificados permitem, em função dos dados disponíveis, uma estimativa bastante satisfatória desse amortecimento. A seguir, são apresentados três métodos indicados para essas estimativas: de Muskingum, de Muskingum-Cunge e de Att-Kin.

Método de Muskingum

O método de Muskingum permite calcular o hidrograma efluente amortecido na seção de jusante de um canal, dado o hidrograma afluente na seção de montante. Segundo o comprimento do canal e das suas características de uniformidade, pode-se representar o canal por meio de uma seção típica ou dividi-lo em diversas seções. Nesse caso o processo de cálculo é repetido em cada seção até atingir o ponto desejado a jusante.

A equação hidrológica de armazenamento para uma seção do canal é:

$$\frac{dS}{dt} = I - Q$$

onde:
S – volume de água armazenada na seção do canal;
t – tempo;
I – vazão afluente;
Q – vazão efluente.

Como na equação apresentada S e Q são desconhecidos, uma segunda relação é necessária para resolver o problema de amortecimento. O método de Muskingum assume que existe uma relação linear entre S, I e Q, na forma de:

$$S = K[XI + (1 - X)Q]$$

onde:
K – tempo médio de trânsito da onda;
X – fator de ponderação das vazões, entre 0 e 0,5.

Os parâmetros K e X são denominados parâmetros de ajuste do canal, sem significado físico preciso. A equação de armazenamento pode ser escrita na forma de diferenças finitas, com um intervalo de tempo incremental $\Delta t = t_2 - t_1$ como:

$$\frac{S_2 - S_1}{\Delta t} = \frac{I_1 + I_2}{2} + \frac{Q_1 + Q_2}{2}$$

na qual os índices 1 e 2 referem-se aos tempos incrementais iniciais t_1 e t_2, respectivamente. A equação escrita para o tempo t_1 gera a relação entre S_1, I_1 e Q_1, e da mesma forma para o tempo t_2, a relação entre S_2, I_2 e Q_2. Logo, $Q_2 = f(Q_1)$ pode ser escrita como:

$$Q_2 = C_0 I_2 + C_1 I_1 + C_2 Q_1$$

onde:

$$C_0 = \frac{(\frac{\Delta t}{K}) - 2X}{2(1-X) + (\frac{\Delta t}{K})} \;;\; C_1 = \frac{(\frac{\Delta t}{K}) + 2X}{2(1-X) + (\frac{\Delta t}{K})} \;\text{ e }\; C_2 = \frac{2(1-X) - (\frac{\Delta t}{K})}{2(1-X) + (\frac{\Delta t}{K})}$$

Note que $C_0 + C_1 + C_2 = 1$. Além disso, para que C_0, C_1 e C_2 sejam adimensionais, K e t devem ter a mesma unidade de tempo.

A única variável desconhecida na equação de amortecimento é Q_2 em qualquer passo de tempo. As variáveis I_1 e I_2 são conhecidas pelo hidrograma afluente e Q_1 é determinado pelas condições iniciais ou pelos cálculos nos instantes anteriores. Para proceder ao cálculo do amortecimento, inicialmente avaliam-se os coeficientes C_0, C_1 e C_2, usando as equações apresentadas; então, determina-se Q_2.

Exemplo 4.2

O hidrograma afluente a uma seção de canal é dado pelo gráfico da Fig. 4.6; a vazão inicial é de 50 m³/s. Os parâmetros de Muskingum para esse canal são dados: $K = 5\ h$ e $X = 0,12$. Deve-se amortecer o hidrograma pelo canal usando $t = 2\ h$.

Solução:

Os fatores de ponderação são obtidos primeiramente pelas equações descritas, sendo:

C_0	C_1	C_2
0,074	0,296	0,630

Como $Q_2 = C_0 I_2 + C_1 I_1 + C_2 Q_1$, determina-se a vazão efluente em cada instante.

A Tab. 4.2 resume o cálculo do amortecimento. Os valores de I_1 e I_2 nas colunas 4 e 5 foram obtidos do hidrograma afluente usando t_1 e t_2 (tabelados nas colunas 2 e 3). Para o primeiro passo de tempo de cálculo $t_1 = 0$ e $t_2 = 2\ h$. Como a vazão inicial é considerada constante, tem-se $Q_1 = 50$ m³/s na coluna 6, para o primeiro passo de cálculo. A seguir obtém-se $Q_2 = 53$ m³/s, que é a vazão efluente em $t = 2\ h$.

Para o segundo passo de cálculo, $t_1 = 2\ h$ e $Q_1 = 53$ m³/s. Para esses valores obtém-se $Q_2 = 71$ m³/s. Repetem-se os mesmos procedimentos até a obtenção do hidrograma efluente total.

A comparação entre os hidrogramas afluente e efluente revela que: o pico de vazão efluente é menor do que o afluente; o pico de vazão efluente ocorre após o pico de vazão afluente e o volume do hidrograma afluente é igual ao do efluente (representado pelas áreas sob os hidrogramas).

Estas observações de redução de pico, defasagem no pico e conservação do volume, podem ser generalizadas para qualquer canal em regime transitório, desde que o número de Froude não seja muito alto, e não haja contribuições intermediárias ao longo dele.

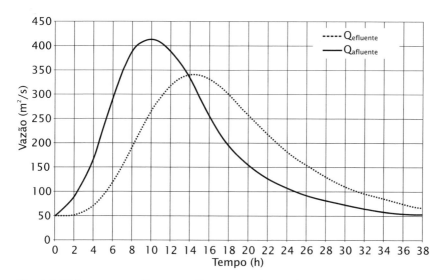

Fig. 4.6 *Hidrogramas afluente e efluente resultante do amortecimento no canal pelo método de Muskingum*

Tab. 4.2 Cálculo do amortecimento no canal pelo método de Muskingum

(1)	(2)	(3)	(4)	(5)	(6)	(7)
PASSO DE TEMPO	t_1 (h)	t_2 (h)	I_1 (m³/s)	I_2 (m³/s)	Q_1 (m³/s)	Q_2 (m³/s)
1	0	2	50	86	50	53
2	2	4	86	163	53	71
3	4	6	163	290	71	114
4	6	8	290	388	114	187
5	8	10	388	413	187	263
6	10	12	413	388	263	317
7	12	14	388	333	317	339
8	14	16	333	253	339	331
9	16	18	253	192	331	298
10	18	20	192	152	298	255
11	20	22	152	125	255	215
12	22	24	125	103	215	180
13	24	26	103	89	180	151
14	26	28	89	78	151	127
15	28	30	78	70	127	108
16	30	32	70	61	108	93
17	32	34	61	54	93	81
18	34	36	54	51	81	71
19	36	38	51	50	71	63
20	38	40	50	50	63	58

Método de Muskingum-Cunge

Uma limitação do método de Muskingum é que os parâmetros K e X não têm base física e são difíceis de estimar. Essa dificuldade é superada no método de Muskingum Cunge (Cunge, 1969), que permite expressar K e X em termos de características físicas do canal, da seguinte forma (Akan e Houghtalen, 2003):

$$K = \frac{L}{mV_0}$$

$$X = 0,5\left(1 - \frac{Q_0/T_0}{S_0 m V_0 L}\right)$$

onde:
- L – comprimento do canal;
- m – expoente da seção A quando se dispõe de uma relação de canais abertos do tipo $Q = e\ A^m$;
- V_0 – velocidade média no canal, correspondente à vazão de referência;
- Q_0 – vazão de referência;
- T_0 – largura máxima do canal correspondente à vazão de referência;
- S_0 – declividade longitudinal do canal.

Como vazão de referência, pode-se utilizar a vazão de base, vazão mínima de seca, o pico do hidrograma afluente ou a vazão média afluente.

Com os parâmetros K e X determinados pelas equações acima, obtêm-se os coeficientes C_0, C_1 e C_2 pelas equações do método de Muskingum, e então pode-se calcular o amortecimento do hidrograma afluente por meio do canal.

No método de Muskingum-Cunge, X não é mais interpretado como fator de ponderação e pode assumir valores negativos. Deve-se notar que, apesar das equações de amortecimento desse método serem montadas da mesma forma que no método de Muskingum, os dois métodos são conceitualmente diferentes. Enquanto o método de Muskingum é de amortecimento e baseado em características hidrológicas, o método Muskingum-Cunge é hidráulico e baseado na aproximação das equações de Saint-Venant.

Ponce e Theurer (1982) recomendam que Δt seja menor que 1/5 do tempo de pico do hidrograma afluente. Além disso, indicam que convém limitar o comprimento do canal pela relação a seguir, para a obtenção de resultados mais precisos:

$$L \leq 0{,}5 \left(mV_0 \Delta t + \frac{Q_0/T_0}{mV_0 S_0}\right)$$

Os resultados do método de Muskingum Cunge dependem da vazão de referência empregada no cálculo dos parâmetros K e X. Pode-se eliminar essa dependência com coeficientes de amortecimento variáveis (Ponce e Yevjevich, 1978). Nessa abordagem atualiza-se a vazão de referência em qualquer passo de tempo e recalcula-se T_0, V_0, X, K, C_0, C_1 e C_2 utilizando a vazão de referência atualizada:

$$Q_1 = \frac{I_1 + I_2 + Q_0}{3}$$

Exemplo 4.3

Para um canal triangular com as características definidas por $S_0 = 0{,}001$ m/m, $e = 0{,}343$ m$^{1/3}$/s e $m = 4/3$, inclinação das paredes 1V:5H, comprimento do canal $L = 1.000$ m, o hidrograma afluente é dado pela Fig. 4.7 e Tab. 4.3. Calcule o hidrograma efluente para $\Delta t = 0{,}25$ h e uma vazão de referência de 60 m^3/s.

Determina-se primeiro T_0 e V_0:

$A_0 = (Q_0/e)^{1/m}$

$y_0 = (A_0/5)^{1/2}$

$T_0 = 10 y_0$

$V_0 = Q_0/A_0$

Ao se proceder como no método de Muskingum, tem-se, para $Q_0 = 60$ m^3/s:

S_0	e (m$^{1/3}$/s)	m	Q_0 (m^3/s)	A_0 (m^2)	y_0 (m)	T_0 (m)	V_0 (m/s)	L (m)	K (h)	X	Δt (h)	C_0	C_1	C_2
0,001	0,343	1,333	60,000	48,10	3,10	31,02	1,247	1.000	0,167	-0,082	0,25	0,454	0,364	0,182

Para $Q_0 = 30$ m^3/s:

S_0	e (m$^{1/3}$/s)	m	Q_0 (m^3/s)	A_0 (m^2)	y_0 (m)	T_0 (m)	V_0 (m/s)	L (m)	K (h)	X	Δt (h)	C_0	C_1	C_2
0,001	0,343	1,333	30,000	28,60	2,39	23,92	1,049	1.000	0,199	0,052	0,25	0,366	0,432	0,202

Para $Q_0 = 10$ m^3/s:

S_0	e (m$^{1/3}$/s)	m	Q_0 (m^3/s)	A_0 (m^2)	y_0 (m)	T_0 (m)	V_0 (m/s)	L (m)	K (h)	X	Δt (h)	C_0	C_1	C_2
0,001	0,343	1,333	10,000	12,55	1,58	15,84	0,797	1.000	0,261	0,203	0,25	0,216	0,534	0,250

Os resultados do método de Muskingum-Cunge dependem da escolha da vazão de referência. Os cálculos são apresentados na Tab. 4.3 e os hidrogramas resultantes, na Fig. 4.7.

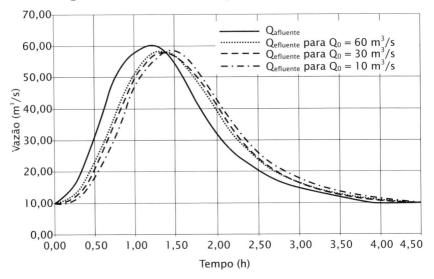

Fig. 4.7 *Hidrogramas afluente ao canal e efluentes resultantes do amortecimento no canal pelo método de Muskingum-Cunge com diferentes vazões de referências iniciais*

Tab. 4.3 Cálculo do amortecimento no canal pelo método Muskingum-Cunge, com diferentes vazões de referência iniciais

					Q_0= 60(m³/s)		Q_0= 30(m³/s)		Q_0= 10(m³/s)	
(1)	(2)	(3)	(4)	(5)	(6a)	(7a)	(6b)	(7b)	(6c)	(7c)
Passo de tempo (h)	t_1 (h)	t_2 (h)	I_1 (m³/s)	I_2 (m³/s)	Q_1 (m³/s)	Q_2 (m³/s)	Q_1 (m³/s)	Q_2 (m³/s)	Q_1 (m³/s)	Q_2 (m³/s)
1	0,00	0,25	10,00	16,00	10,00	12,72	10,00	12,20	10,00	11,29
2	0,25	0,50	16,00	31,00	12,72	22,21	12,20	20,72	11,29	18,06
3	0,50	0,75	31,00	50,00	22,21	38,02	20,72	35,88	18,06	31,87
4	0,75	1,00	50,00	58,00	38,02	51,45	35,88	50,07	31,87	47,19
5	1,00	1,25	58,00	60,00	51,45	57,71	50,07	57,13	47,19	55,73
6	1,25	1,50	60,00	54,00	57,71	56,86	57,13	57,22	55,73	57,64
7	1,50	1,75	54,00	42,00	56,86	49,08	57,22	50,26	57,64	52,32
8	1,75	2,00	42,00	32,00	49,08	38,75	50,26	40,01	52,32	42,42
9	2,00	2,25	32,00	25,00	38,75	30,05	40,01	31,06	42,42	33,09
10	2,25	2,50	25,00	20,00	30,05	23,65	31,06	24,39	33,09	25,94
11	2,50	2,75	20,00	17,00	23,65	19,30	24,39	19,79	25,94	20,84
12	2,75	3,00	17,00	15,00	19,30	16,51	19,79	16,83	20,84	17,53
13	3,00	3,25	15,00	13,00	16,51	14,37	16,83	14,64	17,53	15,20
14	3,25	3,50	13,00	12,00	14,37	12,80	14,64	12,97	15,20	13,33
15	3,50	3,75	12,00	11,00	12,80	11,69	12,97	11,83	13,33	12,12
16	3,75	4,00	11,00	10,00	11,69	10,67	11,83	10,80	12,12	11,06
17	4,00	4,25	10,00	10,00	10,67	10,12	10,80	10,16	11,06	10,27
18	4,25	4,50	10,00	10,00	10,12	10,02	10,16	10,03	10,27	10,07
19	4,50	4,75	10,00	10,00	10,02	10,00	10,03	10,01	10,07	10,02
20	4,75	5,00	10,00	10,00	10,00	10,00	10,01	10,00	10,02	10,00

Método de Att-Kin Modificado

O método de Att-Kin modificado para amortecimento em canais é empregado no modelo do SCS (1982) e discutido por McCuen (1998). O amortecimento do hidrograma afluente é calculado com a equação de amortecimento:

$$Q_2 = C_m I_1 + (1 - C_m) Q_1$$

onde os índices 1 e 2 representam a sequência de passos num intervalo de tempo Δt e

$$C_m = \frac{2\Delta t}{\Delta t + 2(L/mV_p)}$$

onde:
- L — comprimento do canal;
- m — expoente da seção molhada A, numa relação de canais abertos, na forma $Q = e\, A^m$;
- $V_p = I_p/A_p$ — velocidade correspondente ao pico de vazão afluente;
- I_p — pico de vazão afluente;
- A_p — área molhada referente ao pico de vazão afluente.

Ao substituir-se A_p pela relação de canais abertos, tem-se:

$$V_p = \frac{I_p}{A_p} = \frac{I_p}{(I_p/e)^{1/m}}$$

Deve-se verificar se há necessidade de uma nova translação desse hidrograma. Sendo t_{pl} o tempo em que ocorre o pico da vazão afluente e t_{pQ} o tempo em que ocorre o pico da vazão efluente, então a defasagem entre os picos de vazão afluente e efluente é dada por:

$$\Delta t_a = t_{pQ} - t_{pl}$$

O tempo de translação, calculado pela cinemática, pode ser:

$$\Delta t_K = \left[\frac{(I_p/Q_p)^{1/m} - 1}{(I_p/Q_p) - 1} \right] S_K$$

com

$$S_K = \left(\frac{Q_p}{e}\right)^{1/m} \frac{L}{Q_p}$$

A primeira equação acima é dimensionalmente homogênea. Se $\Delta t_K > \Delta t_a$, o hidrograma efluente deve ser movido por $(\Delta t_K - \Delta t_a)$, caso contrário, não se requer um novo ajuste.

EXEMPLO 4.4

Num canal de comprimento $L = 4.000$ m, a curva-chave tem como parâmetros $e = 0,30$ m$^{1/3}$/s e $m = 1,33$. Amortecer o hidrograma afluente da Fig. 4.8 e colunas 2 e 4 da Tab. 4.4, pelo canal, com $\Delta t = 0,5$ h, utilizando o método de Att-Kin modificado. Assuma vazão inicial de 10 m³/s.

Os dados do problema permitem calcular:

e (m$^{1/3}$/s)	m	L (m)	I_p (m³/s)	V_p (m/s)	C_m
0,300	1,33	4.000	50	1,07	0,48

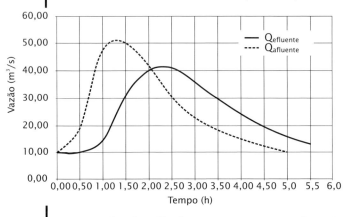

Fig. 4.8 *Hidrogramas afluente ao canal e efluente resultante do amortecimento no canal pelo método de Att-Kin modificado*

A marcha de cálculo encontra-se na Tab. 4.4.

Tab.4.4 Cálculo do amortecimento no canal pelo método de Att-Kin modificado

(1) PASSO DE TEMPO (h)	(2) t_1 (h)	(3) t_2 (h)	(4) I_1 (m³/s)	(6) Q_1 (m³/s)	(7) Q_2 (m³/s)
1	0,0	0,5	10,0	10,0	10,0
2	0,5	1,0	19,0	10,0	14,4
3	1,0	1,5	48,0	14,4	30,6
4	1,5	2,0	50,0	30,6	40,0
5	2,0	2,5	42,0	40,0	41,0
6	2,5	3,0	30,0	41,0	35,7
7	3,0	3,5	23,0	35,7	29,5
8	3,5	4,0	18,0	29,5	23,9
9	4,0	4,5	15,0	23,9	19,6
10	4,5	5,0	12,0	19,6	15,9
11	5,0	5,5	10,0	15,9	13,1
12	5,5	6,0	10,0	13,1	11,6

Os resultados do cálculo permitem obter:

Como $\Delta t_K > \Delta t_a$, o processo pode ser finalizado.

Q_p	S_K	t_k (h)	t_a (h)
41,0	3936	0,80	1,00

4.2 Bacias de Detenção – Fase de Planejamento

Estimam-se os volumes a reservar tanto na fase de planejamento como na de projeto. Há ainda uma fase imediatamente anterior à de planejamento, em que o projetista tem de decidir se uma obra de detenção deve ser considerada. Os métodos simplificados expeditos têm o seu valor nessa fase inicial de tomada de decisão. Nos passos seguintes, deverão prevalecer os métodos mais complexos e mais generalizantes.

Inúmeros métodos, simples ou complexos, foram e são propostos para a estimativa de volumes a serem reservados nas bacias de detenção na fase de planejamento. Esses métodos apresentam incontáveis diferenças, especialmente quanto aos critérios assumidos, a tal ponto que existem na literatura trabalhos dedicados à comparação dos diversos métodos, para casos específicos de aplicação, como os de Urbonas (1990) e McCuen (1989).

Embora com os métodos computacionais e equipamentos disponíveis, a análise completa possa ser realizada sem acarretar maiores ônus ao processo de decisão, o conhecimento das fórmulas e dos métodos expeditos possui a virtude de introduzir o problema e demonstrar os fatores intervenientes de maneira simples.

4.2.1 Modelo Generalizado

McCuen (1989) elaborou um modelo para a etapa de planejamento que apresenta conceituação e desenvolvimento com parâmetros familiares ao planejador. De forma simplificada, tem-se um hidrograma triangular, com o tempo para o pico igual ao tempo de concentração (t_c) da bacia de drenagem, e um tempo de base de $2t_c$. Definem-se $Q_{p,b}$ e $Q_{p,a}$, entendidas como as vazões de pico calculadas para os momentos anterior e posterior ao desenvolvimento urbano de uma área. São conceitos úteis para dimensionar uma obra de reservação, a fim de preservar as condições naturais ou originais das enchentes locais, como exigido por lei em diversos Estados nos EUA (impacto zero).

No caso de reabilitação de sistemas existentes, $Q_{p,b}$ e $Q_{p,a}$ podem ser entendidos como picos da vazão atual e da pretendida após a implantação da obra de reservação e, nesse caso, o pico posterior será inferior ao atual. Esses picos podem ser obtidos pelo método do SCS ou pelo método racional, dependendo das características da bacia.

Pode-se então definir:

$$\alpha = \frac{Q_{p,b}}{Q_{p,a}}$$

$$\gamma = \frac{t_{p,b}}{t_{p,a}} = \frac{t_{c,b}}{t_{c,a}}$$

É possível obter um modelo generalizado de planejamento adotando-se as hipóteses básicas do hidrograma triangular descritas, da seguinte forma:

$$\frac{V_s}{V_a} = \begin{cases} \gamma + \alpha + \alpha\gamma\,(\gamma + \alpha - 4) & \text{para } \alpha < 2 - \gamma \quad \text{(a)} \\ \dfrac{\gamma - \alpha}{\gamma + \alpha} & \text{para } \alpha \geq 2 - \gamma \quad \text{(b)} \end{cases}$$

onde:
V_s – volume requerido de reservação para obter a condição original de efluência anterior à urbanização;
V_a – volume escoado após a implantação do projeto de desenvolvimento em estudo.

Para a equação (a), o pico do hidrograma efluente ocorre depois do instante em que as vazões efluente e afluente se igualam (Fig. 4.9).

No caso especial de $\alpha = 2 - \gamma$, o instante do pico do hidrograma efluente ocorre na interseção dos dois hidrogramas. Nesse caso:

$$V_s/V_a = (\gamma - 1) = 1 + \alpha$$

4.2.2 Método da Perda da Reservação Natural

Quando se pensa na implantação de reservatório exclusivamente para controle de cheias, admite-se que o volume do reservatório de amortecimento deve ser, no mínimo, igual ao volume perdido de reservação pelas ações de urbanização.

Logo:

$$V_s = V_a - V_b$$

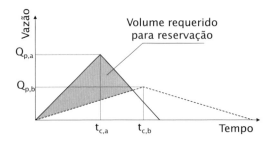

Fig. 4.9 *Método generalizado (McCuen, 1989)*

Onde V_a e V_b podem ser considerados como alturas de *run-off*, respectivamente depois e antes de a bacia receber o impacto da urbanização. Dividindo todos os termos por V_a, tem-se:

$$\frac{V_s}{V_a} = \frac{V_a - V_b}{V_a} = 1 - \frac{V_b}{V_a}$$

Os deflúvios V_a e V_b podem ser estimados por qualquer método disponível de transformação (chuva x vazão). Para obter o run--off pelo método do SCS, pode-se adotar os números de curva CN naturais ou anteriores e os CN esperados após a implantação do projeto.

4.2.3 Método do Hidrograma da Fórmula Racional

Dado o uso muito difundido da fórmula racional em hidrologia, um grande número de reservatórios foi dimensionado a partir do hidrograma obtido por esse método. De acordo com a Fig. 4.10, tem-se:

$$V_s = (Q_{p,a} - Q_{p,b})t_{c,b}$$

4.2.4 Método de Baker

O método de Baker (1979) baseia-se na premissa de que o instante de máxima vazão efluente do hidrograma amortecido ocorre no cruzamento das duas hidrógrafas. Nesse caso particular do método generalizado descrito anteriormente, tem-se:

$$\frac{V_s}{V_a} = 1 - \alpha$$

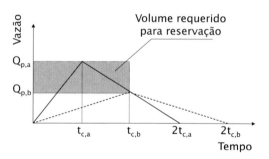

Fig. 4.10 *Método do hidrograma da fórmula racional*

A Fig. 4.11 apresenta esquematicamente a forma de obtenção de V_s, pelo método de Baker.

4.2.5 Método de Abt e GRIGG

O método de Abt e Grigg (1978) não considera as características hidráulicas da estrutura de saída do reservatório e, portanto, é indicado apenas para uma verificação inicial e preliminar (Fig. 4.12).

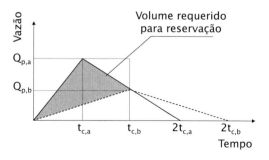

Fig. 4.11 *Método de Baker*

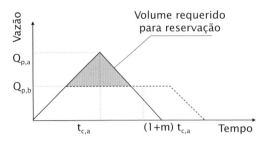

Fig. 4.12 *Método de Abt e Grigg*

Abt e Grigg mostraram que, com um hidrograma afluente triangular e um hidrograma efluente trapezoidal, com tramos de ascensão coincidentes, considerando-se unidades consistentes, tem-se:

$$V_s = \left(\frac{1+m}{2}\right) Q_{p,a} \cdot t_{c,a} (1-\alpha)^2$$

ou ainda

$$\frac{V_s}{V_a} = \left(1 - \frac{Q_e}{Q_a}\right)^2$$

onde:
Q_e – vazão máxima efluente;
Q_a – vazão máxima afluente.

4.2.6 Método de Wycoff e Singh

Wycoff e Singh (1976) desenvolveram um método simplificado para análises preliminares de pequenas bacias de detenção. A relação abaixo para a determinação de volume foi desenvolvida pela análise de regressão, com dados obtidos de estudos de modelagem hidrológica:

$$\frac{V_s}{V_a} = \frac{(1-\alpha)^{0,753}}{(T_b/t_p)^{0,411}}$$

onde:
T_b – tempo de base do hidrograma afluente;
t_b – tempo de pico do hidrograma afluente.

4.2.7 Método do SCS

O SCS desenvolveu um método aproximado para estimativas rápidas do volume de armazenamento necessário, baseado nos valores médios obtidos para os volumes de amortecimento de diversos projetos e estruturas que foram dimensionadas a partir de métodos hidráulico-hidrológicos mais completos (SCS, 1986).

A Fig. 4.14 mostra graficamente as relações obtidas para V_s/V_a em função de α. A equação correspondente é:

$$\frac{V_s}{V_a} = C_0 + C_1 + C_2 \alpha^2 + C_3 \alpha^3$$

Onde C_0, C_1, C_2 e C_3 são os coeficientes apresentados no Quadro 4.5.

Quadro 4.5 Coeficientes do método do SCS (1986)

DISTRIBUIÇÃO DE CHUVA	C_0	C_1	C_2	C_3
I ou IA	0,660	-1,760	1,960	-0,730
II ou III	0,682	-1,430	1,640	-0,804

Os tipos de distribuição de chuva I, IA, II e III referem-se às distribuições padronizadas de chuva do SCS (Fig. 4.13). O volume do deflúvio (V_a) e o pico de vazão afluente podem ser determinados pelo método do SCS.

4.2.8 Método de Akan

Numa abordagem convencional, uma bacia de detenção e sua estrutura de extravasão são dimensionadas por meio de um processo de tentativas. O hidrograma afluente é amortecido no reservatório com um volume adotado preliminarmente e as vazões efluentes são confrontadas com o critério estabelecido. Para dimensionamentos ainda preliminares, em que se deseja uma precisão maior do que a dos métodos anteriormente descritos, podem ser utilizados os gráficos desenvolvidos por Akan (1990a, 1990b).

Akan desenvolveu estudos visando obter fórmulas e ábacos de aplicação imediata para determinar o volume de reservação em função do amortecimento desejado, considerando o efeito da estrutura de controle da bacia de detenção.

Para bacias com apenas um dispositivo hidráulico de controle (orifício ou soleira), Akan

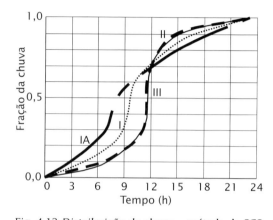

Fig. 4.13 *Distribuição de chuva – método do SCS*

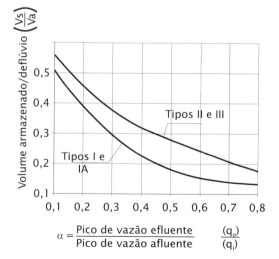

$\alpha = \dfrac{\text{Pico de vazão efluente}}{\text{Pico de vazão afluente}} \quad \dfrac{(q_o)}{(q_i)}$

Fig. 4.14 *Avaliação expedita de volume a armazenar – método do SCS*

desenvolveu ábacos onde Q^*, P e S_0 são adimensionais, definidos como:

$$Q^* = \frac{Q_p}{I_p} \qquad P = \left(\frac{K_0 a_0 \sqrt{2g}}{I_p}\right)\left(\frac{I_p \cdot t_p}{b}\right)^{0,5/c} \qquad S_0 = \frac{s_0}{I_p \cdot t_p}$$

onde:
Q_p – pico de vazão efluente;
I_p – pico de vazão afluente;
K_0 – coeficiente de vazão do orifício (adimensional);
a_0 – área da seção transversal do orifício;
g – aceleração da gravidade;
t_p – instante da ocorrência do pico da vazão afluente;
b – coeficiente da curva cota x volume do reservatório*;
c – expoente da curva cota x volume do reservatório*;
s_0 – volume armazenável abaixo da tomada d'água inicial;
* – equação da curva cota x volume do reservatório: $s = b \cdot h^c$, com h = profundidade do reservatório.

Os gráficos apresentados na Fig. 4.15 contêm as curvas das soluções para a estrutura de controle em orifício único.

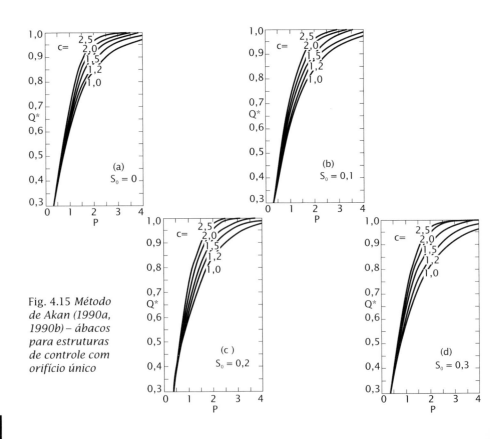

Fig. 4.15 Método de Akan (1990a, 1990b) – ábacos para estruturas de controle com orifício único

Para as bacias de detenção dotadas de extravasores com soleiras livres, Akan (1990a, 1990b) desenvolveu os gráficos apresentados na Fig. 4.16. Nesse caso, o parâmetro P é definido por:

$$P = \left(\frac{K_W L\sqrt{2g}}{I_p}\right)\left(\frac{I_p \cdot t_p}{b}\right)^{1,5/c}$$

onde:
K_W – coeficiente de vazão da soleira extravasora;
L – comprimento da crista da soleira.

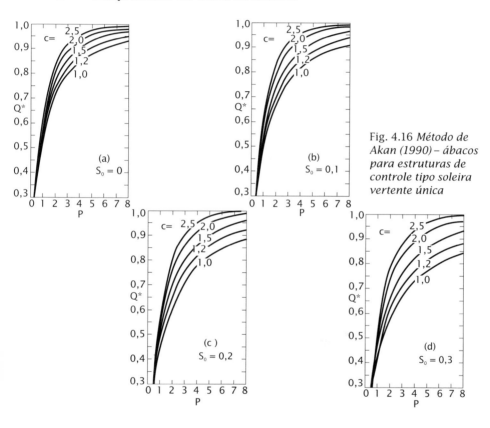

Fig. 4.16 *Método de Akan (1990) – ábacos para estruturas de controle tipo soleira vertente única*

Os ábacos acima aplicam-se igualmente para estruturas de saída perfuradas (*perforated river outlets*), sem orifício de fundo, para $h > h_s$ (ver Fig. 5.15). Para tais extravasores o parâmetro P é:

$$P = \left(\frac{2C_s A_s \sqrt{2g}}{3h_s I_p}\right)\left(\frac{I_p \cdot t_p}{b}\right)^{1,5/c}$$

onde:
C_s – coeficiente de vazão dos furos laterais;
A_s – somatória das áreas dos furos;

h_s – altura do trecho perfurado em relação ao fundo do reservatório.

As estruturas perfuradas são descritas em detalhe no item Tomada vertical perfurada (p. 162).

4.3 Pré-dimensionamento Baseado em Projetos já Implantados

Embora as variáveis hidrológicas, hidráulicas e fisiográficas da bacia, e também os riscos assumidos, sejam fundamentais no processo de definição dos volumes a reservar, é interessante o conhecimento prévio da ordem de grandeza que os volumes detidos podem assumir, tendo em vista a pesquisa de áreas disponíveis e as atividades preliminares de planejamento.

Deve-se considerar que, na implantação de bacias de detenção em áreas urbanas, nem sempre o amortecimento ótimo do ponto de vista técnico e/ou econômico é possível, por causa das inúmeras restrições existentes, como disponibilidade de área, sistemas em operação na bacia, aspectos institucionais e outros.

a) Bacias de Detenção de Melbourne (Austrália)
O levantamento realizado por Aitken e Goyen (1982) das bacias de detenção implantadas em Melbourne (Austrália) apresenta uma variedade de situações, das quais selecionaram-se as do Quadro 4.6. A cidade de Melbourne possui grande experiência na utilização de bacias de detenção, cuja implantação iniciou-se na década de 1960. Atualmente, encontram-se em operação cerca de 50 bacias de detenção.

Quadro 4.6 Características das bacias de detenção em Melbourne – Austrália

NOME	ÁREA DA BACIA DE DRENAGEM (ha)	VOLUME DO RESERVATÓRIO ($m^3 \times 10^3$)	RELAÇÃO VOLUME/ÁREA (m^3/ha)
Army Camp	631	126,0	200
Hawtorn East	93	49,3	530
Huntigdale Rd	445	82,6	186
Eley Rd	280	61,7	220
Cornwall St.	102	14,8	145
Lake Rd	245	81,4	332
Killsyth	607	216,0	356

b) Projetos na Cidade de São Paulo
O Quadro 4.7 apresenta as relações entre volumes reservados e áreas de drenagem para alguns reservatórios projetados para

a cidade de São Paulo. Os reservatórios Pacaembu, Jabaquara, Guaraú, Bananal, Aricanduva I, Limoeiro e Caguaçu. Fazem parte do sistema de controle de inundações das bacias dos córregos Pacaembu, Água Espraiada, Cabuçu de Baixo e Aricanduva, conforme exemplificado no Cap. 7.

Quadro 4.7 Bacias de detenção na cidade de São Paulo

NOME	ÁREA DA BACIA DE DRENAGEM (ha)	VOLUME DO RESERVATÓRIO (m³x10³)	$Q_{Pico\ de\ Saída}/Q_{Pico\ de\ Entrada}$ (TR = 25 ANOS)	RELAÇÃO VOLUME/ÁREA (m³/ha)
Pacaembu	222	74.000	0,28	333
Jabaquara	860	308.000	0,18	358
Bananal	1340	264.000	0,33	197
Guaraú	930	230.000	0,64	247
Caguaçu (RCA-1)	1100	323.000	0,42	293
Limoeiro (RLI-1)	870	291.000	0,10	335
Aricanduva I	475	153.000	0,10	322

4.3.1 Relações Simplificadas de Urbonas e Glidden (1982)

Urbonas e Glidden (1982), do Denver Urban Drainage and Flood Control District, realizaram um estudo sobre o desempenho de bacias de detenção em uma bacia-piloto em Denver (Colorado, EUA).

Por meio de modelagem em computador de uma bacia com área de 25 km², obtiveram relações para definir os volumes de reservação necessários para TR = 10 anos e 100 anos e as respectivas vazões efluentes máximas. Essas relações foram aferidas por registros de desempenho obtidos na bacia-piloto e generalizadas posteriormente em função da área impermeabilizada da bacia.

As relações obtidas convertidas para o S.I. foram:

- Volumes de detenção para TR = 10 e 100 anos:

$$V_{10} = 304,8 \cdot A \, (0,95\ I - 1,90)$$

$$V_{100} = 304,8 \cdot A \, (1,78\ I - 0,002\ I^2 - 3,56)$$

- Vazões efluentes máximas para TR = 10 e 100 anos:

$$Q_{10} = 1,68A$$

$$Q_{100} = 7,00A$$

onde:
A – área de drenagem (km²);
Q – vazão (m³/s);
I – área impermeabilizada da bacia (%);

V – volume (m^3).

Observa-se que a chuva de duas horas na região de Denver equivale a 47 mm para TR = 10 anos e 73 mm para TR = 100 anos (Manual Denver).

Ao utilizar essas relações simplificadas, para obter valores preliminares mais adequados aos volumes reservados, deve-se proceder à correção, pelo menos, do total precipitado. Por exemplo, na cidade de São Paulo, as chuvas de duas horas correspondem a 68 mm e 99 mm, para TR = 10 e 100 anos, portanto cerca de 45% e 36% maiores, respectivamente, do que as precipitações em Denver.

Exemplo 4.5

Para o caso da bacia do córrego do Pacaembu, com área de drenagem de 2,2 km^2 e 60% de taxa de impermeabilização, aplicando as relações de Urbonas e Glidden, têm-se os seguintes valores preliminares, para uma bacia de detenção:

$$V_{10} = 304,8 \cdot A \,(0,95\,I - 1,90) = 304,8 \cdot 2,2 \cdot 55,10 = 36.948 \; m^3$$

e

$$V_{100} = 304,8 \cdot A \,(1,78\,I - 0,002\,I^2 - 3,56) = 304,8 \cdot 2,2 \cdot 96,04 = 64.400 \; m^3$$

Procedendo-se à correção nos volumes, para a cidade de São Paulo, por causa das diferenças nas precipitações, com K_{10} = 1,45 e K_{100} = 1,36, tem-se:

$$V_{10} = 53.575 \; m^3 \quad e \quad V_{100} = 87.584 \; m^3$$

para vazões efluentes de Q_{10} = 3,70 m^3/s e Q_{100} = 15,4 m^3/s.

Os valores obtidos são consistentes com os valores de projeto (Cap. 7).

4.3.2 Comparação entre os Métodos de Dimensionamento Hidráulico – Fase de Planejamento

McCuen (1989) apresentou uma interessante análise comparativa entre os diversos métodos recomendados para a fase de planejamento.

Os métodos expostos possuem algumas diferenças quanto aos dados de entrada, que são, usualmente, os mesmos parâmetros requeridos nos métodos de estimativa de vazões de pico.

A relação V_s/Q_a e o parâmetro , já definidos, permitem uma comparação rápida dos resultados.

Para comparar os diversos métodos, é necessário partir de uma hipótese básica, que relacione o deflúvio com a vazão de pico. Desse modo, pode-se assumir que o volume de deflúvio equivale ao produto da vazão de pico pelo tempo de concentração:

$$V_a = Q_p \cdot t_c$$

Então, tem-se:

a) Método da Perda da Reservação Natural

$$\frac{V_s}{Q_a} = 1 - \frac{t_{c,b} \cdot Q_{p,b}}{t_{c,a} \cdot Q_{p,a}} = 1 - k \cdot \alpha$$

Onde k é a relação entre os tempos de concentração antes e depois da urbanização. Se $k = \gamma$, tem-se:

$$\frac{V_s}{Q_a} = 1 - \gamma \cdot \alpha$$

Como geralmente a urbanização reduz o tempo de concentração, γ é usualmente maior que 1.

b) Método da Fórmula Racional
Dividindo ambos os lados da equação por V_a, tem-se:

$$\frac{V_s}{V_a} = \frac{(Q_{p,a} \cdot Q_{p,b}) \cdot t_{c,b}}{V_a} = \frac{(Q_{p,a} \cdot Q_{p,b})}{Q_{p,a} \cdot t_{c,a}} = K\left(1 - \frac{Q_{p,b}}{Q_{p,a}}\right) = \gamma (1 - \alpha)$$

c) Método de ABT e GRIGG
Se o hidrograma afluente for triangular, com tempo de pico igual a t_c e tempo de base de $2t_c$, tem-se:

$$\frac{V_s}{V_a} = (1 - \alpha)^2$$

d) Método de Wycoff e Singh
No gráfico da Fig. 4.17 foram plotadas as relações acima, e pode-se observar as diferenças relativas à aplicação dos diferentes métodos dentro das hipóteses descritas.
Sendo $T_b = 2 t_p$, pode-se obter:

$$\frac{V_s}{V_a} = 0{,}97 \left(1 - \frac{Q_{p,b}}{Q_{p,a}}\right)^{0,753}$$

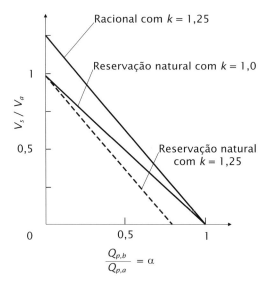

Fig. 4.17 *Comparação analítica entre os métodos expeditos – fase de planejamento (McCuen, 1989)*

Embora muitas medidas para o retardamento do escoamento possam ser utilizadas, as bacias de detenção têm sido as mais difundidas. Um reservatório desse tipo pode ser implantado mediante a construção de uma barragem e/ou pela escavação do terreno natural. Uma bacia de detenção deve sempre ter uma estrutura de controle de saída para sua operação normal e um extravasor de emergência. Estruturas múltiplas de controle também podem ser utilizadas para obter hidrogramas efluentes compatíveis com o controle requerido, de acordo com os critérios de projeto estabelecidos em cada caso.

Nas fases de planejamento, podem ser empregados os métodos simplificados já descritos, dada a natureza iterativa desse tipo de dimensionamento. Entretanto, na fase de projeto hidráulico, recomenda-se a realização de estudos detalhados, que envolvam simulações matemáticas de amortecimento de cheias (*routing*).

O problema típico tem como dados de entrada o hidrograma de projeto, as características físicas do reservatório (curva cota x área x volume, níveis d'água máximo e mínimo admissíveis) e a curva (cota x vazão) da estrutura de controle de saída e, como resultado esperado, o hidrograma das vazões efluentes, os níveis d'água atingidos na saída da bacia de detenção e o volume armazenado.

Projetos Hidráulicos

cinco

5.1 Amortecimento de Cheias em Reservatórios (*routing*)

A variação do volume armazenado em um reservatório pode ser descrita pela equação:

$$I - Q = \frac{dS}{dt}$$

onde:
- I – vazão afluente;
- Q – vazão efluente;
- S – volume.

A Fig. 5.1 ilustra um *routing* típico.

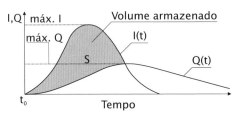

Para um intervalo de tempo Δt, a equação acima pode ser escrita na forma de diferenças finitas e rearranjada como:

$$(I_1 + I_2) + \left(\frac{2S_1}{\Delta t} - Q_1\right) = \left(\frac{2S_2}{\Delta t} + Q_2\right)$$

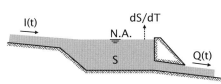

Fig. 5.1 *Amortecimento de cheias em reservatórios*

onde:
- I_1 e I_2 – vazões afluentes nos instantes 1 e 2;
- Δt – período de tempo entre 1 e 2;
- S_1 e S_2 – volumes reservados nos instantes 1 e 2;
- Q_1 e Q_2 – vazões efluentes nos instantes 1 e 2.

As incógnitas são, portanto, S_2 e Q_2, que podem ser obtidas pelas relações das curvas (cota x volume), (cota x vazão efluente), e curvas auxiliares, conforme apresentado a seguir.

a) Curva Auxiliar em Função do Volume Armazenado

Esse método consiste em um algoritmo matemático que permite pesquisar soluções no instante t, baseadas nos volumes armazenados no instante $t - 1$.

Para tanto, rearranja-se a equação de diferenças finitas, acima descrita, na forma:

$$(I_1 + I_2 - Q_1)\Delta t + 2S_1 = Q_2\Delta t + 2S_2$$

e definindo-se uma função F_t em unidades de volume, como:

$$F_t = Q_t\Delta t + 2S_t$$

tem-se o volume afluente S_1:

$$F_2 = (I_1 + I_2 - Q_1)\Delta t + 2S_2$$

Conforme mostrado na Fig. 5.2, as curvas $Q_t \times S$ e $F_t \times S$ indicam como as soluções, para cada instante, podem ser obtidas.

A solução para as duas incógnitas Q_2 e S_2 é o par de valores S e Q, cuja função F_t satisfaz

$$F_2 = Q_2 \Delta t + 2S_2 \quad \text{(solução no instante 2)}$$

Repetindo-se o processo para cada instante considerado, obtém-se o hidrograma de saída do reservatório.

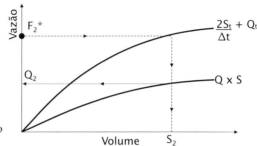

Fig. 5.2 *Solução gráfica em função do volume armazenado*

b) Curva Auxiliar em Função da Vazão Efluente

Nesse caso, a equação básica de amortecimento em diferenças finitas, apresentada acima, deve ser rearranjada como

$$\frac{2S_2}{\Delta t} + Q_2 = I_1 + I_2 + \left(\frac{2S_1}{\Delta t} - Q_1\right) - 2Q_1$$

Definindo-se a função F_t^*, em unidades de vazão, como

$$F_t^* = \frac{2S_t}{\Delta t} + Q_t$$

tem-se:

$F_2^* = I_1 + I_2 + F_1^* - 2Q_1$ (conhecidas as vazões afluente e efluente no instante 1)

e

$$F_2^* = \frac{2S_2}{\Delta t} + Q_2$$

(soluções no instante 2)

A solução, portanto, da equação rearranjada acima é o par de valores (S_2, Q_2) que satisfazem a relação F_2. A repetição desse processo permite obter o hidrograma efluente (Fig. 5.3).

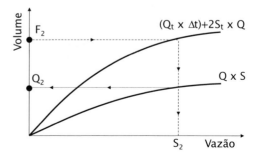

Fig. 5.3 *Solução gráfica em função da vazão efluente*

c) Formulação Matemática da Curva (cota x volume) do Reservatório
O volume dos reservatórios naturais ou artificiais pode ser representado pela expressão:
$$S = b.h^c$$
onde:
S   – volume do reservatório abaixo da altura h;
h   – altura d'água para a qual se deseja obter o volume;
b, c   – parâmetros dependentes da forma do reservatório.

A constante c é adimensional. A constante b possui a dimensão L^3. Essas constantes dependem das dimensões e da forma do reservatório. Um reservatório com paredes verticais terá $c = 1$. Se a curva (cota x volume) é dada na forma de tabela, as constantes b e c podem ser obtidas pela relação:

$$c = \frac{\sum (\log S)(\log h) - \dfrac{(\sum \log S)(\sum \log h)}{N}}{\sum (\log h)^2 - \left(\dfrac{\sum (\log h)}{N}\right)^2}$$

e

$$b = 10[\sum \log S - c(\sum \log h)]^{1/4}$$

N é o número de pares tabelados (S, h)

A área da superfície molhada do reservatório pode ser descrita pela derivada da função de volume:
$$A = c\, b\, h^{(c-1)}$$

5.2 Estruturas de Saída de Bacias de Detenção

As vazões efluentes das bacias de detenção *on-line* dependem do tipo e das dimensões da sua estrutura de controle de saída. As relações entre o NA e as vazões extravasadas podem ser obtidas mediante utilização dos parâmetros hidráulicos (como coeficientes de descarga) aplicados às relações básicas do escoamento em cada caso. Nos casos de estruturas de controle mais complexas, a determinação dos coeficientes de vazão pode necessitar do auxílio de modelo físico. Por outro lado, deve-se verificar a condição do escoamento a jusante da estrutura de controle, que pode influenciar os coeficientes de descarga. Em certos casos, a relação (cota x vazão) a jusante da estrutura de controle pode não ser biunívoca em relação à vazão descarregada, dependendo da vazão nos trechos de jusante e nos controles eventualmente existentes.

Em linhas gerais, as estruturas de controle de saída mais usuais, nas bacias de detenção do tipo *on-line*, podem ser classificadas em três grupos principais: orifícios, soleiras vertentes e as tomadas perfuradas (*perforated river outlets*), bastante difundidas nos EUA.

Dependendo das características do hidrograma efluente desejado, pode-se adotar uma combinação daquelas estruturas. Daí surgem as estruturas de controle mistas compreendendo diversos modos de extravasão (orifícios e vertedores).

Normalmente, adota-se um orifício de fundo complementado por outros orifícios localizados em cotas superiores ou por meio de vertedores de soleiras livres. Os extravasores de emergência, que devem garantir o nível d'água máximo a ser atingido na bacia de detenção, são compostos, preferencialmente, por vertedores de soleiras livres, portanto, sem controle por comportas.

Nas bacias *off-line*, a vazão sai do reservatório de duas maneiras: a) por gravidade, em um estágio inicial, até o nível d'água do reservatório atingir a cota da soleira da estrutura de entrada; b) por bombeamento, para o esvaziamento do volume armazenado abaixo da cota da soleira. Para fins de verificação das vazões efluentes a jusante, normalmente só interessa a curva de vazões no estágio inicial, dado que as vazões bombeadas são muito pequenas. Costuma-se adotar um tempo total de esvaziamento por bombeamento de 12 horas. Pode haver bacias de detenção *off-line* operando totalmente por gravidade, com controle por comportas. Nesse caso o seu esvaziamento assemelha-se ao apresentado a seguir para reservatórios *on-line*.

Extravasores Tipo Orifício

Não apenas os orifícios, mas as tubulações ou galerias curtas também podem ser incluídas nesse grupo. A vazão descarregada Q pode ser determinada pela relação:

$$Q = K_0 a_0 \sqrt{2gh}$$

onde:

K_0 – coeficiente de descarga do orifício (adimensional);

a_0 – área da seção transversal do orifício;

h – lâmina ou altura d'água, acima do eixo central do orifício (orifício livre) ou diferença de nível d'água (orifício afogado).

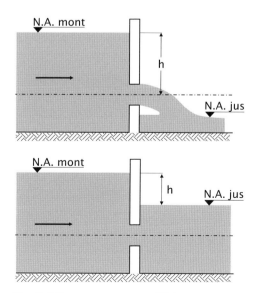

Fig. 5.4 *Escoamento em orifícios*

Essa equação é válida para $h/D > 1,2$ (D: altura do orifício). O valor típico de K_0, para orifícios com cantos vivos, é 0,6.

Essas aproximações são válidas para pequenos orifícios. Para levar em conta os escoamentos em seção parcial ao longo dos orifícios de dimensões maiores, deve-se considerar as formulações adiante apresentadas para a obtenção de curvas de vazão de galerias de fundo com controle de entrada, admitindo-se o comprimento da galeria igual a zero.

Galerias de Fundo com Controle de Entrada

Uma galeria de fundo opera com controle de entrada quando o escoamento é limitado apenas pelas características hidráulicas de seu emboque, sendo então a capacidade de vazão da galeria superior à da sua entrada. Essa condição ocorre quando o escoamento na galeria é torrencial (supercrítico), ou seja, a galeria possui declividade superior à declividade crítica. Podem ocorrer casos de controle de entrada com o afogamento da galeria por jusante, quando o ressalto hidráulico forma-se no interior da galeria, não interferindo com a tomada d'água.

A Fig. 5.5 mostra os diversos tipos possíveis de controle de entrada em galerias.

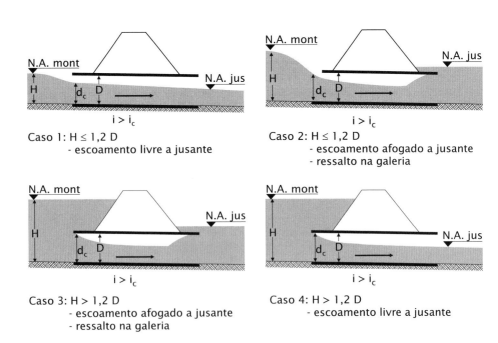

Fig. 5.5 *Galeria de fundo com controle de entrada – casos típicos*

Para determinar a lei cota x vazão de saída, de forma simplificada, em cada um desses casos, considera-se:

a) Casos 1 e 2

Ocorre o escoamento crítico à entrada da galeria de fundo, o qual, para uma seção retangular, é descrito como:

$$d_c = \sqrt[3]{q^2/g} \text{ ou } H = 1,5 \sqrt[3]{q^2/g}$$

onde:
q – vazão específica (m²/s);
g – aceleração da gravidade (m/s²).
Em termos de vazão, tem-se:

$$Q = b \cdot \sqrt{2g} \left(\frac{H}{1,5}\right)^{3/2}$$

onde:
b – largura da galeria (m);
Q – vazão (m³/s).

Para seções circulares, pode-se utilizar a fórmula aproximada a seguir para o cálculo da altura crítica (Akan e Houghtalen, 2003):

$$d_c = 1,01 \left(\frac{Q^2}{gD}\right)^{0,25}, \text{ para } 0,02D \leq d_c \leq 0,85D$$

b) Casos 3 e 4

Quando a entrada é submersa, o escoamento pode ser considerado semelhante ao do orifício, quando houver um canto vivo ou reentrância que promova o descolamento do fluxo na face superior da galeria (Fig. 5.5). Dessa forma, considerando H medido entre o nível d'água de montante e o fundo da abertura, tem-se:

$$Q = C_v \cdot b \cdot D \sqrt{2gH}$$

onde:
C_v – coeficiente de vazão (adimensional);
b – largura da entrada (m);
D – altura da entrada (m).

No Quadro 5.1 estão os valores de C_v em função de H/D (*U.S. Department of Interior – Bureau of Reclamation*, 1987).

Quadro 5.1 Valores de Cv em função de H/D

H/D	C_v
1,2	0,48
1,6	0,5
2	0,52
3	0,57
3,4	0,59

Galerias de Fundo com Controle de Saída

Quando a capacidade hidráulica da galeria ou os níveis d'água na saída são preponderantes no escoamento das vazões, diz-se que possui controle de saída.

Nessa forma de operação, pode-se ter escoamento à seção plena (afogado) ou parcialmente cheio (livre).

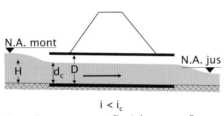

Caso 5: escoamento fluvial com seção parcialmente cheia

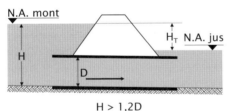

Caso 6: seção plena, descarga afogada a jusante

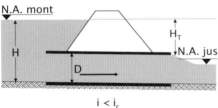

Caso 7: seção plena, descarga livre a jusante

Fig. 5.6 *Galeria de fundo com controle de saída – casos típicos*

Quando a galeria apresenta declividade de fundo inferior à crítica, o escoamento é fluvial, e pode ocorrer escoamento livre. Os escoamentos a seção plena poderão ocorrer sempre que a capacidade de vazão da galeria a escoamento livre for excedida, ocorrendo o afogamento por jusante.

Na passagem de uma onda de enchente pela bacia de detenção, à medida que o nível d'água do reservatório sobe, podem ocorrer os diversos tipos de escoamento na galeria de saída (Fig. 5.6).

a) Caso 5

No Caso 5, a lei cota x vazão pode ser obtida pelo cálculo da linha d'água no interior da galeria, considerando escoamento gradualmente variado. Para cada nível d'água de jusante e vazão, obtém-se o correspondente nível d'água de montante (reservatório). Deverão ser consideradas as perdas localizadas na tomada d'água, bem como as perdas distribuídas ao longo da galeria.

b) Casos 6 e 7
Tem-se o escoamento forçado (à pressão), e a obtenção da relação cota x vazão pode ser realizada considerando que:

$$H_T = \sum K_i \frac{V^2}{2g}$$

onde:
H_T – desnível total (m);
$\sum K_i$ – somatório dos coeficientes de perda de carga ao longo da galeria;
V – velocidade média na galeria (m/s).
Para obter a vazão, tem-se, então:
$Q = V.S.$ Logo,

$$V^2 = \frac{H_T \cdot 2g}{\sum K_i} \Rightarrow \frac{Q^2}{S^2} = \frac{H_T \cdot 2g}{\sum K_i}, \text{ portanto: } Q = \left(\frac{H_T \cdot 2g}{\sum K_i}\right)^{1/2} \cdot S$$

Coeficientes de Perda de Carga

O coeficiente de perda de carga Ki normalmente é composto pela somatória das seguintes parcelas:

$$\sum K_i = K_e + K_d + K_L + K_S$$

onde:
K_e – perda na entrada da galeria (tomada d'água);
K_d – perdas distribuídas ao longo da galeria;
K_L – perdas localizadas (curvas, transições);
K_S – perda na saída.

a) Perdas na Entrada (K_e)
A perda de carga na entrada corresponde a uma parcela da energia cinética do escoamento na seção
$h_e = K_e \frac{V^2}{2g}$ com V – velocidade média do escoamento na seção de entrada (m/s)

Os coeficientes de perda de carga dependem do tipo de entrada previsto. O Quadro 5.2 contém os coeficientes de perda relacionados às estruturas mais usuais.

Quadro 5.2 Coeficientes de perda na entrada de galerias (Asce, 1992, adaptado)

TIPO DE ESTRUTURA	ILUSTRAÇÃO	COEFICIÊNCIA DE PERDA DE ENTRADA (K_e)
Tubos de Concreto		
Chanfrado conforme aterro		0,7
Projetado do aterro, sem alas		0,5
Chanfrado com muros-ala paralelos		0,5
Com muros-ala em ângulo e cantos arredondados		0,35
Galeria Retangular		
Muros-ala paralelos com cantos vivos		0,5
Muros-ala paralelos com cantos arredondados		0,4
Muros-ala com ângulo de abertura e cantos arredondados		0,2
Tubo de Metal Corrugado		
Projetado de aterros, sem alas		0,8
Com muros-ala paralelos		0,7
Com muros-ala com ângulo		0,5

b) Perdas Distribuídas (K_d)
A perda distribuída equivale à energia potencial requerida na entrada da galeria para vencer o atrito imposto pela rugosidade das paredes. Essa perda (h_d) pode ser expressa em termos de n de Manning e da velocidade média do escoamento ao longo da galeria (item 4.1.2):

$$h_d = i \cdot L = \frac{n^2 V^2}{R_H^{4/3}} \cdot L = \frac{2g\, n^2 L}{R_H^{4/3}} \left(\frac{V^2}{2g}\right)$$

logo

$$K_d = \frac{2g\, n^2 L}{R_H^{4/3}}$$

onde:
L – comprimento da galeria (m);
R_H – raio hidráulico (m);
n – coeficiente de Manning.

Os valores de n de Manning em função do tipo de revestimento da galeria encontram-se no item 4.1.4.

c) Perdas na Saída (K_s)
Assim como a perda na entrada, a perda na saída corresponde a uma parcela da altura cinética do escoamento à saída, ou seja,

$$h_s = K_s \frac{V^2}{2g}$$

onde:
V – velocidade média do escoamento na seção de saída (m/s)
para K_s normalmente adota-se 1.

Exemplo 5.1

Dado um extravasor composto por uma galeria de fundo, de seção quadrada, de concreto com acabamento rugoso, com seção de 2 m x 2 m, entrada com muros-ala paralelos, declividade longitudinal 0,012 m/m e comprimento de 30 m; definir o regime de escoamento na galeria e o desnível montante-jusante necessário para que seja escoada a vazão de 24 m³/s. Supor a não interferência do nível d'água de jusante.

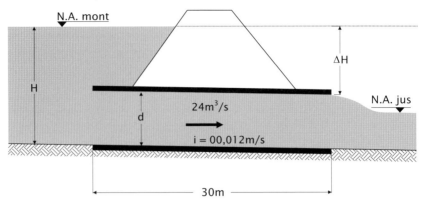

Fig. 5.7 Exemplo 5.1

Solução

a) Máxima capacidade de vazão da galeria para escoamento livre ($Q_{máx}$):
$n_{estimado}$ = 0,015 (Quadro 4.4)
i = 0,012 m/m
supondo $h_{máx}$ = 0,9 d ⇒ h = 1,80 m; logo
$\begin{cases} A_H = 2 \times 1,80 = 3,60 m^2 \\ P_H = 2 \times 1,80 + 2 = 5,60m \end{cases}$
$R_{Hmáx} = \dfrac{3,60}{5,60} = 0,64m$
$Q_{máx} = \dfrac{3,60 \times 0,64^{2/3} \times 0,012^{1/2}}{0,015} = 19,58 \ m^3/s$

Como $Q_{máx}$ < 24 m^3/s, na condição solicitada a galeria operará afogada, com controle de saída.

b) Definição do desnível necessário para escoar Q = 24 m^3/s, considerando o controle de saída:
A seção plena ⇒ A_H = 4 m^2 e R_H = 0,5 m
$H_T = K_i \dfrac{V^2}{2g}$; g = 10 m/s^2
para 24 m^3/s ⇒ $V = \dfrac{24}{4} = 6 \ m/s \therefore \dfrac{V^2}{2g} = 1,80 \ m$
$\Sigma K_i = K_e + K_d + K_S$

conforme apresentado nos itens anteriores:
$\begin{cases} K_e = 0,50 \\ K_d = \dfrac{2g \ n^2 \ L}{R_H^{4/3}} = 0,33 \\ K_S = 1 \end{cases}$

logo,

$\sum K_i = (0,50 + 0,33 + 1,00) = 1,83 \Rightarrow \Delta H = 1,83 \times 1,80 = 3,30 \text{ m}$

Respostas:
a) regime de escoamento afogado
b) desnível necessário: $\Delta H = 3,30 m$

Extravasores de Soleira Livre

A lei de descarga para estruturas de controle do tipo soleira vertente frontal (Fig. 5.8) é:

$$Q = C_v \cdot L_u \cdot \sqrt{2g} \; H^{3/2}$$

onde:

Q – vazão em m³/s;
C_v – coeficiente de vazão (adimensional);
L_u – comprimento útil da soleira (m);
H – carga total acima da soleira $h + \dfrac{V^2}{2g}$ (m);
g – aceleração da gravidade (m/s²).

Esses extravasores podem ter seções retangulares, triangulares ou trapezoidais. O mais frequente, aqui tratado, é o vertedor retangular.

O coeficiente de vazão (C_v) depende fundamentalmente do tipo da soleira, se delgada ou espessa, de acordo com a relação entre a espessura da parede e a lâmina vertente. Depende ainda da altura da soleira sobre o fundo do reservatório e das condições de aproximação nas laterais. Pode ser obtido em Chow (1973) e Usace (1973).

a) Vertedores de Soleira Delgada
   Os vertedores são denominados de soleira delgada sempre que o escoamento sobre ela não a toca ou a área de contato é pouco significativa.

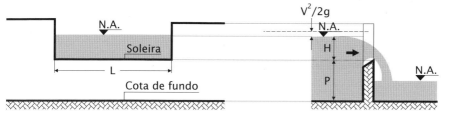

Fig. 5.8 *Soleira delgada frontal*

Os coeficientes de vazão (C_v) médios, que podem ser utilizados para esse tipo de vertedor, encontram-se no Quadro 5.3.

Quadro 5.3 Valores de coeficiente de vazão – parede delgada (U.S., 1987)

P/h	C_v
0,2	0,45
0,5	0,48
0,7	0,48
1,0	0,49
1,5	0,43
> 2,5	0,50

Quando as extremidades não forem arredondadas, o comprimento útil do vertedor pode ser estimado como: $L_u = L - 0,2h$

b) Vertedores de Soleira Espessa

Os vertedores são classificados de parede espessa quando há aderência do escoamento com o plano horizontal da soleira. Em bacias de detenção, esse tipo de vertedor é bastante frequente, tanto à entrada (Fig. 5.9) como à saída (Fig. 5.10).

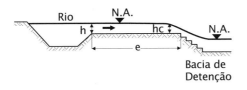

Fig. 5.9 *Vertedor de soleira espessa em entradas de bacias de detenção*

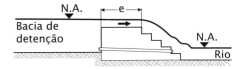

Fig. 5.10 *Vertedor de soleira espessa*

A Fig. 5.11 apresenta as características hidráulicas principais de um vertedor de soleira espessa.

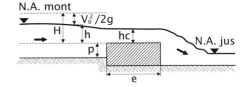

Fig. 5.11 *Características hidráulicas de um vertedor de soleira espessa*

A velocidade inicial (V_0), as relações e/h e P/h e a perda de carga na soleira, bem como a borda de ataque da soleira, com canto vivo ou arredondado, influenciam o seu coeficiente de vazão (C_v).

O nível d'água de jusante também exerce influência sobre C_v.

Pode-se demonstrar que nesse tipo de vertedor a lâmina crítica é

$$h_c = \frac{2}{3} H \text{ (Chow, 1973).}$$

Quadro 5.4 Coeficiente de vazão para soleira espessa

$\dfrac{h}{P+h}$	C_{v1} (ARESTA VIVA)	C_{v2} (ARESTA ARREDONDADA)
0,2	0,32	0,37
0,5	0,34	0,39
0,8	0,40	0,43
1,0	0,46	0,46

Quando a espessura da soleira (*e*) for maior que 2h, o vertedor é considerado de parede francamente espessa, valendo os coeficientes de vazão apresentados no Quadro 5.4, em função da altura relativa da soleira e tipo de borda (Dominguez, 1974).

Nos casos intermediários, onde ($0,3\,h < e \leq 2,0\,h$), o escoamento torna-se instável e os coeficientes de vazão são aproximados, considerando-se uma redução dos C_v dos vertedores de parede delgada para as mesmas condições de *P/h*. Esse fator de redução K está no Quadro 5.5 (Dominguez, 1974).

Quadro 5.5 Fator de redução de C_v – soleira delgada para intermediária

P/h	K
0,7	0,98
0,8	0,93
1,0	0,89
1,5	0,82
2,0	0,79

Exemplo 5.2

Uma bacia de detenção *on-line* deverá reduzir o pico do hidrograma de enchente afluente TR = 25 anos, chuva de duas horas de duração (Tab. 5.1), para 20 m³/s ≤ Q_{efl}, máx < 25 m³/s. Dado que a área disponível é de 125 m x 100 m, definir o volume útil total, considerando paredes laterais verticais do reservatório e a estrutura de controle mista, conforme indicado na Fig. 5.12, necessário para obter esse desempenho. A máxima profundidade para operação à gravidade é de 6 m.

Dados

a) Estrutura de controle mista

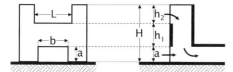

Fig. 5.12 *Estrutura do Exemplo 5.2*

b) Hidrograma Afluente
TR = 25 anos (Tab. 5.1)
Solução
Com base nos valores de a, b, h_1, h_2 e L da Tab. 5.2, chega-se às curvas cota x volume (Tab. 5.3) e cota x vazão (Tab. 5.4), para proceder ao amortecimento no reservatório.

Os valores da Tab. 5.2 e, em consequência, das Tabs. 5.3 e 5.4, foram obtidos de um processo iterativo, do qual resultaram os valores de a, b, h_1, h_2 e L, necessários para obter a vazão máxima efluente.

Tab. 5.1 Hidrograma afluente TR = 25 anos

TEMPO (h)	Q_{af} (m³/s)
0,2	0,000
0,4	0,000
0,6	0,000
0,8	0,155
1	3,975
1,2	24,032
1,4	44,539
1,6	40,125
1,8	27,610
2	17,640
2,2	11,129
2,4	6,230
2,6	3,110
2,8	1,523
3	0,729
3,2	0,293
3,4	0,115
3,6	0,044
3,8	0,015
4	0,003

Tab. 5.2 Dimensões estimadas

DIMENSÕES	(m)
b	1,65
a	1,30
h1	2,50
h2	3,20
H	7,00
L	4,00

Tab. 5.3 Curva cota x volume

h (m)	VOLUME (m³)
0	0
1	12.500
2	25.000
3	37.500
4	50.000
5	62.500
6	75.000
7	87.500

Ao aplicar o algoritmo de *routing* (item 5.1) nos dados das tabelas acima, obtém-se o hidrograma efluente, cujo pico de vazão atende ao critério estabelecido.

Portanto, com os resultados dessa solução, dentre as diversas possíveis, mas que atende aos requisitos do problema, obtém-se o hidrograma efluente. A Tab. 5.5 apresenta o hidrograma efluente e os níveis d'água no reservatório, indicando que o volume máximo

Tab. 5.4 Curva cota x vazão

ORIFÍCIO		VERTEDOR		TOTAL	
h (m)	$Q_{orifício}$ (m³/s)	h (m)	$Q_{vertedor}$ (m³/s)	h (m)	Q_{misto} (m³/s)
0,00	0,000	0,00	0,000	0,00	0,000
0,50	1,096	0,50	0,000	0,50	1,096
1,00	3,101	1,00	0,000	1,00	3,101
1,50	5,256	1,50	0,000	1,50	5,256
2,00	6,624	2,00	0,000	2,00	6,624
2,50	7,754	2,50	0,000	2,50	7,754
3,00	8,739	3,00	0,000	3,00	8,739
3,50	9,624	3,50	0,000	3,50	9,624
4,00	10,434	4,00	0,694	4,00	11,128
4,50	11,186	4,50	4,486	4,50	15,671
5,00	11,890	5,00	9,940	5,00	21,830
5,50	12,554	5,50	16,545	5,50	29,100
6,00	13,186	6,00	24,040	6,00	37,225
6,50	13,788	6,50	32,252	6,50	46,040
7,00	14,365	7,00	41,056	7,00	55,421

Tab. 5.5 Hidrograma efluente e níveis d'água no reservatório

TEMPO (h)	Q_{ef} (m³/s)	NÍVEL D'ÁGUA*
0,2	0,000	0,0
0,4	0,000	0,0
0,6	0,000	0,0
0,8	0,004	0,0
1,0	0,133	0,1
1,2	2,135	0,8
1,4	7,814	2,5
1,6	14,959	4,4
1,8	24,538	5,2
2,0	23,034	5,1
2,2	18,189	4,7
2,4	13,630	4,3
2,6	10,567	3,9
2,8	9,499	3,4
3,0	8,676	3,0
3,2	7,797	2,5
3,4	6,881	2,1
3,6	5,962	1,7
3,8	4,997	1,4
4,0	3,949	1,2
4,2	2,986	1,0
4,4	2,324	0,8
4,6	1,839	0,7
4,8	1,488	0,6
5,0	1,204	0,5
5,2	1,000	0,5
5,4	0,850	0,4
5,6	0,722	0,4
5,8	0,613	0,3

* Obs.: Nível de referência 0,00 m

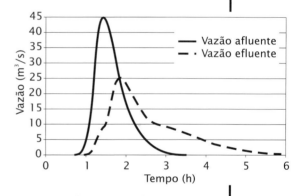

Fig. 5.13 *Hidrogramas afluente e efluente*

atingido é de 65.000 m³, na cota referente à profundidade de 5,2 m. Isso indica que o reservatório deve ter altura útil de, no mínimo, 5,2 m.

Exemplo 5.3

Um reservatório com N.A._mont = 220 m verte sobre uma soleira com aresta viva à cota 218 m, de espessura e = 10 m, altura de 2 m e largura de 4 m. Sendo a velocidade de aproximação nula, estime a vazão vertida nessas condições.

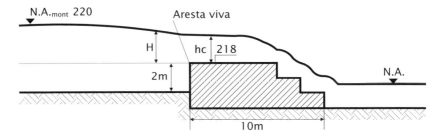

Fig. 5.14 *Exemplo 5.3*

Solução

Como $V_0 = 0 \Rightarrow H = h \Rightarrow (220 - 218) = 2$ m

$h_c = \dfrac{2}{3} H \Rightarrow h_c = 1,33$ m

$\dfrac{e}{h} = \dfrac{10}{2} = 5 \Rightarrow$ soleira espessa (e > 2h; ver p. 159)

logo, pelo Quadro 5.4, tem-se:

$\dfrac{h}{P+h} = \dfrac{2}{2+2} = 0,5 \Rightarrow C_{vl} = 0,34$, logo

$Q = C_{vl} \cdot L \cdot \sqrt{2g} \, H^{3/2}$, logo

$Q = 0,34 \cdot 4 \sqrt{19,62} \cdot (2)^{3/2} = 17,04$ m³/s

Tomada Vertical Perfurada (*Perforated River Outlet*)

O esquema da Fig. 5.15 apresenta as características principais de uma tomada d'água vertical perfurada. Essas estruturas são muito comuns em bacias de detenção nos EUA e, por sua simplicidade, podem ser utilizadas em casos específicos.

A Foto 5.1 mostra dois exemplos existentes na cidade de Los Angeles. Essa tomada é constituída normalmente por um tubo perfurado com espaçamento uniforme entre as aberturas. Quando necessário, pode-se instalar um orifício de controle no fundo do tubo para restringir a capacidade de escoamento. Estudos experimentais de McEnroe et al. (1988) mostraram que essa estrutura, sem orifício de fundo, possui uma lei de descarga do tipo:

$$Q = C_s \frac{2A_s}{3h_s} \sqrt{2g} \ h^{3/2} = (Q \text{ em } m^3/s)$$

onde:
C_s – coeficiente dos furos laterais (adimensional)
A_s – área total dos furos (m²)
h_s – altura do trecho perfurado (m)

McEnroe estipulou, com base nos experimentos, o valor de $C_s = 0,611$. A equação acima só é válida para $h < h_s$.

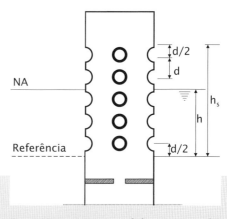

Fig. 5.15 *Esquema geral de uma tomada vertical perfurada*

Foto 5.1 *Tomadas verticais perfuradas*

5.3 Estruturas de Entrada do Tipo Vertedores Laterais

Um dos extravasores mais utilizados como estrutura de entrada das bacias de detenção é o tipo vertedor lateral. O vertedor lateral é uma abertura no canal, ou na galeria de macrodrenagem, da qual se pretende aliviar os picos de vazão por intermédio da derivação do escoamento para uma bacia de detenção (Fig. 5.16).

Pelos esquemas apresentados, nota-se que $Q_0 = Q_a + Q_e$; onde Q_0 é a vazão proveniente do canal, Q_a a vazão desviada pelo vertedor lateral e Q_e a vazão remanescente no canal.

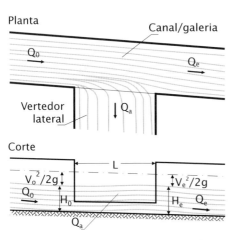

Fig. 5.16 *Esquema geral de um vertedouro lateral*

Na literatura constam algumas fórmulas práticas para a estimativa da vazão descarregada por um vertedor lateral, em função da carga e do seu comprimento L, mas é importante conhecer mais sobre o funcionamento hidráulico de estruturas desse tipo.

Três aspectos são importantes no dimensionamento hidráulico de um vertedor lateral: (1) perturbações do escoamento nas extremidades do vertedor; (2) vazão específica da soleira, ou o seu coeficiente de descarga; e (3) o regime hidráulico do canal que determinará as variações das cargas a montante da soleira.

O primeiro fator diz respeito à redução do comprimento útil da soleira, em função do deslocamento do fluxo na extremidade de montante da soleira e o choque na parede de jusante. Para comprimentos de soleira $L < 5h$, onde h é a carga sobre o vertedor, pode-se admitir $L_{útil} = L - 0,2h$. A vazão é determinada considerando:

$$Q = m\sqrt{2g}/h^{3/2} L_{útil}$$

Quanto ao coeficiente de descarga (*m*), em uma primeira aproximação, utilizam-se os valores do Quadro 5.6. Quando o regime é fluvial, adota-se a carga no canal, na seção de jusante da estrutura; quando é torrencial, a carga na seção de montante.

Admitindo-se como linear a variação longitudinal da carga hx sobre o vertedor lateral, em função de um ponto x a partir do início do vertedor, as características da linha d'água são mostradas para regime fluvial do canal (Fig. 5.17, Caso A) e para regime torrencial (Fig. 5.17, Caso B).

Quadro 5.6 Vertedor lateral – Coeficientes de vazão para estimativas preliminares (Dominguez, 1974)

CARGAS (m)	COEFICIENTE DE VAZÃO m		
	Parede delgada	Parede espessa arredondada	Parede espessa com aresta viva
0,10	0,370	0,315	0,270
0,15	0,360	0,320	0,270
0,20	0,355	0,320	0,273
0,30	0,350	0,325	0,275
0,50	0,350	0,325	0,276
0,70	0,350	0,330	0,280

As Fotos 5.2, 5.3 e 5.4 ilustram casos de vertedor lateral.

No Caso A, o valor de h(x) é:

$$h_x = h_0 + \frac{h_1 - h_0}{L} x$$

No Caso B,

$$h_x = h_0 - \frac{h_0 - h_1}{L} x$$

As vazões específicas q_a e q_b nos casos A e B podem ser determinadas por:

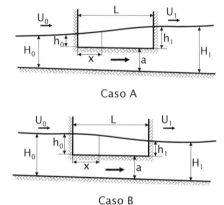

Fig. 5.17 Esquema de linhas d'água para vertedores laterais em regimes fluvial (A) e torrencial (B)

$$q_a \, dx = m \sqrt{2g} \left(h_0 + \frac{h_1 - h_0}{L} x \right)^{3/2} dx$$

e

$$q_b \, dx = m \sqrt{2g} \left(h_0 - \frac{h_0 - h_1}{L} x \right)^{3/2} dx$$

Logo, as vazões totais descarregadas pelo vertedor serão:

$$Q_a = \sqrt{2g} \int_0^L m \left(h_0 + \frac{h_1 - h_0}{L} x \right)^{3/2} dx$$

e

$$Q_b = \sqrt{2g} \int_0^L m \left(h_0 - \frac{h_0 - h_1}{L} x \right)^{3/2} dx$$

que podem ser resolvidas como:

$$Q_a = mL \sqrt{2g} \, \frac{2}{5} \, \frac{h_1^{5/2} - h_0^{5/2}}{h_0 - h_1}$$

e

$$Q_b = mL \sqrt{2g} \, \frac{2}{5} \, \frac{h_0^{5/2} - h_1^{5/2}}{h_1 - h_0}$$

Foto 5.2 *Vertedor lateral (Denver –1999) - parede delgada*

Foto 5.3 *Exemplo de vertedor lateral com soleira delgada – reservatório TM-2/TM-3 – Ribeirão dos Meninos –São Paulo/SP -- DAEE (Projeto: Hidrostudio Engenharia)*

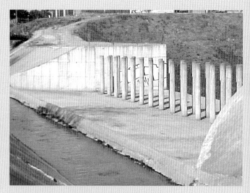

Foto. 5.4 *Exemplo de vertedor lateral com soleira espessa – reservatório Rincão – córrego Rincão – São Paulo/SP – DAEE (Projeto: Hidrostudio Engenharia)*

ou $K = \dfrac{h_0}{h_1}$ (K_a ou K_b, conforme o caso), tem-se:

$$Q_a = \frac{2}{5}\left[\frac{1 - K_a^{5/2}}{1 - K_a}mLh_1\sqrt{2gh_1}\right]$$

e

$$Q_b = \frac{2}{5}\left[\frac{K_b^{5/2} - 1}{K_b^{3/2}(K_b - 1)}mLh_0\sqrt{2gh_0}\right]$$

Considerando

$$\varphi_1 = \frac{2}{5}\left[\frac{1 - K_a^{5/2}}{1 - K_a}\right] \quad \text{e} \quad \varphi_2 = \frac{2}{5}\left[\frac{K_b^{5/2} - 1}{K_b^{3/2}(K_b - 1)}\right]$$

as equações podem ser reescritas como:

$$Q_a = \varphi_1\, mLh_1\sqrt{2gh_1} \quad \text{e} \quad Q_b = \varphi_2\, mLh_0\sqrt{2gh_0}$$

Os tirantes h_0 e h_1 podem ser definidos por meio do regime do escoamento e da determinação das linhas d'água no canal.

Note-se que $K_a \leq 1,0$ em φ_1; e $K_b \leq 1,0$ em φ_2; e os valores do coeficiente φ são os mesmos quando K_a e K_b são inversos (Quadro 5.7).

Experiências realizadas confirmam esse coeficiente, especialmente para os regimes fluviais (Dominguez, 1974).

Quadro 5.7 Coeficientes φ_1 e φ_2 (Dominguez, 1974)

K_a	K_b	φ_1 e φ_2
0,00	∞	0,400
0,05	20,00	0,417
0,10	10,00	0,443
0,20	5,00	0,491
0,30	3,33	0,543
0,40	2,50	0,598
0,50	2,00	0,659
0,60	1,67	0,722
0,70	1,43	0,784
0,80	1,25	0,856
0,90	1,11	0,924
1,00	1,00	1,000

Exemplo 5.4

Apresenta-se, a seguir, a simulação do funcionamento de um vertedor lateral num canal de seção retangular de 10 m de base, declividade de 0,25% e coeficiente de rugosidade de Manning com 0,030. O vertimento ocorre para um reservatório com curva cota x volume (Tab. 5.6), admitindo-se que o nível d'água inicial está na cota 502 m. O comprimento da soleira do vertedor lateral é de 10 m, na cota 502 m, e seu coeficiente de descarga (m) tem 0,35. A seção de controle a jusante do vertedor está na cota de fundo 500 m, a 20 m do vertedor, a curva cota x vazão dessa estrutura é apresentada na Tab. 5.7. O hidrograma de cheia no canal é apresentado na Tab. 5.8.

A simulação do funcionamento do vertedor lateral foi feita com o modelo de cálculo Vertlat, desenvolvido pela Hidrostudio Engenharia. As figuras apresentadas a seguir mostram as telas de entrada e saída de dados do modelo. Os dados de entrada são inseridos através da tela de entrada de dados (Fig. 5.18), o hidrograma de cheia no canal, a curva cota x vazão na seção de controle a jusante do vertedor e a curva cota x volume do reservatório são inseridos como arquivos do tipo texto, com extensão *.HDG, *.VAZ e *.VOL, respectivamente.

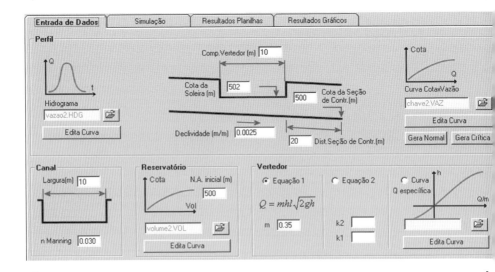

Fig. 5.18 *Tela de entrada dos dados do modelo Vertlat – exemplo 5.4*

Tab. 5.6 Dados de entrada - curva cota x volume do reservatório

COTA X VOLUME (reservatório)	
N.A. (m)	Volume (m³)
495,00	16.200
495,50	19.000
496,00	21.800
496,50	26.200
497,00	29.700
497,50	34.800
498,00	39.200
498,50	45.000
499,00	50.100
499,50	56.000
500,00	63.300
500,50	70.200
501,00	77.200
501,50	84.800
502,00	92.500
502,50	100.900
503,00	109.299
503,50	118.400
504,00	127.500
504,50	137.500
505,00	147.200
505,50	157.800
506,00	168.499
506,50	177.299
507,00	191.200
507,50	203.400
508,00	215.500
508,50	228.499
509,00	241.500
509,50	255.200
510,00	268.999

Tab. 5.7 Dados de entrada – curva cota x vazão na seção de controle a jusante do vertedor lateral

COTA X VAZÃO (seção de controle a jusante do vertedor)	
N.A. (m)	Vazão (m³/s)
500,00	0,00
500,44	1,93
500,69	3,85
500,91	5,78
501,10	7,70
501,29	9,63
501,46	11,55
501,63	13,48
501,80	15,40
501,95	17,33
502,11	19,25
502,27	21,18
502,42	23,10
502,57	25,03
502,71	26,95
502,86	28,88
503,00	30,81
503,15	32,73
503,29	34,66
503,43	36,58
503,57	38,51
503,71	40,43
503,85	42,36
503,99	44,28
504,13	46,21
504,26	48,13
504,40	50,06
504,54	51,98
504,67	53,91
504,81	55,83
504,94	57,76

Tab. 5.8 Dados de entrada – hidrograma de cheia no canal

HIDROGRAMA (canal)	
Tempo (h)	Volume (m³/s)
0,0	0,00
0,2	0,00
0,4	0,67
0,6	9,07
0,8	29,01
1,0	48,62
1,2	56,96
1,4	57,76
1,6	45,98
1,8	30,57
2,0	18,16
2,2	10,06
2,4	4,96
2,6	2,34
2,8	1,05
3,0	0,46
3,2	0,17
3,4	0,05
3,6	0,01
3,8	0,00

Resultados: a Fig. 5.19 mostra a variação das vazões durante a passagem da cheia. O hidrograma com o pico mais alto ($Q_{entrada}$) é o de cheia no canal. O hidrograma no vertedor lateral ($Q_{vertedor}$) é mostrado na curva de pico menor, e a vazão na seção de controle ($Q_{seç.ctrl.}$) é representada pela curva de pico intermediário, amortecida pelo escoamento do vertedor lateral. As vazões negativas no vertedor lateral significam refluxo da água do reservatório, quando seu nível fica acima do nível d'água no canal.

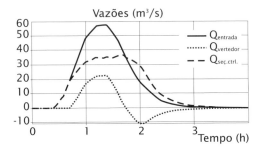

Fig. 5.19 *Tela de saída de resultados do Vertlat – hidrogramas de entrada, no vertedor lateral e na seção de controle – exemplo 5.4*

Na Fig. 5.20 mostra-se um instante do processamento, que é o instante de vazão máxima pelo vertedor lateral, conforme se verifica no gráfico das vazões (gráfico menor à direita da tela).

O escoamento se dá da esquerda para a direita da tela, em regime fluvial.

Um resumo dos resultados é apresentado na Tab. 5.9, com os valores máximos das vazões e nível d'água na seção de controle a jusante. Para efeito comparativo, são também mostrados os valores que seriam encontrados caso não houvesse o vertedor lateral, para verificar a sua influência no amortecimento da onda de cheia.

Além do volume d'água retido no reservatório durante a passagem da enchente, observa-se que o vertedor lateral, no exemplo anterior, previne uma elevação adicional do N.A. no canal de 1,50 m.

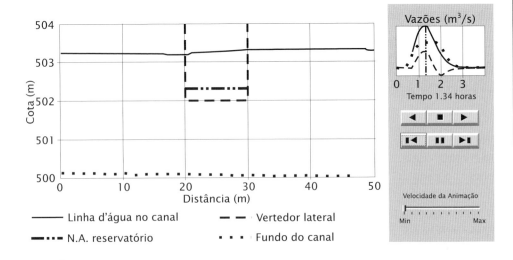

Fig. 5.20 *Linha d'água no canal e nível no reservatório – exemplo 5.4*

Tab. 5.9 Resultados comparativos das vazões com e sem o vertedor lateral

	$Q_{entrada}$		$Q_{vertedor}$		$Q_{seção\ de\ controle}$		$N.A._{seção\ de\ controle}$	
	(m³/s)		(m³/s)		(m³/s)		(m)	
	Com vertedor	Sem vertedor	Com vertedor	Sem vertedor	Com vertedor	Sem vertedor	Com vertedor	Sem vertedor
Valor máximo	57,76	57,76	22,55	0,00	36,71	57,76	503,44	504,94
Instante (h)	1,40	1,40	1,34	0,00	1,66	1,40	1,66	1,40

5.4 Operação e Manutenção – Considerações de Projeto

Economia e facilidade para os serviços de operação e manutenção devem ser preocupações do projetista desde a fase de planejamento das bacias de detenção, pois desses serviços depende o desempenho geral da obra, bem como a sua vida útil.

Os critérios de projeto das obras devem ter como objetivos principais (ASCE, 1992): garantir o funcionamento hidráulico e a integridade física das estruturas por toda a vida útil da obra; evitar a infestação por insetos; garantir a segurança e o conforto dos visitantes, especialmente das crianças; preservar o aspecto visual agradável; e permitir a utilização múltipla, incluindo as atividades de lazer e recreação.

Na elaboração do projeto e/ou dos manuais de operação e manutenção, devem ser considerados os seguintes aspectos:

a) Se o período de detenção for longo, especialmente se for liberado o acesso de crianças às vizinhanças do reservatório, é conveniente a instalação de alambrados em todo o perímetro da bacia de detenção.
b) Se o reservatório for escavado lateralmente a vias de tráfego e em cota bastante inferior às pistas, deve-se instalar *guard-rails* ou barreiras tipo "New Jersey".
c) Devem ser previstos acessos permanentes ao fundo do reservatório, especialmente às estruturas de entrada e saída, normalmente por meio de rampas projetadas para o tráfego de caminhões pesados e escavadeiras.
d) Os requisitos estéticos ou paisagísticos são de grande importância e devem ser estabelecidos e cumpridos com rigor.
e) Bacias de detenção com espelho d'água permanente devem ter dispositivos de drenagem completa, para a remoção dos sedimentos.

f) Nas bacias projetadas para múltiplos usos, é recomendada a introdução de patamares, de forma que as áreas destinadas à recreação sejam inundadas somente em eventos de menor frequência. Um critério adotado nos reservatórios das bacias do Cabuçu de Baixo, Aricanduva e Água Espraiada, na cidade de São Paulo, foi proibir o acesso a um patamar inferior, que comporte os volumes de deflúvio para TR = 2 anos. As áreas destinadas a lazer foram posicionadas em cotas inundáveis para TR ³ 5 anos.
g) Caso se planejem somente áreas planas para recreação, devem ser previstos sistemas de drenagem subsuperficiais, compatíveis com o tipo de solo existente no local.
h) Reservatórios subterrâneos ou túneis-reservatórios devem prever acessos para limpeza mecanizada e sistemas de ventilação e iluminação.
i) As bacias de detenção devem comportar um adequado volume de espera para sedimentos, para reduzir a periodicidade de limpeza.

Foto 5.5a *Reservatório AR-III – vista geral da entrada e estrutura de retenção de sedimentos (projeto Themag Engenharia)*

j) Os reservatórios com água permanente devem restringir lâminas d'água, de modo a prevenir a proliferação de plantas aquáticas. Não são recomendadas profundidades menores que 1 m.
k) As grades e cercas próximas das estruturas de saída podem prejudicar sua operação hidráulica pelo tamponamento ou obstrução com detritos. O projetista deve avaliar convenientemente esses aspectos e, quando possível, optar por outras soluções, como a inserção de taludes íngremes e/ou de áreas isoladas por vegetação nesses locais.
l) De preferência, as estruturas de saída, notadamente os extravasores de emergência, devem prescindir de dispositivos móveis ou controlados. Devem ser evitadas comportas, operadas elétrica ou manualmente.

As Fotos 5.5 e 5.6 ilustram o acúmulo de detritos nas estruturas de retenção de sedimentos dos reservatórios, para dois tipos de solução dessas estruturas.

Foto 5.5b *Reservatório AR-III – bacia do rio Aricanduva – estrutura de retenção de sedimentos*

Foto 5.6 *Grades entupidas – reservatório Bananal – bacia do rio Cabuçu de Baixo*

A definição de obras de drenagem urbana, convencionais ou não, deve envolver necessariamente um amplo estudo comparativo das alternativas possíveis.

Nas análises comparativas para a seleção da alternativa mais adequada, devem-se considerar, além dos aspectos quantificáveis economicamente, os demais aspectos envolvidos na questão, principalmente de ordem ambiental, político-institucional e operacional.

Necessariamente a escolha por uma alternativa não deve ser realizada somente com base na supressão dos danos, mas também com a maximização dos danos intangíveis que serão alcançados pela alternativa em questão.

As estruturas de drenagem alternativas, como as apresentadas neste livro, normalmente envolvem aspectos de operação e manutenção de natureza mais complexa. Sistemas de bombeamento, bacias de detenção e *pôlderes*, por exemplo, exigem maior cuidado operacional e manutenção mais rigorosa.

As medidas que preveem a detenção dos escoamentos podem trazer benefícios adicionais àqueles normalmente considerados, ou diretamente relacionados ao controle de enchentes, tendo em vista que se pode associá-las a objetivos como a implantação de áreas de lazer, a recarga de aquíferos e a melhoria de qualidade das águas coletadas. Por outro lado, suas características inovadoras em relação às soluções usuais de canalização podem trazer reações contrárias por parte da comunidade, com eventuais entraves institucionais à sua aplicação. Nesse caso, o correto encaminhamento e um adequado fluxo de informações a partir de um programa de comunicação social devem ser incluídos na fase inicial de concepção do projeto.

Análise das Alternativas e Viabilidade Econômica

seis

As soluções não convencionais normalmente são indicadas para resolver os problemas de inundações em prazos mais curtos, ou reduzir as interferências na infraestrutura existente, notadamente em relação ao sistema viário dos grandes centros urbanos.

Soluções combinadas, como por exemplo detenção mais canalização, também podem ser interessantes, dependendo das condições de contorno existentes.

Os aspectos de confiabilidade, flexibilidade e funcionalidade de cada solução também merecem destaque, quando da análise das alternativas possíveis. A confiabilidade diz respeito ao desempenho esperado da solução proposta, com relação a possíveis falhas de operação e/ou manutenção, como a sobrecarga das estruturas (vazões afluentes acima da adotada no projeto), resistência a fatores externos (vandalismo) e outros. A flexibilidade refere-se à adaptabilidade, à possível necessidade de ampliação de capacidade ou mesmo de alteração em alguma característica fundamental do sistema de drenagem. A possibilidade de construção por etapas, ou ainda de ampliação gradual da capacidade acompanhando a expansão urbana, em alguns casos, pode ser imperativa no processo de seleção de alternativas.

A funcionalidade relaciona-se à praticidade que a solução apresenta, principalmente as relativas à construção, operação e manutenção.

6.1 Avaliação Econômica das Alternativas
6.1.1 Custos

De modo geral, o custo de um sistema de drenagem urbana compreende três parcelas: investimento, operação e manutenção e riscos.

Os custos de investimento incluem os desembolsos necessários para os estudos, projetos, levantamentos, construção, desapropriações e indenizações. Referem-se, portanto, à implantação da obra.

Os custos de operação e manutenção abrangem as despesas de mão de obra, equipamentos, combustíveis e outras, relativas à execução dos reparos, limpezas, inspeções e revisões necessárias durante a vida útil da estrutura.

O custo de riscos é um conceito útil para comparar soluções com diferentes graus de atendimento. No caso de drenagem urbana, as soluções atendem a diferentes períodos de retorno da precipitação de projeto. Os valores correspondem aos danos não evitados, ou seja, aos danos residuais relativos a cada período de retorno atendido. Pode ser medido tanto pela estimativa dos danos, como pelos custos de recuperação da área afetada.

De forma geral, os custos associados a cada alternativa podem ser considerados diretos ou indiretos, conforme estejam ligados de modo direto à obra, ou sejam resultantes da concretização da obra (fases construtiva e de operação). A sua quantificação deve envolver os aspectos a seguir, sem se limitar a eles.

a) Custos Diretos: envolvem obras civis, equipamentos elétricos e mecânicos, relocação das interferências, desapropriações, manutenção e operação. São diretamente alocáveis às obras, de quantificação simples, com base na elaboração de um projeto detalhado e no cadastro pormenorizado das redes de infraestrutura existentes (gás, eletricidade, telefone, água, esgoto) que serão afetadas pelas obras. Os custos de manutenção podem ser estimados mediante previsão da periodicidade e equipes e/ou equipamentos necessários para a realização desses serviços.

b) Custos Indiretos: são relativos à interrupção de tráfego, aos prejuízos ao comércio, às adequações necessárias, ou aos danos não evitados no sistema de drenagem a jusante no período construtivo e durante a vida útil da obra. Dessa maneira é possível ressaltar os benefícios inerentes às alternativas que envolvam menores prazos de construção e/ou que causam menores interferências com o sistema existente. A quantificação dos custos das obras de adequação hidráulica da canalização a jusante pode tornar-se complexa, especialmente para bacias de drenagem de grandes dimensões. Entretanto, a verificação da sua necessidade e a quantificação dos custos envolvidos, mesmo em caráter preliminar, possibilitam uma considerável contribuição na escolha da solução mais indicada.

Para a determinação preliminar dos custos das obras e equipamentos, utilizam-se tabelas de custos unitários de obras e serviços especializados de engenharia, como a Tabela de Custos Unitários da Secretaria de Infraestrutura Urbana do Município de São Paulo, publicada periodicamente no Diário Oficial do Município. Essa tabela abrange todos os serviços relativos a obras de drenagem, cujo gerenciamento, na cidade de São Paulo, cabe a essa Secretaria.

Apresentam-se no Quadro 6.1 os custos unitários médios de alguns itens de material e serviços relativos a obras de drenagem urbana, que podem ser utilizados nas fases preliminares de planejamento e na comparação de alternativas.

Os custos unitários indicados abrangem material, mão de obra, leis sociais, impostos, BDI do empreiteiro e despesas com instalação e manutenção do canteiro de obras.

Quadro 6.1 Estimativa dos custos unitários médios

SERVIÇO	UNIDADE	CUSTO UNITÁRIO ESTIMATIVO - R$ (jan/2014)
Escavação mecânica para fundações e valas	m³	12,35
Escavação mecânica de córrego	m³	6,15
Carga e remoção de terra, até a distância média de ida e volta de 20 km	m³	42,10
Fornecimento de terra incluindo carga, escavação e transporte, até distância média de ida e volta de 20 km	m³	50,80
Compactação de terra, medida no aterro	m³	10,30
Demolição de pavimento asfáltico, inclusive capa, inclui carga no caminhão	m²	17,90
Pavimentação (inclui preparo da caixa, imprimações betuminosas ligante e impermeabilizante, revestimento asfáltico e base de brita graduada)	m²	72,50
Fornecimento e assentamento de paralelepípedos	m²	57,00
Fornecimento e assentamento de tubos de concreto armado tipo CA-2, diâmetro 60cm / diâmetro 100 cm / diâmetro 120 cm	m	170,00/402,50/ 633,50
Boca de lobo simples / boca de lobo dupla	un	1.586,25/2.804,00
Poço de visita, inclui tampão	un	4.420,00
Escoramento para galerias moldadas, inclui perfis metálicos, com reaproveitamento / sem reaproveitamento	m²	297,00/591,50
Concreto armado moldado in loco - fck = 20 MPA (inclui formas e armaduras)	m³	1.143,60
Fornecimento e colocação de gabião, tipo caixa, h = 1 m	m³	483,30
Parede diafragma (e = 0,50m), incluindo concreto e armadura	m²	1.580,00

6.1.2 Benefícios

A quantificação dos benefícios decorrentes da implantação de uma obra de drenagem urbana talvez seja a atividade mais complexa do seu planejamento, porque a tangibilidade dos benefícios é restrita. Deve-se entender que os benefícios serão os danos evitados com a implantação do projeto.

Um dos enfoques mais adotados na estimativa dos benefícios é admitir que correspondam aos dos danos evitados a bens e propriedades, atrasos nas viagens, prejuízos na atividade econômica, entre outros. Os benefícios decorrentes da redução nos índices de doenças e mortalidade, melhoria nas condições de vida e impactos na paisagem são de quantificação bem mais difícil, porém não menos importante.

Uma das comprovações práticas dessa dificuldade é que inúmeros projetos de canalização executados no Brasil, sendo a cidade de São Paulo um exemplo típico, foram viabilizados economicamente tão somente pela construção conjunta de um sistema viário associado. Diversos projetos, sem a conjugação com artérias viárias, não obtiveram financiamento por parte de organismos internacionais, como BID ou Bird. A bacia do córrego Tremembé em São Paulo, com inúmeras áreas que sofrem inundações frequentes, é um exemplo marcante do reflexo dessa política. Como as obras viárias associadas não foram aprovadas pelos órgãos licenciadores ambientais, a canalização não pôde ser realizada de forma independente, por falta de financiamento. Caso se tivessem incluído os benefícios decorrentes da redução nos índices de doenças e mortalidade, melhoria nas condições de vida e impactos na paisagem, por exemplo, quiçá esse projeto poderia ter recebido a dotação dos organismos financiadores e consequentemente ter sido viabilizado.

Segundo Barth (1997) e James e Lee (1971), os danos decorrentes das inundações podem ser classificados em (1) diretos: são as perdas de bens e serviços que podem ocorrer como consequência do contato direto com a inundação. Sua avaliação é feita pelo custo de reposição, reparo e recuperação da área atingida. São estimados a partir de dados históricos levantados na área inundada em estudo ou, mais expeditamente, por meio de fórmulas empíricas definidas para situações de inundação similares; e (2) indiretos: ocorrem na área inundada ou por ela influenciada, sem o contato direto com a inundação, como, por exemplo, na paralisação de atividades econômicas e de serviços públicos, na perda de horas de trabalho daqueles que residem na área, no custo adicional de transporte para circundar áreas inundadas, nos gastos com atendimento de emergência a desabrigados etc. São quase sempre estimados como uma fração do dano direto de mesma natureza, pelos percentuais definidos com base em levantamentos realizados em vários episódios de inundação pesquisados.

A simples desconfiança da ocorrência de uma inundação catastrófica numa área pode causar danos à população, na medida em que muitos investimentos podem deixar de ser feitos por causa dos riscos envolvidos. Essa incerteza faz com que as atividades econômicas na área não se desenvolvam em todo o seu potencial e, portanto, os recursos disponíveis sejam subutilizados. Entre outras consequências econômicas, a área assolada por inundações é empregada para atividades menos nobres, cuja rentabilidade é inferior à das outras que venham a se estabelecer em áreas de menor risco. Em regiões consolidadas e que já dispõem de infraestrutura urbana, como mobilidade, comércio e serviços, a supressão das inundações pode levar a uma valorização imobiliária. Essa valorização não deve ser incluída nos benefícios, e sim avaliada de forma separada, pois pode não ser atribuível tão somente ao aumento da segurança contra enchentes da área anteriormente inundada.

6.1.3 Custos e Benefícios Intangíveis

Custos e benefícios são quantificados monetariamente mediante um valor de mercado dos bens e serviços relacionados a cada um. Podendo-se atribuir-lhes um valor monetário, então chamados de tangíveis, do contrário, são chamados de intangíveis (Quadros 6.2 e 6.3).

Quadro 6.2 Exemplos de custos intangíveis

TIPO DE DANO	CUSTOS INTANGÍVEIS (não podem ser medidos monetariamente)	
	Setor Privado	Setor Público
Direto	a vidas humanas à saúde pública ao meio ambiente ao estresse causado pelas inundações	interrupção das atividades comunitárias
Indireto	ao estresse causado pela expectativa de inundações futuras	perda de receita de impostos pela desmobilização de atividades

Quadro 6.3 Exemplos de benefícios intangíveis

TIPO DE BENEFÍCIO	BENEFÍCIOS INTANGÍVEIS (não podem ser medidos monetariamente)	
	Setor Privado	Setor Público
Direto	melhoria da qualidade de vida melhoria da saúde pública melhoria do meio ambiente valorização dos imóveis	interrupção das atividades comunitárias
Indireto	segurança dos indivíduos para habitar áreas recuperadas favorecimento das atividades comerciais, industriais e de serviços em áreas recuperadas	segurança para a instalação de indústrias e comércio nas áreas recuperadas retorno pela arrecadação de impostos

6.1.4 Riscos de Projeto

Em drenagem urbana, é usual que os órgãos gerenciadores estabeleçam *a priori* o nível de garantia a ser adotado nos projetos. Esse parâmetro pode ser padronizado onde a prática existente já comprovou os riscos assumidos (nas obras de microdrenagem de vias, por exemplo, normalmente são utilizados TR = 5 a 10 anos), para sistemas de maior porte, inclusive envolvendo estruturas de macrodrenagem, mas tal procedimento não é adequado.

A definição das recorrências a adotar nesses projetos de maior porte deve ser considerada caso a caso.

A disparidade encontrada nas regulamentações e diretrizes mostra que esse parâmetro não deve ser estabelecido de maneira indiscriminada. Existem referências para adoção de TR = 50 a 500 anos, para obras de macrodrenagem em centros urbanos. Quanto às bordas livres a adotar nas canalizações e reservatórios, o problema também ganha contornos polêmicos, com uma profusão de diretrizes e critérios sobre o tema.

Com relação às intervenções de maior porte, em obras de macrodrenagem, os riscos de projeto devem ser adotados em base racional, quantificando-se economicamente os custos e benefícios tangíveis e alinhando-se os aspectos não quantificáveis para cada período de recorrência (ou nível de proteção) de cada alternativa analisada.

No PDMAT 1 (Cap. 8), as análises de benefício-custo levaram à recomendação de TR = 25 anos para os rios e córregos da RMSP. Entretanto, foram também estimadas as obras necessárias para atingir TR = 100 anos. Nos casos analisados, os custos decorrentes da garantia com recorrência centenária foram bastante superiores, próximos do dobro dos valores obtidos para a recorrência de 25 anos. A conclusão foi recomendar o escalonamento das obras de forma a obter gradualmente riscos cada vez menores nas diversas sub-bacias e aumentar o nível de segurança de maneira homogênea em toda a bacia. Deve-se ressaltar que a introdução de medidas não estruturais também leva à redução dos riscos, o que poderia significar um incremento na recorrência obtida.

Como referência geral, reproduz-se no Quadro 6.4 a relação dos períodos de retorno, baseados nos critérios observados em Denver (1999, 2001) e na experiência do autor, normalmente adotados para projetos de sistemas de micro e macrodrenagem.

O risco de excedência, ou risco de falha (R), em porcentagem, de uma obra de proteção dimensionada para uma vazão ou volume com recorrência igual a TR, prevista para operar n anos, é definido por:

$$R = 100\left[1 - \left(1 - \frac{1}{TR}\right)^n\right]$$

Quadro 6.4 Períodos de retorno normalmente adotados

TIPO DE OBRA	TIPO DE OCUPAÇÃO	TR (ANOS)
Microdrenagem	Residencial	2 - 5
	Comercial	5 - 10
	Vias de tráfego locais	5 - 10
	Vias de tráfego expressas	10 - 25
	Terminais e áreas correlatas	10 - 25
Macrodrenagem	Áreas comerciais e residenciais	25 - 100
	Bacias de detenção:	
	Definição do volume útil	10 - 100
	Extravasor de emergência (*)	100 - 500
	Pontes urbanas ou rodoviárias	100

Em casos especiais utilizam-se critérios de segurança de barragem (Ver Institution of Civil Engineers, 1978).

Por meio dessa relação pode-se verificar que, para uma recorrência de projeto de 25 anos, assume-se um risco anual de excedência de 4%. Num período de 25 anos contínuos, por exemplo, a probabilidade da vazão de projeto ser igualada ou superada é de cerca de 64%. Da mesma forma, ao adotar-se TR = 100 anos, o risco anual é de 1%, e o risco em um período de 25 anos, de 22,2%.

6.2 Análises Econômicas Comparativas

A definição de uma medida de controle de enchentes deve compreender uma análise comparativa entre as diversas alternativas, envolvendo aspectos técnicos, econômicos e ainda institucionais e ambientais.

Com relação aos aspectos econômicos, é possível aplicar um método racional que possibilite classificar as alternativas quanto à sua atratividade econômica, com uma solução de mínimo custo.

Ao avaliar economicamente alternativas diferentes de solução para um problema de drenagem urbana, que conduzem a níveis de segurança equivalentes, ou seja, dimensionadas para precipitações com o mesmo período de retorno, o problema se resume à comparação entre os custos totais de implantação. Quando cabível, devem ser calculados os valores dos custos de operação e manutenção.

Nos estudos de casos (Cap. 7), as comparações econômicas realizadas cotejam alternativas de proteção com igual período de retorno (TR).

Nos casos em que o objetivo é definir o nível de garantia ótimo de um dado tipo de solução, ou ainda, comparar economicamente soluções alternativas que propiciam níveis de garantia diferentes, a comparação econômica é possível, porém exige uma análise mais complexa, conforme se discute a seguir.

Quando a solução proposta para um determinado problema de inundação for a combinação de dois tipos de estruturas, como, por exemplo, bacia de detenção mais melhorias na canalização de jusante, a escolha da melhor aplicação conjunta das duas intervenções pode ser atingida (Fig. 6.1).

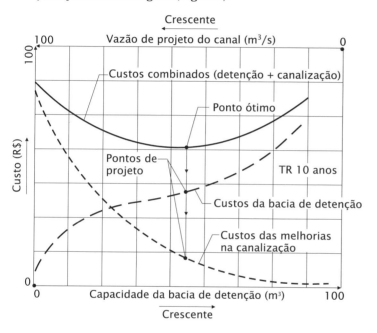

Fig. 6.1 *Análise econômica de solução combinada (detenção mais melhorias na canalização) para risco preestabelecido*

Para tornar mais ampla a análise, elaboram-se curvas de custos para diversos níveis de proteção ou tempos de recorrência (TR) comparando-os aos respectivos benefícios. Para essa verificação, as análises descritas a seguir, do tipo benefício-custo, devem ser adotadas.

6.2.1 Análises Econômicas

Valores Esperados de Custos e Benefícios

As incertezas associadas aos eventos hidrológicos presentes nos projetos de drenagem urbana podem ser quantificadas em termos das distribuições de probabilidades e dos custos associados.

A quantificação econômica dessas incertezas pode ser realizada a partir da determinação do valor monetário esperado de uma dada alternativa de solução ou, definindo-se o tipo de intervenção, da avaliação econômica para cada nível de proteção possível.

O valor esperado é definido como o produto da probabilidade de excedência da vazão de projeto pelos custos ou benefícios (danos evitados), ou benefícios (ou danos) residuais, de acordo com o tipo de quantificação escolhida, na forma:

$$VME_X = P_X \cdot V_X$$

onde:

VME_X – valor monetário esperado da alternativa ou nível de proteção (x);

P_X – probabilidade de excedência da vazão de projeto ou de ocorrência do dano, associada à aplicação da alternativa ou nível de proteção (x);

V_X – valor do custo-benefício e/ou dos danos evitados da alternativa ou proteção (x).

Para cada alternativa, os parâmetros podem ser calculados, e torna-se possível realizar as análises econômicas de comparação dos custos e benefícios esperados.

Danos Diretos

Curvas do Tipo Nível x Prejuízo

O método da curva nível x prejuízo correlaciona os danos decorrentes da inundação à sua probabilidade de ocorrência, para avaliar os valores monetários esperados, entendidos como o produto do valor do prejuízo pela sua probabilidade de ocorrência, conforme descrito no item anterior. De maneira similar, podem-se estimar os benefícios por meio da quantificação dos danos evitados pela implantação de uma dada obra de proteção.

Os dados necessários para a análise são a relação 1, ou curva de descarga; relação 2, ou curva probabilidade x vazão; e relação 3, ou curva nível x prejuízo.

Relação 1: Curva de Descarga (N.A. x Q)

A relação 1 pode ser obtida por meio de dados observados, ou inferida por modelos hidráulicos, com base na determinação das seções de escoamento e das características de rugosidade e declividade do trecho estudado. As curvas (N.A. x Q) nos pontos desejados podem ser obtidas com a confiabilidade adequada mediante cálculo de curvas de remanso ou, quando as condições de contorno o exigirem, de modelos hidrodinâmicos. Em áreas densamente urbanizadas, dificuldades adicionais decorrem tanto das variações por vezes abruptas das características hidráulicas, como dos armazenamentos representados pelas áreas de inundação. Dessa forma, um método complementar para a obtenção dessa curva pode ser desenvolvido de maneira indireta, por exemplo, com base na observação das marcas de cheia presentes no local ou nas imediações. Como normalmente não se dispõe de dados fluviométricos, os hidrogramas ocorridos podem ser reconstituídos por modelagem hidrológica, com fundamento nos registros pluviométricos. Os modelos hidráulicos de determinação de linhas d'água podem ser calibrados para reproduzir níveis d'água compatíveis com os observados.

Muitas vezes é necessária a determinação de níveis d'água em sistemas dotados de galerias fechadas: quando as galerias têm sua capacidade de vazão ultrapassada, passam a operar em carga, extravasando os excessos, então o modelo hidráulico deve possibilitar essas mudanças de regime e de contorno hidráulico. Quando ocorre o espraiamento nas margens, o armazenamento pode ser significativo, exigindo também a consideração desse efeito no modelo.

A partir do estabelecimento das curvas de descarga, é possível elaborar uma planta com os contornos ou manchas de inundação da área afetada, em função das vazões de pico de hidrogramas devidamente selecionados.

Relação 2: Curva Probabilidade x Vazão

Essa relação pode ser obtida, nos casos de drenagem urbana, por meio do conhecimento das curvas IDF (intensidade-duração-frequência das precipitações), que normalmente estão disponíveis e são aplicadas aos modelos hidrológicos do tipo chuva x vazão. Devem também ser consideradas as discussões a respeito da desagregação das precipitações e das frequências dos eventos (Cap. 3). É prática comum a hipótese de que as recorrências das precipitações são idênticas às dos deflúvios subsequentes. Evidentemente, quanto maiores as áreas permeáveis, as condições antecedentes ao início da precipitação considerada para efeito da simulação chuva x vazão tornam-se mais importantes. Entretanto, em áreas urbanas média e densamente ocupadas, tal hipótese pode ser adotada.

Quando no sistema de drenagem houver bacias de detenção, a curva probabilidade x vazão deve ser composta considerando também os hidrogramas das sub-bacias não controladas pelos reservatórios. As hipóteses discutidas no Cap. 5, em relação ao dimensionamento dos reservatórios, devem ser consideradas também nesse caso.

Relação 3: Curva Nível x Prejuízo

A maior dificuldade para aplicar o método nível-prejuízo é, sem dúvida, a definição confiável da curva nível x prejuízo (ver Fig. 6.3).

As atividades necessárias para a obtenção dessa curva são, entre outras, o levantamento planialtimétrico cadastral de toda a área sujeita a inundação – nesse particular, fotos aéreas e imagens de satélite podem ser de grande valia, principalmente para a atualização das plantas cadastrais normalmente existentes –; a avaliação dos bens móveis, imóveis e equipamentos atingidos em cada cota de inundação; a estimativa das perdas oriundas da interrupção de acessos e, portanto, de tráfego; e a estimativa das despesas de limpeza e desinfecção das áreas atingidas. Para a obtenção dessa curva, é importante que se faça a avaliação da receita de locação perdida com a possibilidade de inundação dos imóveis, bem como a avaliação das perdas da indústria e do comércio quando submetidos a enchentes.

Dispõe-se na literatura de alguns índices que são normalmente utilizados para a quantificação dos prejuízos trazidos pelas inundações.

Assim, há alguns valores típicos (base jan. 2014) que só devem ser utilizados quando faltarem informações objetivas para a área em estudo. Nas áreas industriais, por exemplo, é normalmente atribuída uma perda de R$ 460,00/m^2 de área industrial inundada, por evento de inundação.

Nas áreas comerciais, estima-se que os proprietários de escritórios estariam dispostos a desembolsar até R$ 700,00/mês para se verem livres de inundações, enquanto os lojistas poderiam desembolsar até R$ 1.400,00/mês, por unidade de negócio.

No congestionamento, causado pela redução na velocidade média, estima-se em geral que são triplicados os custos normais de operação dos veículos, resultando, para os prejuízos os valores específicos:

- veículos particulares:
  de R$ 1,00/km até R$ 3,00/km
- veículos comerciais (caminhões):
  de R$ 6,00/km até R$ 18,00/km

O tempo perdido pelos passageiros dos veículos e motoristas durante as interrupções de tráfego causadas pelas inundações pode ser quantificado da seguinte forma:

- veículos particulares............................R$ 38,00/h /passageiro
- ônibus e caminhões ....R$ 19,00/h /passageiro

Em média, pode-se considerar 1,5 passageiro por veículo particular e 50 passageiros por ônibus, tomando como base a RMSP.

Para a determinação dos valores totais dos prejuízos, deve-se dispor de uma estimativa de quantidades e tipos de veículos a serem afetados, bem como do tempo de congestionamento.

No que se refere a imóveis residenciais, as perdas correspondem a danos materiais que devem ser avaliados pelo custo de reposição, mais uma eventual perda de receita de locação, por causa do risco de inundação. Em alguns estudos, foi adotada uma perda de aluguel entre R$ 150,00 e R$ 1.000,00/mês por residência com risco de inundação, de acordo com o padrão da edificação.

Nos EUA, entidades como o *Soil Conservation Service* – SCS, o *U.S. Army Corps of Engineers* – Usace e a *Federal Insurance Administration* – FIA relacionaram, para cada tipo de construção, a porcentagem de dano em relação ao valor total da edificação, para diferentes profundidades de inundação.

Embora essas porcentagens não se adaptem necessariamente às condições brasileiras, as curvas apresentadas na Fig. 6.2 permitem visualizar as perdas associadas à inundação parcial dos imóveis.

Obtidas as três relações descritas acima, a relação nível x prejuízo pode ser determinada por meio do processo esquematizado na Fig. 6.3.

A curva nível x prejuízo pode ser obtida com outros métodos, como o método da curva de prejuízo histórico e o método da equação do prejuízo agregado.

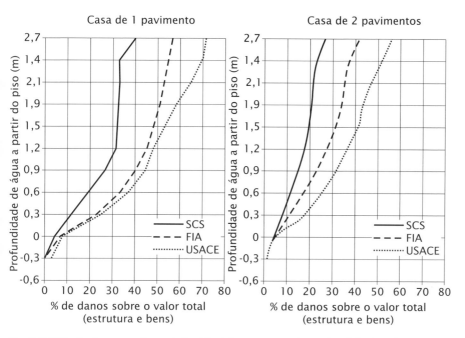

Fig. 6.2 *Método da curva de prejuízo histórico – curvas de profundidade x dano para casas de um e dois pavimentos (Simons et al., 1977)*

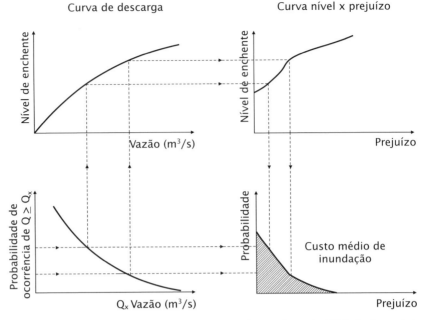

Fig. 6.3 *Método nível x prejuízo*

O primeiro foi proposto por Eckstein (1958) e permite obter a curva nível x prejuízo por meio da determinação dos danos ocorridos em inundações anteriores. Ou seja, a construção da curva nível x prejuízo é realizada contabilizando-se prejuízos já registrados. É uma simplificação do método nível x prejuízo, que pode ser adotada na avaliação de alguns custos de prejuízos previstos.

O método da equação do prejuízo agregado baseia-se no crescimento linear do dano com o nível médio de inundação das áreas marginais. A equação a seguir vale para inundações com lâminas d'água pouco profundas (James e Lee, 1971):

$$C_d = K_d M_e h$$

onde:
C_d – dano total, em unidades monetárias;
K_d – fator determinado pela análise dos danos de inundações ocorridas (históricas), (m^{-1});
M_e – valor de mercado das estruturas e áreas inundadas, em unidades monetárias;
h – profundidade média da inundação (m).

O índice K_d é obtido pela relação entre os danos marginais e a profundidade d.

De acordo com Tucci (1993), existem duas aproximações para o valor de K_d, propostas por Homan e Waybur (1960) e James (1964), respectivamente 0,17 (para enchentes com d ≤ 1,5 m) e 0,14 (d > 1,5 m).

Se a enchente tiver grande concentração de sedimentos ou alta velocidade, o valor de K_d cresce. Os demais valores são obtidos de dados locais. Para inundações mais severas, o dano marginal pela profundidade da inundação normalmente declina, caindo a zero para elevadas lâminas d'água.

A Fig. 6.4 apresenta de maneira conceitual algumas curvas dano x frequência. São apresentadas curvas para três situações: sem obras, com a aplicação de medidas estruturais e com a aplicação de medidas não estruturais. Para cada tipo de proteção, são ilustrados riscos de 43% e 10%.

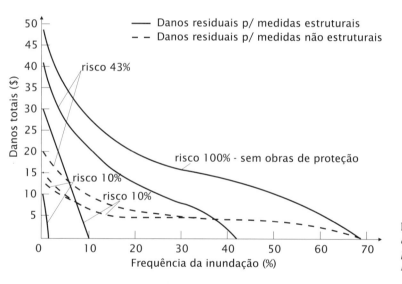

Fig. 6.4 Exemplos de curvas dano x frequência (James e Lee, 1971)

Danos Indiretos

Os danos da área indiretamente afetada são quase sempre estimados como uma fração do dano direto de mesma natureza, por meio de percentuais definidos em levantamentos realizados em vários episódios de inundação pesquisados. Em levantamentos realizados no Brasil por Vieira (1970), os danos indiretos obtidos são da ordem de 20% dos danos diretos totais. No trabalho de Kates, *Industrial flood losses: damage estimation in Lehigh Valley* (apud James e Lee, 1971), os danos indiretos são avaliados como porcentagem dos diretos, de acordo com o tipo de ocupação (Quadro 6.5).

Quadro 6.5 Danos indiretos

OCUPAÇÃO	PERCENTUAL DE DANOS INDIRETOS SOBRE DANOS DIRETOS (%)
Área residencial	15
Área comercial	37
Industrial	45
Serviços	10
Propriedades públicas	34
Agricultura	10
Autoestradas	25
Ferrovias	23
Média	25

Danos de Incerteza

A incerteza afeta a utilização racional de recursos como o solo e o capital. Para quantificar o dano em decorrência da não utilização adequada do solo, é calculada a diferença entre os rendimentos que poderiam ser auferidos pela utilização potencial do solo, se não houvesse inundações, e aqueles auferidos com a utilização real, motivada pela incerteza.

Para a avaliação da parte decorrente da má aplicação de capital, James e Lee (1971) utilizam a expressão abaixo, que corresponde a uma quantia E_c que os proprietários estariam dispostos a pagar, além do valor total dos prejuízos, para evitar que as perdas variáveis, ano a ano, possam assumir proporções catastróficas. Com essa quantia, seria formado um fundo para cobrir os prejuízos das cheias excepcionais, liberando os capitais restantes para aplicações mais eficientes.

$$E_c = \frac{rV_a\sigma}{\sqrt{2r}}$$

onde:
- r – taxa de retorno aplicada ao fundo (%)
- V_a – valor da variável reduzida com probabilidade a da distribuição normal
- α – risco aceito para insolvência do fundo
- σ – desvio padrão dos danos esperados

Quanto maior o valor definido para a, maior será o custo da incerteza e maior será o nível de proteção. As agências de planejamento, em geral, adotam um determinado nível de proteção, em vez de definir o fator α.

Para obter os danos da incerteza, inicialmente são calculados os danos médios anuais, pela determinação dos danos diretos, aplicando-se uma porcentagem para definir os indiretos e plotando-se uma curva dos danos em relação a sua frequência. A área sob essa curva será o dano anual esperado. Os danos da incerteza podem ser então obtidos selecionado-se o valor de α, calculando-se o desvio padrão dos danos e aplicando-se a equação.

Análises Tipo Benefício-Custo

Recomenda-se a análise econômica do tipo benefício-custo nos projetos de macrodrenagem em áreas urbanas, visando, entre outros aspectos, a definir em bases racionais os riscos de projeto a assumir, considerando as características específicas (tempos de recorrência – TR) de cada problema; comparar soluções alternativas, que nem sempre podem propiciar níveis de proteção equivalentes; possibilitar a quantificação econômica dos custos e benefícios esperados, sempre necessária para verificar a viabilidade e também como subsídio à solicitação de financiamentos; e fornecer elementos aos órgãos decisórios para permitir o estabelecimento de prioridades de investimentos.

A determinação dos custos e benefícios de cada alternativa ou projeto foi descrita e comentada; entretanto cabe enfatizar que, sendo os eventos hidrológicos de natureza probabilística, os custos e benefícios devem sempre ser calculados monetariamente pelo valor esperado. Por outro lado, sabendo-se que ao longo da vida útil há custos de manutenção e operação variáveis para cada alternativa, deve-se sempre compor um fluxo de desembolsos, e, adotando-se uma conveniente taxa de desconto, calcular o valor de todos os custos.

Do ponto de vista econômico, os custos do projeto não devem exceder os benefícios tangíveis. As relações do tipo benefício-custo para se obter a viabilidade econômica de projetos resumem-se a:

$$\text{Máx [Benefícios–Custos]} \quad \text{ou} \quad \text{Máx} \left[\frac{\text{Benefícios}}{\text{Custos}} \right]$$

Portanto, as relações de comparação entre benefícios e custos podem ser utilizadas tanto para determinar a melhor dimensão de um sistema de drenagem urbana, como para definir a mais atraente entre as diversas alternativas possíveis.

A Fig. 6.5 apresenta uma comparação gráfica para aplicar esse método num sistema simples de drenagem. A máxima diferença entre benefícios e custos e a máxima relação entre benefícios e custos ocorrem quando os custos marginais (CM) igualam-se aos benefícios marginais (BM). A dimensão otimizada do sistema é S_o, onde $CM = BM$, ou seja, $Máx\ (B–C)$ e $Máx\ (B/C)$.

De maneira similar à mostrada para a obtenção da curva nível x prejuízo, pode-se desenvolver a análise benefício-custo como apresentado na Fig. 6.6.

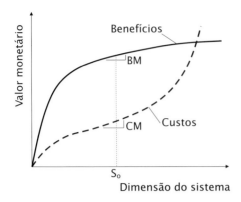

Os valores monetários esperados para os custos de cada alternativa, para cada nível de proteção, são comparados com os benefícios esperados, calculados também para cada frequência. A comparação entre custos e benefícios leva ao ponto ótimo da intervenção pretendida.

Fig. 6.5 *Representação gráfica do método benefício-custo (Wanielista e Yousef, 1993)*

Um manual detalhado para esse tipo de análise foi desenvolvido por Davis (1975) e adotado pelo U.S. Army Corps of Engineers (Wanielista e Yousef, 1993).

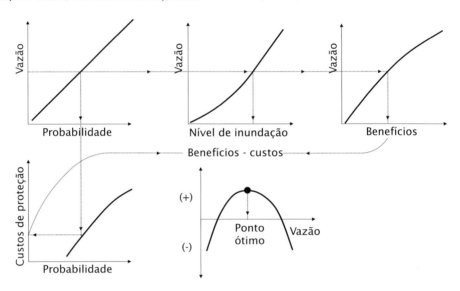

Fig. 6.6 *Esquema da análise benefício-custo (Wanielista e Yousef, 1993)*

6.2.2 Metodologia para Avaliação de Projetos de Drenagem

A viabilidade econômica de projetos de drenagem urbana conta atualmente com ferramentas que auxiliam no detalhamento dos resultados técnicos (drenagem), possibilitando uma melhor apuração das alternativas avaliadas para projetos de drenagem urbana e controle de inundações.

A geração de modelos matemáticos que representam o terreno (modelos digitais de terreno) possibilita obter dados suficientes para a produção de mapas de inundações com sobreposição de lâminas d'água associadas aos períodos de retorno e ao uso e ocupação do solo. Com isso é possível identificar as áreas afetadas pelas inundações e sua magnitude para quantificação dos danos causados (benefícios esperados).

No ano de 2010 a Hidrostudio Engenharia desenvolveu para o BID (Banco Interamericano de Desenvolvimento), no âmbito do Projeto Várzeas do Tietê (realizado para o DAEE-SP), uma metodologia de avaliação de projetos de drenagem destinada a comparar resultados de implantação de obras de macrodrenagem com a alternativa de "nada a fazer".

Para o cenário de "nada a fazer" resultam mapas de inundações para diversos períodos de retorno (recomendam-se, no mínimo, os TR 25, 50 e 100 anos). Com base nos mapas de inundação para cada período de retorno é possível quantificar os danos causados por meio de curvas de *prejuízos x profundidade da inundação*, identificando os gastos com tratamento de doenças de veiculação hídrica e os impactos aos sistemas viários afetados e a equipamentos específicos como residências, edificações de comércio, indústria, serviços, edifícios públicos, postos de gasolina, aeroportos e terminais de ônibus, entre outros danos tangíveis diretos.

Para subsidiar a montagem do modelo de análise, foram listados os benefícios tangíveis diretos: (1) prejuízo a propriedades residenciais, suas estruturas e lucros cessantes; (2) prejuízo a equipamentos, móveis, estoques e bens de propriedades comerciais, industriais e públicas; (3) prejuízo com a paralisação de produção; (4) prejuízo ao patrimônio histórico e cultural; (5) custo de perdas de horas de trabalho; (6) custo operacional com congestionamento do tráfego urbano, especialmente gastos com combustível; (7) custos com veículos enguiçados, danificados ou acidentados na enchente; (8) prejuízos à infraestrutura urbana, com interrupção de serviços: vias públicas, energia, telefonia, água e esgoto e rede de drenagem; (9) custos com doenças de veiculação hídrica local.

Com a quantificação dos danos causados por meio dos mapas de inundações para cada TR nos cenários avaliados (projeto implantado e "nada a fazer"), o cálculo dos benefícios deve ser o próximo passo para posterior análise econômica.

A metodologia proposta busca calcular o benefício anual total; contudo, os danos calculados são para a ocorrência do evento (chuva para o TR calculado). Para o benefício anual, deve-se associar a probabilidade de ocorrência do evento ao dano calculado, ou seja:

$$B_{(a,tr)} = Dano_{(tr)} \times Probab._{(tr)}$$

onde:

$B_{(a,tr)}$ – benefício anual para o cenário e TR em questão;
$Dano_{(tr)}$ – dano causado no cenário e TR em questão;
$Probab_{.(tr)}$ – probabilidade de ocorrência do evento (TR), por exemplo, TR 100 anos = 0,01.

De posse do benefício anual de cada TR para cada cenário (projeto implantado e "nada a fazer"), a soma de todos os benefícios anuais para os TRs calculados resulta no benefício anual total. O gráfico da Fig. 6.7 apresenta o benefício anual total.

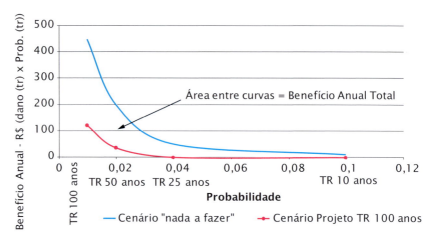

Fig. 6.7 *Exemplo do benefício anual total*

Deve-se atentar que nessa metodologia não se aplica o cálculo dos benefícios marginais, aqueles que seriam os benefícios remanescentes (correspondentes aos danos remanescentes) para um evento de TR acima do TR de projeto. Ou seja, os benefícios marginais são aqueles danos remanescentes, por exemplo, de uma chuva de TR 50 anos que ocorre na área de implantação de um projeto executado para atender TR 25 anos.

A metodologia proposta também recomenda que se leve em conta a maximização dos benefícios intangíveis com a implantação do projeto, sendo listados os seguintes danos intangíveis para avaliação: (1) perda de vidas humanas; (2) empobrecimento progressivo da população frequentemente atingida por enchentes; (3) perda da produção econômica e na atividade comercial por inibição de investimentos e interrupção de atividades; (4) perda de arrecadação de impostos pela diminuição da atividade econômica; (5) paralisação de serviço público, escolas, hospitais, atividades comunitárias e recreativas; (6) prejuízos ambientais; (7) prejuízo à saúde humana devido ao aumento da emissão de poluentes pelos congestionamentos de tráfego, ao stress e à angústia causada pelo temor de futuras enchentes; (8) perdas sociais decorrentes de atrasos na entrega de encomendas urgentes ou deterioração de cargas perecíveis.

Análise Econômica

A análise econômica utiliza os custos de implantação e manutenção envolvidos para o projeto (alternativa) e o benefício anual total (danos evitados). Os índices econômicos comumente avaliados são: TIR (taxa interna de retorno), VLP (valor líquido presente), payback, benefício anual total sobre os custos (B/C) e diferença entre benefício anual total e custos (B – C).

Na análise econômica, deve ser realizada uma análise de sensibilidade, o que é possível por meio da análise da variação da taxa mínima de atratividade (TMA), que é o custo do dinheiro para um possível financiamento da obra, ou, em outros termos, os juros aplicados. Não é necessário entrar na questão da responsabilidade desse financiamento.

A Fig. 6.8 apresenta o fluxograma das atividades da metodologia de avaliação de projetos de drenagem urbana.

Fig. 6.8 *Fluxograma das atividades da metodologia para análise de viabilidade de projetos de drenagem urbana*

A alternativa a ser selecionada deve contemplar os seguintes resultados:

- maior TIR alcançada: recomenda-se que a TIR seja maior que a TMA;
- maior relação da taxa (benefício/custo);
- maior relação (benefício – custo);
- maximização significativa dos benefícios intangíveis.

Na metodologia desenvolvida para o BID, foi adotada uma curva de prejuízos x profundidade da inundação, que está apresentada no Quadro 6.6.

Quadro 6.6 Curva de prejuízos x profundidade da inundação para diversos usos do solo

TIPO DE OCUPAÇÃO	Identificador	até 0,25	0,26 a 0,50	0,51 a 1,00	1,01 a 1,50	1,51 a 2,50	> 2,50	Prejuízo indireto (%)
Canteiro	C	0,3	0,3					10
Estacionamentos/ Pátios de serviços	E-1	0,6	0,6					10
Campo de futebol/Quadras	E-2	0,4	0,4					10
Favela	FAV	24	49	73				15
Indústrias/ Galpões Industriais	I-1	49	144	164				45
Área industrial/ Pátios Industriais	I-2	27	27	27				45
Depósito de sucata	I-3	49	49					35
Galpões/ Depósitos	I-4	49	144					35
Lojas/ Hipermercado	LH	49	270	413	487			35
Posto de Gasolina	PG	13	13					35
Posto Policial	PP	24	24					34
Prédios/ Residências com dois andares	PR	49	75	120	150	180	180	15
Ruas	R	0,15	0,15					25
Terreno livre/ Terreno baldio	TL	0,2	0,2					10

Valor do prejuízo por m² (R$) — Profundidade (m)

Segundo Bordeaux-Rêgo (2010), o VLP apresenta melhor aplicabilidade. Em caso de alternativas que resultem em valores de VLP e TIR próximos, tornando a escolha mais difícil, sugere-se utilizar o *payback* como critério para desempate.

Conforme pesquisa realizada por Harvey (2001), 78% dos tomadores de decisão preferem utilizar o VLP e a TIR para viabilizar projetos, sendo o *payback* o segundo índice de avaliação, com 55% de preferência.

Sugere-se também a utilização do método de árvore de decisão para auxiliar a análise da viabilidade econômica dos projetos de drenagem. A Fig. 6.9 mostra um exemplo de apresentação dos resultados por meio do método de árvore de decisão.

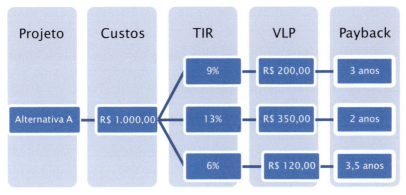

Fig. 6.9 *Apresentação dos resultados da análise econômica*

EXEMPLO 6.1

O estudo de viabilidade econômica de uma bacia de detenção, localizada na bacia do rio Tamanduateí, constitui um exemplo prático da aplicação desse método (Reservatório Guamiranga – DAEE).

O objetivo desse reservatório é o amortecimento das vazões do rio Tamanduateí, no seu estirão final de 10,5 km até a sua foz no rio Tietê. A área de drenagem nesse ponto corresponde a aproximadamente 75% da área de drenagem total da bacia do rio Tamanduateí, que é de 330 km^2.

Na porção de montante do reservatório estão previstas cerca de 40 outras bacias de detenção.

Em função da posição e da área disponível, consideradas para o reservatório, e da magnitude da área de drenagem a ser controlada por essa bacia de detenção, concluiu-se pela necessidade de execução de um reservatório off line de grandes dimensões e de escavação profunda.

Nos estudos hidráulico-hidrológicos, foram analisadas três condições: a alternativa 1, correspondente a um volume de reservação de 500.000 m^3; a alternativa 2, um volume de 850.000 m^3; a alternativa 3, um volume de 1.000.000 m^3.

Foi considerado que o controle por comportas permite otimizar o enchimento do reservatório, permitindo que ele receba apenas os volumes excedentes à capacidade da canalização do trecho de jusante do canal do Tamanduateí (obs.: esse tipo de reservatório requer para a sua operação um sistema de monitoramento e de previsão de chuvas e vazões e chuvas na bacia hidrográfica de montante).

Os períodos de retorno considerados para a chuva de projeto foram de 5, 10, 15, 20, 25, 50 e 100 anos; foram adotadas chuvas de seis horas de duração, a equação IDF de Magni e Mero (1986), e a distribuição temporal de Huff 1º quartil.

Características Físicas das Alternativas

Algumas características dos reservatórios estudados são indicadas na Tab. 6.1. A Tab. 6.2 apresenta um resumo dos valores de custos atingidos para cada alternativa.

Tab. 6.1 Características construtivas das alternativas

CARACTERÍSTICAS	ALTERNATIVA 1	ALTERNATIVA 2	ALTERNATIVA 3
Reservatório volume máximo (m³)	500.000	850.000	1.000.000
Profundidade máxima de escavação (m)	19	24	24
N.A. máximo (m)	731,65	731,65	731,65
Volume total de escavação (m³)	616.840	984.920	1.034.350

Tab. 6.2 Custos totais das obras e despesas de manutenção e operação

ALTERNATIVA	VOLUME DO RESERVATÓRIO (m³)	CUSTO DA OBRA (R$)	DESPESA MÉDIA ANUAL DE MANUTENÇÃO E OPERAÇÃO (R$)
1	500.000	56.000.000	560.000
2	850.000	85.300.000	850.000
3	1.000.000	133.500.000	1.350.000

Custos das Alternativas

Adicionou-se ao custo das obras um valor anual de 1% do valor total de cada reservatório estudado, admitido para as despesas anuais médias de manutenção e operação (Tab. 6.2).

Para a definição dos benefícios monetários decorrentes do controle das inundações, foram adotados alguns parâmetros: valor de mercado dos imóveis, de R$ 1.000,00/m², nas áreas de inundações (valor adotado por meio de pesquisas do mercado de imóveis comerciais nos bairros da área em estudo); coeficiente médio de eventos históricos sugerido $K_d = 0,15/m$; custo indireto de 20% do custo direto, que reflete a experiência brasileira e fica próximo do valor médio encontrado por Kates; e taxa média de ocupação (U) adotada em função das peculiaridades locais, de 70% ao longo do curso do rio Tamanduateí inferior.

Danos Diretos Evitados

A equação de danos diretos pode ser escrita:

$$C_d = K_d \cdot M_e \cdot h \cdot A \cdot U$$

onde:

C_d – dano direto ($)
K_d – coeficiente médio obtido de eventos históricos (m^{-1});
M_e – valor de mercado das edificações por unidade de área ($/m^2).

Nessa equação, h é a profundidade média da inundação (m); A, a área inundada (m^2); e U, a proporção de ocupação com edificações na área total inundada (expressão derivada de James e Lee, 1971, ver item 6.2.1).

Na Fig. 6.10 são apresentadas as curvas de frequência de danos ajustadas para os três casos.

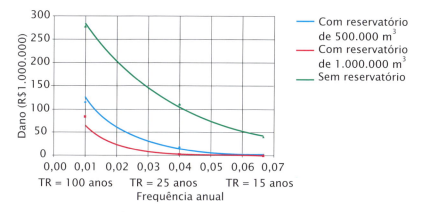

Fig. 6.10 *Curvas de frequência de dano*

Os danos de inundações anuais evitados, que correspondem aos benefícios esperados anuais, são dados pela diferença das áreas sob as curvas de danos para as condições sem reservatório e com reservatórios de 500.000 m^3, 850.000 m^3 e 1.000.000 m^3 de volume de reservação. Utilizando as equações determinadas para as três condições e os danos correspondentes aos prejuízos ao tráfego, adotaram-se os índices apresentados no item Danos Diretos subitem Relação 3: Curva Nível x Prejuízo), e foram obtidos os danos evitados anuais esperados (benefícios), indicados na Tab. 6.3.

Tab. 6.3 Danos evitados (benefícios) – R$ (maio de 2004)

FREQUÊNCIA ANUAL	COM RESERVATÓRIO DE 500.000 m^3		COM RESERVATÓRIO DE 1.000.000 m^3	
	BENEFÍCIO LÍQUIDO (R$)	BENEFÍCIO ANUAL (R$)	BENEFÍCIO LÍQUIDO (R$)	BENEFÍCIO ANUAL (R$)
0,000	175.900.000	0	234.300.000	0
0,001	181.300.000	1.700.000	236.800.000	2.200.000
0,005	72.700.000	5.100.000	78.900.000	6.400.000
0,010	14.700.000	2.200.000	14.800.000	2.400.000
0,015	2.800.000	500.000	2.800.000	500.000
0,020	600.000	100.000	5.300.000	300.000
0,025	100.000	100.000	4.800.000	300.000
0,030	4.700.000	200.000	4.700.000	300.000
0,035	4.600.000	300.000	4.600.000	300.000
0,040	4.500.000	300.000	4.500.000	300.000
0,045	4.500.000	300.000	4.500.000	300.000
0,050	4.400.000	300.000	4.400.000	300.000
0,055	4.300.000	300.000	4.300.000	300.000
0,060	4.300.000	300.000	4.300.000	300.000
0,065	0	200.000	0	200.000
0,070	0	0	0	0
Total	–	11.900.000	–	14.400.000

Observações: A coluna de benefício líquido formulada pela diferença dos danos obtidos para a condição com e sem reservatório, acrescidos dos prejuízos causados por tráfego; a coluna de benefício anual contém o cálculo das áreas sob as curvas de benefício líquido; valores monetários arredondados.

Análise Benefício x Custo

Para realizar a análise econômica, tomaram-se os custos dos reservatórios e os benefícios, que são os danos evitados durante a vida útil do reservatório, utilizando-se as técnicas de engenharia econômica para o cálculo do valor atual das obras e a taxa de retorno.

Os valores presentes dos custos e benefícios foram calculados a uma taxa de 8% ao ano, para um período de 30 anos. Foi considerado que, no caso do reservatório de 500.000 m^3, os investimentos se dariam em um ano e meio, sendo 60% no primeiro ano e 40% no meio do ano seguinte. No caso dos reservatórios de 850.000 m^3 e 1.000.000 m^3, a construção seria feita em dois anos, com investimentos de 50% do total em cada ano. Os custos de manutenção e operação foram considerados a partir do término das obras. Os benefícios foram distribuídos pelo período restante, considerando-se, que no último ano das obras, os reservatórios poderiam operar parcialmente, auferindo 50% dos benefícios estimados.

A Tab. 6.4 e as Figs. 6.11 a 6.14 apresentam os valores do benefício líquido, a relação entre custo e benefício, o cotejo custo marginal x benefício marginal e a taxa interna de retorno.

Tab. 6.4 Valores presentes, relações custos-benefícios e taxas internas de retorno

TR (ANOS)	VOLUME DO RESERVATÓRIO (m³)	VALOR PRESENTE (R$ X 1.000.000) Benefício (b)	Custo (c)	Benefício líquido (b-c)	CUSTO/ BENEFÍCIO (c/b)	TAXA INTERNA DE RETORNO (%)
10	500.000	122.170	60.050	62.120	0,49	11,1
13,5	850.000	134.940	90.890	44.050	0,67	5,1
15	1.000.000	142.580	142.230	350	1,00	0,0

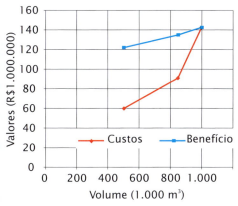

Fig. 6.11 *Gráfico custos e benefícios*   Fig. 6.12 *Benefícios, custos e riscos*

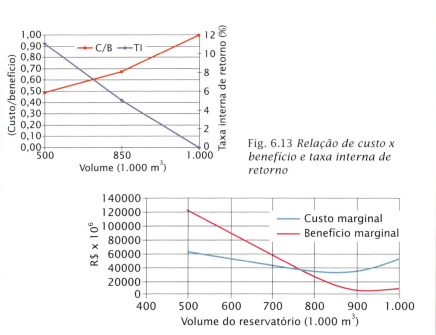

Fig. 6.13 *Relação de custo x benefício e taxa interna de retorno*

Fig. 6.14 *Custo marginal x benefício marginal*

Conclusões

Nas três alternativas de reservatórios estudadas, os indicadores de viabilidade econômica são favoráveis.

Os cálculos permitem constatar que os benefícios por meio do controle das inundações no local superam os custos nos casos dos reservatórios de 500.000 m³ e 850.000 m³. Para o reservatório de 1.000.000 m³, os benefícios e custos se igualam.

A taxa interna de retorno do reservatório de 850.000 m³ (5,1%) é inferior à taxa de retorno de referência adotada (8%). Para que a taxa interna de retorno iguale a de referência, é necessário contar com um reservatório de volume intermediário entre 500.000 m³ e 850.000 m³.

Diante da sensível redução de custo que ocorre com a redução da profundidade do reservatório, além das análises de custo e benefício resumidas nas tabelas e figuras apresentadas, concluiu-se pela execução de um reservatório com volume útil de cerca de 700.000 m³.

Exemplo 6.2

A metodologia desenvolvida no âmbito do Projeto Várzeas do Tietê (ver item 6.2.2) foi aplicada ao projeto denominado Programa Baquirivu-Guaçu. O rio Baquirivu-Guaçu é um afluente da margem direita do rio Tietê; sua foz situa-se a aproximadamente 8 km a montante da Barragem da Penha.

A bacia do rio Baquirivu-Guaçu abrange uma área de drenagem de 163 km² e seu talvegue se desenvolve por 25 km. Essa bacia abarca os municípios de Guarulhos e Arujá, que, juntos, somam aproximadamente 1,5 milhão de habitantes.

No município de Guarulhos está localizado o Aeroporto Internacional André Franco Montoro Filho, o maior do Brasil. No ano de 2011 passaram pelo aeroporto cerca de 30 milhões de passageiros e 515 mil toneladas de cargas.

Atualmente o rio Baquirivu-Guaçu sofre com inundações frequentes, conforme ilustrado pelas Foto 6.1.

Os estudos hidrológicos e hidráulicos desenvolvidos para o diagnóstico da situação atual da bacia do rio Baquirivu-Guaçu geraram mapas de inundações para os cálculos dos danos no cenário de "nada a fazer", condição atual (2011). A Fig. 6.15 apresenta o mapa de inundação para o TR 100 anos no cenário de "nada a fazer".

Foto 6.1 *Inundações na bacia do rio Baquirivu-Guaçu*

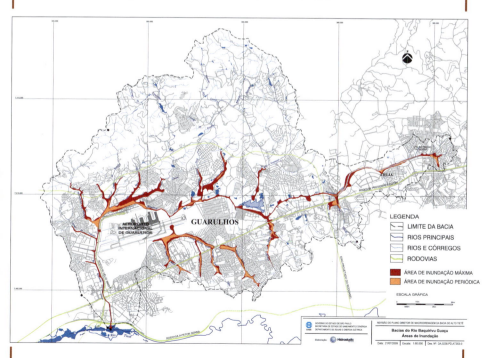

Fig. 6.15 *Mapa de inundação para o TR 100 anos no cenário de "nada a fazer"*

A alternativa avaliada busca diminuir a frequência das inundações na região por meio da implantação dos seguintes projetos:

- ampliação do canal do rio Baquirivu-Guaçu e implantação do parque linear ao longo de 20 km;
- construção do Reservatório de Retenção RAS-2 na foz dos córregos Água Suja e Tanque Grande (volume de reservação = 220.000 m³);
- construção do Reservatório de Retenção RBA-5 (volume de reservação = 600.000 m³);
- construção do Reservatório de Retenção RGA-2 (volume de reservação = 1.110.000 m³);
- construção do Reservatório de Retenção RBA-3 (volume de reservação = 220.000 m³).

A Fig. 6.16 apresenta o mapa geral das obras.

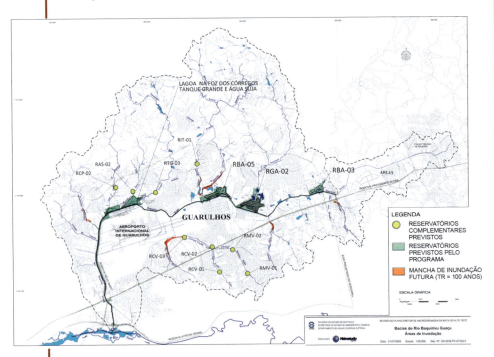

Fig. 6.16 *Mapa de implantação geral das obras do Programa Baquirivu-Guaçu*

Com a implantação do Programa Baquirivu-Guaçu, têm-se os benefícios do amortecimento das enchentes nos reservatórios e a regularização da capacidade de vazão ao longo do seu canal. Os resultados hidráulicos obtidos com a implantação das obras estão apresentados no Quadro 6.7.

Quadro 6.7 Resultados hidráulicos obtidos com a implantação das obras propostas

LOCAL	VOLUME DE AMORTECIMENTO (m³)	ÁREA DE DRENAGEM (km²)	VAZÕES MÁXIMAS – CHUVA DE 2 HORAS (m³/s)			
			Antes		Depois	
			TR 25 anos	TR 100 anos	TR 25 anos	TR 100 anos
Jusante RBA-3	398.000	21	53,8	80,1	35,7	57,0
Jusante RGA-2	1.219.000	59	126,1	188,1	60,8	72,2
Jusante RBA-5	870.000	82	142,9	210,1	78,5	111,4
Jusante RAS-2A	395.000	123	264,6	380,1	127,4	173,7
Jusante RAS-2B	156.000	135	276,8	398,0	137,1	185,9
Foz	-	163	293,1	419,6	189,0	254,5

Cálculo dos Danos Evitados

Os cálculos dos danos evitados foram realizados com base em dois cenários:

- *Cenário A*: considera a situação futura de ocupação da bacia de drenagem e possível canalização do rio Baquirivu-Guaçu, implicando o aumento dos picos de vazão e a diminuição dos tempos de concentração e resultando em inundações de maior duração e com maior frequência ("nada a fazer");
- *Cenário B*: considera a situação futura com ocupação controlada da bacia, preservação das várzeas existentes e do curso do rio Baquirivu-Guaçu e implantação do programa proposto (projeto).

Em ambos os cenários estudados, foram calculados os danos para os períodos de retorno TR 10, 25, 50 e 100 anos. Calcularam-se as seguintes origens de danos: (1) uso e ocupação do solo; (2) paralisação do tráfego; (3) impacto no aeroporto; e (4) doenças de veiculação hídrica.

Como exemplo, estão apresentados os cálculos efetuados para chuvas com período de retorno de 100 anos.

Os danos relacionados ao uso e ocupação do solo foram baseados nos mapas de inundação e na classificação do tipo de uso do solo, sendo adotada a curva de prejuízos x profundidade da inundação adaptada para a região do estudo. As áreas inundadas em cada cenário são apresentadas no Quadro 6.8.

Quadro 6.8 Áreas inundadas para os TR e cenários avaliados

TR (anos)	ÁREA INUNDADA (m²)	
	Cenário A	Cenário B
100	14.264.524,85	2.133.551,70
50	9.985.167,40	1.493.481,49
25	3.921.192,28	588.178,84
10	2.156.655,75	301.931,81

Para o TR 100 anos, os danos referentes ao uso e ocupação do solo resultaram em:

- Cenário A: R$ 905.571.943,96;
- Cenário B: R$ 105.938.802,05.

Para o cálculo dos danos associados à paralisação do tráfego, foi avaliada a paralisação da rodovia Dutra, importante para o escoamento de pessoas e bens, o trânsito dentro da região metropolitana e o fluxo de cargas, e os danos indiretos ocasionados a outras vias de tráfego importantes, como a via Marginal do Rio Tietê, a rodovia Ayrton Senna da Silva e a rodovia Fernão Dias.

Desse modo, o maior movimento na rodovia Dutra continua sendo no trecho da Grande São Paulo, onde trafegam cerca de 220 mil veículos diariamente, tendo sido considerada a média de 2 pessoas por veículo.

O tempo de paralisação do tráfego foi obtido por meio de uma pesquisa no banco de dados da rede telemétrica, em que foi verificado o tempo de permanência dos níveis nos eventos de cheia, resultando nos dados apresentados no Quadro 6.9.

Quadro 6.9 Duração das enchentes para o período de retorno de 100 anos

PERÍODO DE RETORNO	CENÁRIO A	CENÁRIO B
100 anos	12 h	3 h

O cálculo dos danos com a paralisação do tráfego não levou em consideração os danos com perdas de veículos, mas sim valores com perdas das horas paradas no trânsito, referentes aos valores horários social, operacional e de poluição. O custo social se refere ao valor das horas de trabalho perdidas pela população no trânsito; o custo operacional, ao combustível desperdiçado e ao desgaste dos veículos; e o custo de poluição, ao impacto da emissão de poluentes na atmosfera dos veículos parados. O Quadro 6.10 apresenta o custo horário dos danos causados por paralisação do tráfego.

As valorações horárias utilizadas no cálculo dos danos ao tráfego foram as mesmas usadas no estudo de viabilidade do projeto de preservação das Várzeas do Tietê (2010, ver item 6.2.2), com a correção de valores monetários pelo INCC (Fundação Getulio Vargas, 2012).

Quadro 6.10 Custo horário dos danos causados por paralisação do tráfego

ITEM	R$/h
Custo social	32,55
Operacional	8,20
Poluição	0,36
TOTAL	**41,11**

De posse da quantidade de veículos, total de pessoas e valor horário, foi possível calcular os danos para o TR 100 anos nos cenários A e B (Quadro 6.11). Os valores foram obtidos para o cenário futuro, mas com o volume de veículos do ano de 2011/2012.

Quadro 6.11 Danos relacionados à paralisação do tráfego para o TR 100 anos nos cenários A e B

CENÁRIO	VEÍCULOS/DIA	HORAS	VALOR (R$/h)	TOTAL (R$)
A	220.000	12,00	41,11	9.044.200
B	220.000	3,00	41,11	2.261.050

O cálculo dos custos com doenças de veiculação hídrica resumiu-se à estimativa dos custos com o tratamento de diarreia, sendo considerado apenas para as áreas classificadas como favela e ocupação sem infraestrutura. O Quadro 6.12 apresenta as áreas e a estimativa de custos com o tratamento de pessoas afetadas. Ressalta-se que, se fossem disponibilizados dados sobre os custos com o tratamento de outras doenças de veiculação hídrica (como leptospirose, por exemplo), essa estimativa poderia ser aprimorada.

Quadro 6.12 Custos com o tratamento de diarreia

CENÁRIO	ÁREA DE FAVELA (m²)	ÁREA DE OCUPAÇÃO SEM INFRAESTRUTURA (m²)	DENSIDADE DEMOGRÁFICA (HAB./km²)	TOTAL (HAB.)	CUSTO TOTAL (US$)
A	1.138.040,49	80.517,49	3.845,00	46.853,00	632.522,98
B	170.217,25	12.043,04	3.845,00	7.007,00	94.606,76

Em termos de custo de tratamento da diarreia, segundo Garrido e Carrera-Fernandez (2002 apud Nagem, 2008), cada caso tratado exige US$ 13,50, o que faz com que a expressão de custo seja sensível apenas em condições epidêmicas locais.

Adotando 60% desse total, devido às incertezas impostas no cálculo (para considerar apenas pessoas afetadas diretamente pelas inundações), e fazendo a conversão para reais (US$ 1,00 = R$ 1,67), os custos com o tratamento de doenças de veiculação hídrica são de:

- Cenário A: R$ 633.787,96 (US$ 379.513,75);
- Cenário B: R$ 94.795,96 (US$ 56.764,05).

Após o cálculo dos benefícios anuais para cada período de recorrência em cada cenário, os resultados foram plotados no gráfico de benefícios x frequência, conforme apresentado na Fig. 6.17.

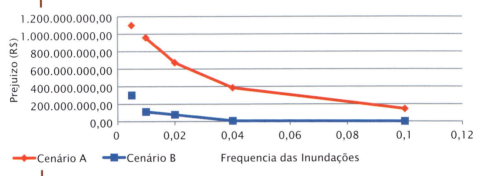

Fig. 6.17 *Gráfico de benefícios x frequência das inundações*

Nessa metodologia, assume-se que o benefício anual total corresponde à área entre as curvas do Cenário A e do Cenário B, que, para esse exemplo, resultou em R$ 36.722.047,57.

Análises Econômicas

Nas análises econômicas foram testadas três hipóteses baseadas na taxa mínima de atratividade, tendo sido calculado o valor líquido presente (VLP), o índice de benefício/custo (IBC), a taxa interna de retorno (TIR) e o *payback*.

O valor líquido presente (VLP) é a concentração de todos os fluxos de caixa, descontados para a data "zero" (presente), usando-se como taxa de desconto a TMA (taxa mínima de atratividade). Se o VLP for positivo, significa que foi recuperado o investimento inicial e a parcela que se teria caso esse capital tivesse sido aplicado à TMA, devendo ser suficiente para cobrir todos os riscos do programa e atrair o investidor.

O índice de benefício/custo (IBC) representa, para todo o horizonte de planejamento, o ganho por unidade de capital investido no programa depois de expurgado o efeito da TMA. Quanto mais próximo de 1, melhores os resultados esperados da alternativa avaliada.

A taxa interna de retorno (TIR) é a taxa que anula o valor líquido presente de um fluxo de caixa e representa um limite de variabilidade da TMA. O risco do programa aumenta à medida que a TMA se aproxima da TIR, a qual pode ser utilizada como limite superior da rentabilidade do programa. Se TIR > TMA, há mais ganho investindo-se no programa do que na TMA.

O período de recuperação do investimento (*payback*) representa o tempo necessário para que os benefícios do programa permitam recuperar o valor investido, sendo um indicador de risco do programa. Projetos cujos *paybacks* se aproximem do final de sua vida econômica apresentam alto grau de risco.

Para as análises econômicas, foram adotados os seguintes valores e critérios:

- custo do programa (ou investimento): R$ 340.000.000,00 (2011);
- prazo de execução das obras: 4 anos;
- amortização do principal: 16 parcelas anuais, iguais e consecutivas;
- taxa de juros do financiamento: 6% a.a., aplicados e computados a partir da data do primeiro desembolso efetuado;
- taxa mínima de atratividade (TMA) do investimento: são analisadas três possibilidades – 12% a.a., desejável em ações privadas, 8% a.a., que representa menor risco, atrelado à taxa Selic, e 6% a.a., que seria a menor TMA aceitável, haja vista os juros internacionais de financiamentos;
- prazo total do programa: 20 anos, englobando os 4 anos da fase de execução e conclusão das obras, seguidos de 16 anos de operação e manutenção do projeto.

O Quadro 6.13 apresenta o resumo dos resultados da análise econômica.

Quadro 6.13   Resumo dos resultados da análise econômica do exemplo

RESUMO DOS RESULTADOS DA ANÁLISE ECONÔMICA			
TMA (%)	IBC (B/C)	TIR (%)	*PAYBACK* (ANOS)
6	1,35	7	25
8	1,18	18	5,5
12	0,93	11	9,6

Uma forma de apresentação dos resultados como visão do investidor é a apresentação do fluxo de caixa no período de análise do projeto avaliado. Nesse exemplo, foi preparado um fluxo de caixa com a complementação do estudo, tendo sido considerados os custos de desapropriação das áreas necessárias para a implantação do projeto e 30% do total da valorização imobiliária prevista. A Fig. 6.18 apresenta o fluxo de caixa desse exemplo.

Conclusões

Nas simulações realizadas, as hipóteses de taxas de juro e de atratividade foram bastante elevadas e acima das praticadas no mercado atualmente. Foi verificado que, a uma taxa de mais de 8% ao ano, haveria atratividade do empreendimento como investimento caso fosse visto estritamente pela ótica da viabilidade econômica.

É inestimável a melhoria da qualidade de vida, da autoestima e da sensação de segurança da população ao saber que vai poder retornar à sua casa sem ter que enfrentar os transtornos causados pelas inundações. Além disso, a prevenção das inundações elimina a perda de itens insubstituíveis presentes nas edificações, como fotografias e lembranças materiais; os danos estéticos aos bens e à paisagem; o empobrecimento progressivo da população atingida por enchentes; e os transtornos relacionados à migração das pessoas atingidas.

Já no que tange às condições sanitárias, a eliminação das inundações, associada à implantação de saneamento básico, ainda que passível de valoração, já justifica os investimentos nas obras, pois exerce significativa melhoria na qualidade de vida e no bem-estar da população.

No tocante à qualidade de vida decorrente das condições de recreação, esportes, cultura e conscientização ambiental, o programa trará, com a implantação do Parque Linear do Baquirivu-Guaçu, uma melhoria inestimável para a população local e também de outros bairros. A sinergia possível com o Parque Ecológico do Tietê tornará a região um atrativo no que se refere a opções de lazer.

Como se demonstrou neste estudo, a região abrangida pelo programa, no entorno do rio Baquirivu-Guaçu, é cortada por importantes artérias viárias, como as rodovias Dutra (no seu trecho mais importante, o eixo Rio-São Paulo), Ayrton Senna e Hélio Smidt, sem contar a futura ligação viária entre esta última e o Rodoanel Governador Mário Covas. O movimento de passageiros e cargas nessas vias é significativo para a economia do país.

FLUXO DE CAIXA (CASH FLOW)

ANO	INVERSÕES NAS OBRAS Construção (R$)	Manutenção (R$)	Total de Inversões (R$)	DESAPROPRIAÇÕES (R$)	BENEFÍCIOS TANGÍVEIS ANUAL (R$)	VALORIZAÇÃO IMOBILIÁRIA (TOTAL DE R$700.000.000,00) (R$)	BENEFÍCIOS + VALORIZAÇÃO IMOBILIÁRIA (R$)	VALOR PRESENTE (TAXA MÍNIMA DE ATRATIVIDADE)	BENEFÍCIOS TOTAIS - TOTAIS DE INVERSÕES (R$)
1	0,00	0,00	0,00	312.192.108,00	0,00	0,00			
2	0,00	0,00	0,00	0,00	20.361.023,79	0,00			
3	0,00	0,00	0,00	0,00	20.361.023,79	80.000.000,00			
4	0,00	0,00	0,00	0,00	36.722.047,57	100.000.000,00			
5	39.374.947,00	1.700.000,00	41.074.947,00	0,00	36.722.047,57	120.000.000,00			
6	39.374.947,00	1.700.000,00	41.074.947,00	0,00	36.722.047,57	200.000.000,00			
7	39.374.947,00	1.700.000,00	41.074.947,00	0,00	36.722.047,57	200.000.000,00			
8	39.374.947,00	1.700.000,00	41.074.947,00	0,00	36.722.047,57	0,00			
9	39.374.947,00	1.700.000,00	41.074.947,00	0,00	36.722.047,57	0,00			
10	39.374.947,00	1.700.000,00	41.074.947,00	0,00	36.722.047,57	0,00			
11	39.374.947,00	1.700.000,00	41.074.947,00	0,00	36.722.047,57	0,00			
12	39.374.947,00	1.700.000,00	41.074.947,00	0,00	36.722.047,57	0,00			
13	39.374.947,00	1.700.000,00	41.074.947,00	0,00	36.722.047,57	0,00			
14	39.374.947,00	1.700.000,00	41.074.947,00	0,00	36.722.047,57	0,00			
15	39.374.947,00	1.700.000,00	41.074.947,00	0,00	36.722.047,57	0,00			
16	39.374.947,00	1.700.000,00	41.074.947,00	0,00	36.722.047,57	0,00			
17	39.374.947,00	1.700.000,00	41.074.947,00	0,00	36.722.047,57	0,00			
18	39.374.947,00	1.700.000,00	41.074.947,00	0,00	36.722.047,57	0,00			
19	39.374.947,00	1.700.000,00	41.074.947,00	0,00	36.722.047,57	0,00			
20	39.374.947,00	1.700.000,00	41.074.947,00	0,00	36.722.047,57	0,00			
TOTAL	315.189.190,23	13.608.186,53	328.797.376,76	312.192.108,00	358.257.267,54	510.053.420,52	868.310.688,06	VP(6%)	868.310.688,06
				TOTAL DE INVERSÕES + DESAPROPRIAÇÕES (R$) 640.989.484,76		299.525.731,25	461.411.552,63	760.937.283,89	VP(8%)	760.937.283,89
						216.817.360,07	380.381.517,65	597.198.877,73	VP(12%)	597.198.877,73

Fig. 6.18 *Fluxo de caixa do projeto avaliado como exemplo*

6   Análise das Alternativas e Viabilidade Econômica

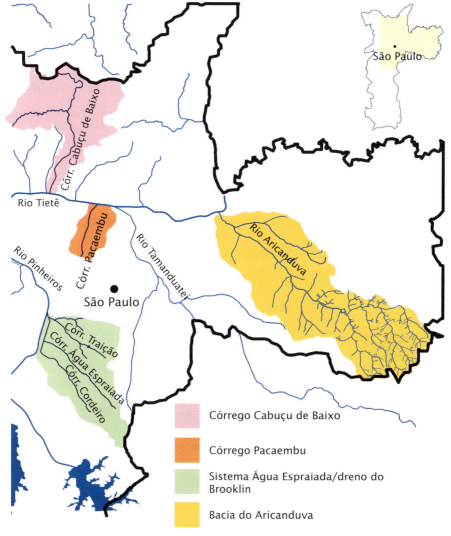

Fig. 7.1 Localização geral dos estudos de casos

Estudos de Casos

7.1 O Reservatório para Controle de Cheias da Av. Pacaembu

Histórico

Desde o início da década de 1960, havia registros de inundações na av. Pacaembu, localizada na zona oeste da cidade de São Paulo. As Fotos 7.1 e 7.2 registram eventos de duas enchentes ocorridas no verão de 1993. As galerias que percorrem o trecho entre a Praça Charles Miller e o Canal de Saneamento (próximo ao deságue final no rio Tietê) têm cerca de 3.000 m de comprimento e apresentam capacidade de vazão bastante inferior à necessária nessa época. A Foto 7.3 mostra aspectos da ocupação da bacia de drenagem do

Foto 7.1 *Enchente na av. Pacaembu, 1993*

Foto 7.2 *Enchente na av. Pacaembu, 1993*

Pacaembu.

Historicamente, as enchentes provocavam, além de danos materiais aos moradores e ao comércio instalado ao longo da avenida, grande transtorno para o tráfego de veículos dessa importante artéria viária, que compõe a interligação das regiões norte e sul da cidade. O tráfego médio diário das duas pistas dessa avenida foi estimado em 60 mil veículos à época do projeto de construção do reservatório.

As inundações, pelas características da bacia e do sistema de galerias, ocorriam de maneira abrupta, surpreendendo as vítimas. Testemunhas dessas enchentes descrevem a formação de uma onda que descia a av. Pacaembu atingindo os veículos e isolando os passageiros.

Durante anos, a prefeitura de São Paulo realizou estudos para tratar do problema, mas as soluções propostas sempre implicavam o

Foto 7.3 *Vista da Praça Charles Miller. Antes e durante as obras do piscinão do Pacaembu*

aumento da capacidade do sistema existente, pela incorporação de novas galerias.

Assim, as soluções foram sempre postergadas por causa da grande soma de recursos necessários, dadas a longa extensão e as dimensões da galeria, além da necessidade de adotar métodos executivos especiais, ou em razão do enorme transtorno que as obras causariam ao tráfego, ao comércio e aos moradores locais, por causa do longo prazo necessário para a construção, ou, ainda, pelos custos e incômodos consequentes à obrigatoriedade de relocação das inúmeras redes de serviços de concessionárias existentes na avenida, como cabos telefônicos (antiga Telesp), cabos elétricos (Eletropaulo), adutoras e coletores de esgotos (Sabesp), gasodutos (Comgás) e a própria rede de coleta de águas pluviais.

Diante desse quadro, o autor estudou uma solução não convencional, que previa a escavação de um reservatório subterrâneo para o amortecimento dos picos de enchente, na área da Praça Charles Miller. Essa solução foi proposta à prefeitura de São Paulo (pela então Secretaria de Vias Públicas) e imediatamente aceita. O reservatório atualmente concluído, está em operação desde o período de cheias de 1994/1995.

Para situar com exatidão, a Fig. 7.1 mostra a localização do córrego Pacaembu em São Paulo.

7.1.1 Apresentação da Solução Reservatório

As características da bacia hidrográfica do córrego Pacaembu são bastante peculiares. Cerca de 70% da área contribuinte à galeria da av. Pacaembu, no seu trecho mais crítico, que se estende até a ferrovia, situa-se acima da Praça Charles Miller. Assim, a área de drenagem na praça é de 2,22 km^2 e até a ferrovia totaliza 3,15 km^2. Junto à praça, ocorre a confluência de três grandes galerias: a primeira, proveniente do estádio, a segunda, da av. Arnolfo Azevedo (lado Sumaré – margem esquerda) e a terceira, da Rua Itatiara (lado Higienópolis – margem direita). Com a conformação das áreas de drenagem, o instante de ocorrência dos picos de vazão dessas galerias que chegam à Praça Charles Miller é muito próximo, cerca de 15 minutos após o início das chuvas. Portanto, nesse instante, ocorre a soma das vazões extremas, atingindo um pico calculado de 43 m^3/s, para uma chuva com período de retorno de 25 anos, ou seja, com risco médio de 4% de acontecer a cada ano.

Diante das características hidrológicas da bacia e da existência de área disponível na praça, foi concebida e desenvolvida a ideia da implantação de um reservatório que armazenasse grande parte dos volumes coletados por essas três galerias, deixando escoar, para a galeria da av. Pacaembu, apenas vazões compatíveis com a sua capacidade.

O prazo para a construção do reservatório seria curto e, dada a sua localização privilegiada, não provocaria interferências nas redes das concessionárias e tampouco no tráfego local. As galerias existentes na avenida não necessitariam de ampliação, sendo previsto apenas um reforço estrutural no trecho em alvenaria.

7.1.2 Dimensionamento do Reservatório

a) Estudos Hidrológicos
Para determinar o hidrograma de projeto, foram realizadas campanhas hidrométricas, com a instalação de um pluviômetro na Praça Charles Miller e de réguas limnimétricas em dois

pontos da galeria, no trecho entre a praça e o Memorial da América Latina.

No período chuvoso de dezembro de 1992 a março de 1993, foram registradas diversas chuvas, com leitura dos instrumentos a cada cinco minutos. A leitura das réguas possibilitou inferir as vazões na galeria por meio do levantamento de curvas (cota x vazão).

Com esses dados, foi possível calibrar um modelo de simulação tipo chuva x vazão, tendo por base a teoria do hidrograma unitário. Ou seja, com base num hietograma de projeto preestabelecido, devidamente discretizado em função do porte da bacia, o modelo adotado determinava o hidrograma de projeto por meio do emprego sucessivo de dois módulos de cálculo: o módulo de obtenção dos deflúvios (chuva excedente), que se fundamenta no método de Horton, e o módulo de convolução desses deflúvios, mediante um hidrograma unitário sintético (método SBUH), ambos descritos no Cap. 3.

Dentre as chuvas observadas, associadas às respectivas vazões, adotou-se o evento de 19/2/1993 para subsidiar a calibração dos parâmetros do modelo hidrológico. O Quadro 7.1 apresenta os principais parâmetros utilizados na calibração, para os pontos Pacaembu-montante (Praça Charles Miller) e Pacaembu-jusante (junto à av. Gal. Olímpio da Silveira). O coeficiente de *runoff* adotado foi 0,61. Os demais pontos da avenida tiveram idêntico tratamento, até a foz das galerias no Canal de Saneamento.

Tendo como base os resultados obtidos com a calibragem do modelo para o caso Pacaembu-montante, foi gerada a Fig. 7.2.

Com o modelo calibrado, foram obtidos os hidrogramas de projeto (ver Fig. 7.3), aplicando-se a distribuição do evento de 19/2/1993 para uma chuva de duração de 120 minutos e TR = 25 anos (80,2 mm de precipitação total), de acordo com os estudos de precipitação intensa na cidade de São Paulo (Magni e Mero, 1986).

Quadro 7.1 Parâmetros adotados para o modelo hidrológico

PARÂMETRO	PACAEMBU MONTANTE	PACAEMBU JUSANTE
Área da sub-bacia (km^2)	2,22	0,64
Fração impermeável total	0,55	0,70
Fração impermeável diretamente conectada	0,45	0,60
Tempo de concentração (h)	0,25	0,25
Capacidade máxima de infiltração (mm/h)	30,00	30,00
Capacidade mínima de infiltração (mm/h)	4,50	4,50
Umidade inicial do solo (mm)	0,00	0,00
Vazão de base (m^3/s)	0,25	0,10

A fim de subsidiar os estudos de sensibilidade quanto ao volume a reservar, foram estabelecidos hidrogramas alternativos para chuvas com períodos de retorno de 25 anos e durações de 1 h, 4 h e 8 h.

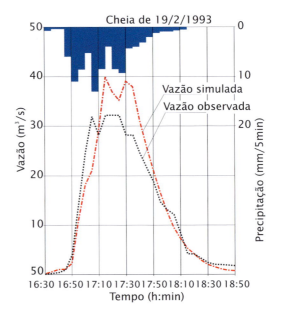

Fig. 7.2 *Calibração do modelo Pacaembu-montante*

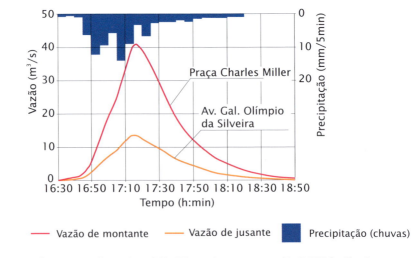

Fig. 7.3 *Hidrogramas de projeto (TR=25 anos) – montante (A=2,220 km²) e jusante (A=0,644 km²)*

b) Estudos Hidráulicos

Os estudos hidráulicos tiveram como objetivos principais: verificar a capacidade de vazão das galerias existentes ajusante da Praça Charles Miller e determinar o volume de armazenamento necessário ao reservatório.

b1) Capacidade de Vazão das Galerias Existentes a Jusante

A partir de cadastros existentes e inspeções de campo, foi possível caracterizar hidraulicamente o conjunto das galerias do córrego Pacaembu, desde a Praça Charles Miller até a foz no Canal de Saneamento, numa extensão de cerca de 2,7 km.

Os perfis longitudinais no trecho de montante (até a estaca 76) são apresentados na Fig. 7.4. A Fig. 7.5 apresenta o desenvolvimento em planta e as características hidráulicas principais das galerias.

Foram realizadas simulações em modelo matemático, para determinar a capacidade máxima de vazão das galerias nos seus diversos trechos, supondo uma vazão em marcha crescente de montante para jusante (Quadro 7.2 e Quadro 7.3).

b2) Determinação do Volume do Reservatório

Os principais parâmetros intervenientes no dimensionamento do reservatório são o hidrograma afluente (descrito no item 7.1.3): [$Q_A = f(t)$]; a curva (cota x volume) do reservatório: [$V = f(N.A.)$]; as características hidráulicas da estrutura de controle (limitada à capacidade de vazão das galerias existentes): [$Q_E = f(t, N.A.)$].

Para implantar o reservatório, outras condicionantes geométricas necessitam ser consideradas: operação a gravidade com fundo ≥ 738,30 m; N.A.$_{máximo}$ (abaixo do nível das ruas laterais) ≤ 744,50 m; e área disponível na praça ≅ 20.000 m².

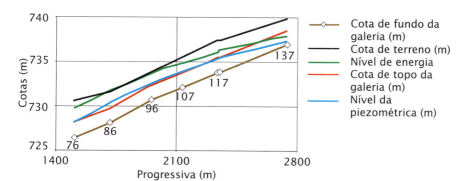

Fig. 7.4 *Escoamento em regime forçado – vazão em marcha de 10,9 m³/s a 17,6 m³/s (entra em carga na estaca 76)*

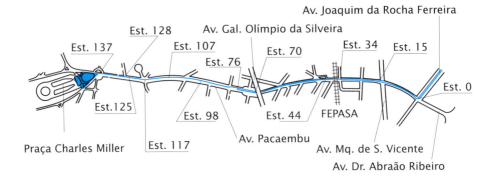

TRECHO	ESTACAS	GALERIA	BASE (m)	ALTURA (m)	DECLIVIDADE MÉDIA (m/m)	VAZÃO MÁXIMA NO TRECHO (m^3/s)
1º	117 –137	única (Tijolos)	2,25	1,65	0,01	14
2º	107 – 117	única (Tijolos)	2,25	1,65	0,01	16
3º	98 – 107	única (Tijolos)	2,25	1,65	0,01	17
4º	76 – 98	única (Tijolos)	2,25	1,65	0,01	20
5º	70 – 76	D – (Tijolos)	2,25	1,65	0,005	22
		E – (Tijolos)	1,67	1,70		
6º	44 – 70	D – (Tijolos)	1,70	1,60	0,005	22
		E – (Concreto)	2,10	1,60		
7º	34 – 44	única (Concreto)	2,35	2,00	0,009	22
8º	15 – 34	D – (Concreto)	2,15	1,95	0,0015	31
		E – (Concreto)	2,15	1,95		
9º	0 - 15	D – (Concreto)	2,15	1,95		
		I – (Concreto)	2,15	1,95	0,003	31
		E – (Concreto)	2,15	1,95		

Fig. 7.5 *Características hidráulicas das galerias existentes*

As análises do amortecimento no reservatório (*flood routing*), limitadas pelas condições de contorno, possibilitam a determinação do volume do reservatório. Portanto, ao se adotar como variáveis o volume do reservatório e a capacidade de vazão da estrutura de controle, é possível, iterativamente, obter a solução do problema.

O diagrama de blocos a seguir ilustra o processo utilizado nessa determinação (Fig. 7.6).

Quadro 7.2 Verificação da capacidade das galerias existentes

TRECHO	ESTACA APROXIMADA (m)	COMPRIMENTO (m)	VAZÃO TÍPICA NO TRECHO (m)	PERDA DE CARGA NO TRECHO (m)	COEFICIENTE DE PERDA DE CARGA LOCALIZADA (m)	COTA DE TOPO DA GALERIA (JUSANTE) (m)	COTA DE FUNDO DA GALERIA (MONTANTE) (m)	COTA DE TOPO DA GALERIA (MONTANTE) (m)	COTA DO TERRENO (MONTANTE) (m)	NÍVEL DA PIEZOMÉTRICA (MONTANTE) (m)	NÍVEL DE ENERGIA (MONTANTE) (m)
P24 - P21	0 - 15 15,5 15	311,0			0,06	720,11	719,00 719,00	720,95 720,95	722,19 722,19		
P21- P15	15-34 35 34 34 35 35,5 35,5	367,0			0,09 0,04 0,1	721,25	720,42 720,43 720,50 720,51	722,42 721,93 722,00 722,01	723,50 723,50 723,50 723,50		
P15- P13	34-44 44,5 44	213,7			0,55	722,40	722,10 723,06	724,10 724,66	726,40 726,40		
P13- P10	44-75 75,5 75	608,3		0,1	0,1	724,66	726,38 726,43	728,08 728,13	730,50 730,50	728,13	729,70
P10- P9C	75-86	208,0	17,6	2,3		728,28	728,10	729,75	731,60	730,42	731,72
P9C- P9B	86-98	240,0	16,0	2,2			730,74	732,39	733,90	732,61	733,75
P9B- P9A	98-107	180,0	15,0	1,4			732,14	733,80	735,60	734,05	734,98
P9A- P6	107-117	204,0	13,6	1,3		733,80	733,85	735,50	737,40	735,39	736,12
P6- P1	117 117-137	395,0	12,0 10,9	1,9	0,1	735,10	733,85 736,97	735,50 738,62	737,40 740,00	735,50 737,37	736,42 737,97

Área da obstrução = 0,34 m²

Com base nesses estudos, foi determinado o volume de reservação e a estrutura de controle necessários para manter as vazões de pico (TR = 25 anos), ao longo de toda a galeria, inferiores à capacidade máxima de vazão. As vazões definidas são o resultado da composição das vazões efluentes do reservatório, acrescidas das descargas provenientes das áreas intermediárias.

A Fig. 7.7 apresenta o hidrograma afluente e o efluente, com amortecimento, ambos para a condição de projeto. O volume de amortecimento necessário corresponde à área do gráfico entre os

Drenagem Urbana e Controle de Enchentes

Quadro 7.3 Escoamento em carga pelas galerias (entra em carga na estaca 76)

TRECHO	ESTACA APROXIMADA	COMPRIMENTO (m)	SEÇÃO Tipo	SEÇÃO Nº da célula	BASE OU DIÂMETRO (m) Célula 1	BASE Célula 2	BASE Célula 3	ALTURA (m) Célula 1	ALTURA Célula 2	ALTURA Célula 3	ÁREA (m²) Célula 1	ÁREA Célula 2	ÁREA Célula 3	DIÂMETRO HIDRÁULICO (m) Célula 1	DH Célula 2	DH Célula 3	CONVEYANCE* (s²/m⁵) Célula 1	CONV Célula 2	CONV Célula 3	PERDA DE CARGA NO TRECHO (m)	VAZÃO (m³/s) Célula 1	VAZÃO Total
P24-P22	0-15	305,00	R	3	2,15	2,15	2,15	1,95	1,95	1,95	4,19	4,19	4,19	2,05	2,05	2,05	5,62E-03	5,62E-03	5,62E-03	0,0000	1	1
P22-P21	15,5	6,00	R	2	2,15	2,15		1,95	1,95		4,19	4,19		2,05	2,05		1,11E-04	1,11E-04		0,0000		
P21-P19	15-33	357,00	R	2	2,15	2,15		1,95	1,95		4,19	4,19		2,05	2,05		6,58E-03	6,58E-03		0,0000		
P19-P18	33-34	10,00	R	1	2,35			2,00			4,70			2,16			1,39E-04			0,0000		
P18-P17	34,5	16,00	R	1	2,35			2,00			4,70			2,16			2,22E-04			0,0000		
P17-P16A	35	1,50	R	1	2,35			2,00			4,70			2,16			2,08E-05			0,0000		
P16A-P16	35,5	15,50	R	1	3,00			1,50			4,50			2,00			2,54E-04			0,0000		
P16-P15	35,5	1,50	R	1	2,35			2,00			4,70			2,16			2,08E-05			0,0000		
P15-P14	35-34	166,50	R	1	2,35			2,00			4,70			2,16			2,30E-03			0,0000		
P14-P13	44,5	13,70	R	1	2,35			2,00			4,70			2,16			1,90E-04			0,0000		
P13-P11E	44-70	508,30	R	2	2,10	1,70		1,60	1,60		3,36	2,72		1,82	1,65		1,64E-02	2,76E-02		0,1322		
P11E-P11	70-75	88,00	R	2	1,67	2,25		1,70	1,65		2,84	3,71		1,68	1,90		4,29E-03	2,22E-03		0,0000		
P11-P10	75,5	12,00	A	1	2,25			1,65			3,17			1,85			4,27E-04			0,1322		
P10-P9C	75-86	208,00	A	1	2,25			1,65			3,17			1,85			7,40E-03			2,2900	17,60	17,60
P9C-P9B	86-98	240,00	A	1	2,25			1,65			3,17			1,85			8,54E-03			2,1850	17,60	17,60
P9B-P9A	98-107	180,00	A	1	2,25			1,65			3,17			1,85			8,40E-03			1,4400	16,00	16,00
P9A-P6	107-117	204,00	A	1	2,25			1,65			3,17			1,85			7,26E-03			1,3420	15,00	15,00
P6-P4	117-125	160,00	A	1	2,25			1,65			3,17			1,85			5,63E-03			0,8200	13,60	13,60
P4-P3	125-127	35,00	C	1	2,00						3,14			2,00			1,36E-03			0,1953	12,00	12,00
P3-P2	127-137	20,00	C	1	2,00						3,15			2,00			7,75E-04			0,0920	12,00	12,00
P2-P1	128-137	180,00		1	2,25			1,65			3,17			1,85			6,40E-03			0,7600	10,90	10,90

Conveyance = constante característica da galeria; Conveyance = f comprimento/diâmetro hidráulico/19,62/(área**2);
Tipos de seção: R - retangular; A - abobadada; C - circular (tubo ARMCO);
Coeficiente universal de perda de carga por atrito (f) - Concreto: 0,13; alvenaria revestida: 0,13; tubo ARMCO: 0,15;
Vazão = (perda de carga no trecho/Conveyance)**0,5

hidrogramas afluente e efluente do reservatório. Esse volume resultou em 74.000 m³.

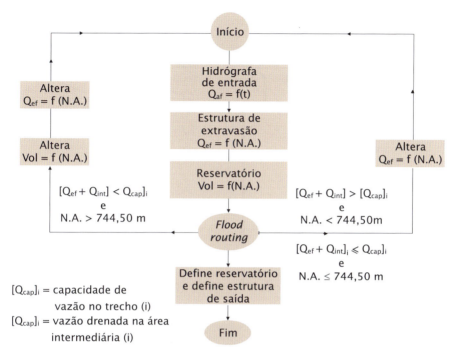

$[Q_{cap}]_i$ = capacidade de vazão no trecho (i)
$[Q_{cap}]_i$ = vazão drenada na área intermediária (i)

Fig. 7.6 *Processo iterativo para definição do volume do reservatório*

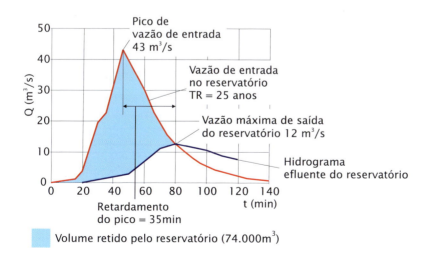

Fig. 7.7 *Eficiência do reservatório no amortecimento da cheia de projeto*

A estrutura de controle das vazões de saída do reservatório ficou constituída por um orifício de fundo de 1 m de base e 0,50 m de altura; uma soleira intermediária na cota 742,40 m com 2 m de largura e uma soleira superior para atender excessos de vazão. A lei de vazão dessa estrutura de controle encontra-se na Fig. 7.8.

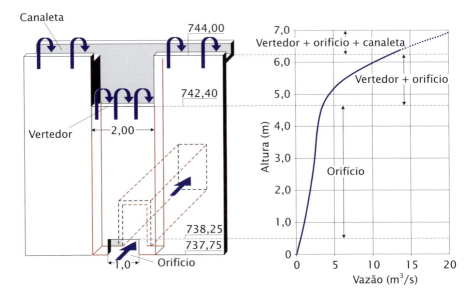

Fig. 7.8 *Praça Charles Miller – reservatório de amortecimento e capacidade do sistema extravasor*

Quadro 7.4 Simulações hidrológicas efetuadas

CONDIÇÃO DE CHUVA	VAZÃO DE PICO (m³/s)	N.A. MÁXIMO NO RESERVATÓRIO (m)	VAZÃO DEFLUENTE MÁXIMA (m³/s)
Chuva de projeto (TR=25 anos) Duração 120 min Distribuição observada in loco	43,14	743,90	11,2
Chuva com duração 60 min (TR = 25 anos) Distribuição crítica climatologicamente provável	42,19	743,53	8,3
Chuva com duração 240 min (TR = 25 anos) Distribuição observada + resíduo climatologicamente provável	43,14	743,90	11,2
Chuva com duração 240 min (TR = 25 anos) Distribuição com "repique" climatologicamente provável	22,92	743,53	8,3
Chuva com duração 240 min (TR =25 anos) Distribuição observada climatologicamente provável	27,98	743,54	8,3
Chuva com duração 480 min (TR =25 anos) Distribuição observada climatologicamente provável	15,02	743,00	5,0

O Quadro 7.4 apresenta os resultados principais do estudo de sensibilidade realizado para chuvas com durações maiores e menores do que a de projeto (Fig. 7.9 a Fig. 7.11). Esses resultados mostraram que a duração de 2 horas e o padrão de distribuição adotado apresentaram maior criticidade.

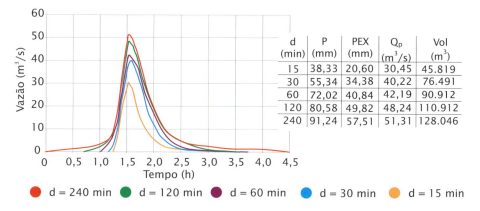

Fig. 7.9 *Hidrogramas para várias durações da chuva – TR = 25 anos*

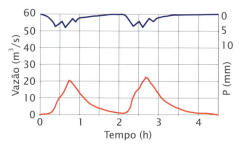

Fig. 7.10 *Hidrograma para chuva de quatro horas de duração com "repique"– TR = 25 anos*

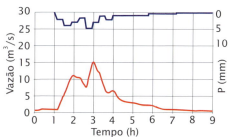

Fig. 7.11 *Hidrograma para chuva de oito horas de duração – TR = 25 anos*

A Fig. 7.12 apresenta o caminhamento da onda de enchente pelas galerias da av. Pacaembu, sem e com a influência do reservatório, para uma cheia de recorrência de 25 anos. Nota-se a falta de capacidade de vazão da galeria existente e a adequação dessa capacidade a partir da implantação do reservatório.

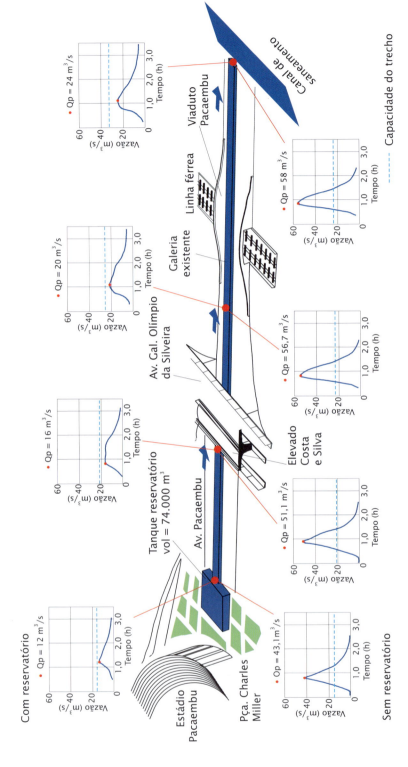

Fig. 7.12 Influência do reservatório ao longo da av. Pacaembu para chuva de projeto (TR = 25 anos)

7.1.3 Projeto do Reservatório

Definidos o volume de reservação necessário e as características da estrutura de controle, foi projetado o reservatório, sendo elaborados estudos de alternativas tanto de solução estrutural como de métodos executivos.

Desses estudos resultou uma concepção bastante simples e econômica. Em linhas gerais, formou-se o reservatório com a escavação da área da praça de 15.000 m², com uma profundidade útil de 5,60 m, e uma cobertura em laje de concreto armado (Fig. 7.13). Os volumes dos serviços principais previstos foram concreto armado (6.000 m³) e escavação em solo (180.000 m³).

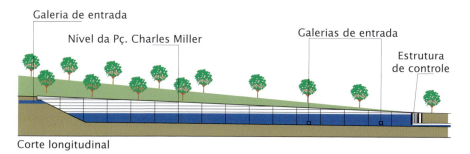

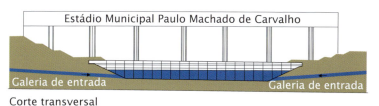

Fig. 7.13 *Concepção geral do reservatório*

Os taludes laterais do reservatório possuem inclinação 1V:2,5H no trecho submetido a rebaixamento rápido.

A estrutura de suporte da laje de cobertura foi composta por vigas longitudinais e pilares pré-moldados, apoiados sobre fundação direta em sapatas.

A cobertura do reservatório foi necessária para permitir a continuidade da utilização da praça como estacionamento, feira livre e área de lazer pela comunidade local.

O interior do reservatório é totalmente revestido e permanece completamente seco durante o período seco, visto possuir no seu interior canaletas que conduzem as águas residuais à galeria de saída.

O encaminhamento das vazões das três vertentes principais ao reservatório é efetuado por meio de galerias de ligação especialmente projetadas (Fig. 7.14).

Ao reservatório, foram previstas rampas de acesso para limpeza, como também aberturas para ventilação e um sistema de iluminação. Portanto, sempre que necessário, e seguindo um rígido manual de manutenção e limpeza, a prefeitura executa o saneamento do local.

Fig. 7.14 *Situação geral do reservatório sob a Praça Charles Miller*

A antiga galeria em alvenaria de tijolos da av. Pacaembu teve sua estrutura reforçada, pois se encontrava desgastada pelos longos anos de operação, principalmente o seu piso. Essa operação foi bastante simplificada pela contenção das águas no reservatório, evitando assim custosas obras de desvio, tendo em vista que os reparos deviam ser realizados a seco.

7.1.4 Aspectos Econômicos

É indispensável aqui uma referência especial aos custos de implantação do reservatório.

A economia propiciada por essa solução é expressiva, além de oferecer uma extrema confiabilidade e garantia de proteção igual ou superior à da solução convencional em galerias.

O custo do reservatório, no projeto básico, foi orçado em cerca de US$ 8 milhões (1993).

Por outro lado, a alternativa de implantação de galerias em sistema *cut-and-cover*, considerada socialmente inviável pelos transtornos ao intenso tráfego local e pela necessidade de relocação de inúmeras interferências, foi orçada em cerca de US$ 20 milhões (1993) no custo direto das obras de projeto básico.

Estimativas preliminares considerando prejuízos por causa das interferências com o sistema viário, durante as obras, supondo um atraso médio de 15 minutos por viagem nos períodos de pico, montavam a US$ 700 mil/mês. Como a construção de novas galerias deveria estender-se pelo menos por dois anos, pôde-se aquilatar o alto custo social dessa intervenção.

A alternativa de implantação de um túnel em solo, sem os inconvenientes de interferências acima citados, percorrendo toda a avenida até o canal de saneamento, construído com o emprego de sistema *mini-shield*, foi orçada em US$ 35 milhões.

Esses números mostram que as diferenças de custos a favor da implantação do reservatório são muito significativas.

7.1.5 Construção do Reservatório

O reservatório de amortecimento de cheias da Praça Charles Miller teve sua construção iniciada pela PMSP – Secretaria de Vias Públicas – no final de 1993.

Em novembro de 1994, portanto 12 meses depois, o reservatório já se encontrava em operação hidráulica, restando apenas detalhes de acabamento, principalmente com relação à laje de cobertura. A Foto 7.4 ilustra alguns aspectos construtivos do reservatório.

O reservatório foi construído, em linhas gerais, em concordância com o projeto descrito nos itens anteriores.

Como a obra atravessou o período chuvoso 1993/1994, as escavações foram realizadas, em uma primeira etapa, mantendo-se em operação a galeria proveniente do estádio. Posteriormente, essa galeria foi desviada, para completar os serviços de escavação.

As obras de recuperação da galeria existente na avenida e de ampliação do sistema de microdrenagem foram também integralmente realizadas conforme o projeto.

A execução das obras introduziu interferências mínimas tanto no tráfego como nas redes das concessionárias de serviços públicos, atendendo às premissas iniciais de projeto.

A escavação foi realizada por métodos convencionais de *cut-and-cover*, sendo necessário o rebaixamento do nível freático apenas em parte da área escavada, por causa da ocorrência de solos muito permeáveis.

Devido ao grande interesse despertado pelo inusitado da obra, o destaque dado pelos órgãos de comunicação, jornais, revistas especializadas e TV, revelou-se bastante significativo.

Foto 7.4
Reservatório
do Pacaembu –
implantação geral
das obras

As Fotos 7.5 a 7.12 a seguir registram alguns aspectos da construção do reservatório do Pacaembu.

Foto 7.5 *Vista geral da escavação – 1ª fase*

Foto 7.6 *Vista geral da escavação e sapatas*

Foto 7.7 *Execução da galeria de saída*

Foto 7.8 *Instalação de pilares pré-moldados*

Foto 7.9 *Vista da concretagem final da laje*

Foto 7.10 *Instalação de vigas pré-moldadas e pré-lajes*

Foto 7.11 *Vista da concretagem do muro lateral de fechamento*

Foto 7.12
Reservatório do Pacaembu – fase construtiva

7.1.6 Desempenho do Reservatório

Em época anterior às chuvas do período 1994/1995, a Fundação Centro Tecnológico Hidráulica (FCTH) instalou na Praça Charles Miller um posto pluviométrico dotado de pluviômetro e pluviógrafo para registro das precipitações no local.

De todos os eventos registrados pelo pluviógrafo no período de medição, foram selecionadas seis chuvas, consideradas as mais críticas.

As datas de ocorrência e as características principais desses eventos estão registradas no Quadro 7.5.

Com os parâmetros hidrológicos obtidos na calibragem do modelo hidrológico (chuva-vazão), foram obtidos os hidrogramas das chuvas escolhidas, em dois pontos notáveis da bacia: um, na Praça Charles Miller – denominado Pacaembu-montante; e outro, na Rua Cândido Espinheira (junto à av. Gal. Olímpio da Silveira) –denominado Pacaembu-jusante.

Quadro 7.5 Vazões oriundas de chuvas críticas – sem reservatório

CASO	DATA	DURAÇÃO (min)	TOTAL PRECIPITADO (mm)	VAZÃO PACAEMBU MONTANTE (m³/s)	VAZÃO PACAEMBU JUSANTE (m³/s)	VAZÃO TOTAL (m³/s)	FIGURA
1	2/2/95	320	90,70	17,91	6,19	24,10	7.15
2	12/2/95	360	44,30	34,55	10,46	45,01	7.16
3	19/2/95	470	33,50	10,63	3,32	13,95	7.17
4	9/3/95	500	56,90	38,06	11,46	49,52	7.18
5	29/3/95	920	49,10	17,44	5,40	22,84	7.19
6	30/3/95	110	36,00	30,13	9,15	39,28	7.20

Obs: Capacidade da galeria existente no trecho mais crítico: 14 m³/s.

Os hidrogramas obtidos para o ponto Pacaembu-montante correspondem, portanto, às vazões que afluíram ao reservatório já em operação no período, por ocasião das precipitações registradas.

Pelo processo de *flood routing*, foram obtidos os hidrogramas efluentes do reservatório (Quadro 7.6). Os hidrogramas das vazões na galeria da av. Pacaembu, no ponto Pacaembu-jusante, foram obtidos pela soma entre os hidrogramas das vazões efluentes do reservatório e os hidrogramas concomitantes da área de drenagem intermediária (Figs. 7.15 a 7.20).

Conforme observado nos quadros-resumo, as precipitações registradas no período foram de grande criticidade, gerando picos de vazão e volumes de deflúvio bastante elevados.

O desempenho hidráulico do reservatório de amortecimento no período chuvoso 1994/1995 pode ser visualizado pela comparação entre a capacidade da galeria de jusante av. Pacaembu e as vazões de pico reconstituídas sem e com reservatório no Quadro 7.7.

Quadro 7.6 Desempenho do reservatório para chuvas críticas

CASO	DATA	VAZÃO EFLUENTE RESERVATÓRIO	VAZÃO PACAEMBU JUSANTE (m³/s)	VAZÃO TOTAL (m³/s)	NÍVEL D'ÁGUA MÁXIMO ATINGIDO NO RESERVATÓRIO (m)	VOLUME MÁXIMO OCUPADO NO RESERVATÓRIO (m³)	OCUPAÇÃO DO RESERVATÓRIO (%)	FIGURA
1	2/2/95	8,20	6,19	12,05	743,51	68.463	93	7.15
2	12/2/95	4,90	10,46	12,66	742,96	59.710	81	7.16
3	19/2/95	2,20	3,32	5,22	740,37	22.671	31	7.17
4	9/3/95	7,90	11,46	13,96	743,47	67.734	92	7.18
5	29/3/95	2,70	5,40	7,60	741,54	38.805	52	7.19
6	30/3/95	3,10	9,15	11,15	742,44	51.964	70	7.20

Obs: Cota de topo do reservatório = 744 m
Volume total do reservatório = 74.000 m³

Quadro 7.7 Comparação das vazões nas condições sem e com reservatório e consequências

		SEM RESERVATÓRIO		COM RESERVATÓRIO		
CASO	DATA	VAZÃO A JUSANTE (m³/s)	CONSEQUÊNCIA DA CHUVA	VAZÃO A JUSANTE (m³/s)	CONSEQUÊNCIA DA CHUVA	FIGURA
1	2/2/95	24,1	Inundação	12,05	Não inundação	7.15
2	12/2/95	45,01	Inundação	12,66	Não inundação	7.16
3	19/2/95	13,95	Não inundação	5,22	Não inundação	7.17
4	9/3/95	49,52	Inundação	13,96	Não inundação	7.18
5	29/3/95	22,84	Inundação	7,6	Não inundação	7.19
6	30/3/95	39,28	Inundação	11,15	Não inundação	7.20

Dos seis registros obtidos e de acordo com as respectivas simulações, nota-se que haveria inundação da avenida e áreas próximas em pelo menos cinco eventos.

Nas Figs. 7.15 a 7.20 apresentam-se os hidrogramas Pacaembu-montante, Pacaembu-jusante e o resultante da soma desses dois, para as seis chuvas analisadas, sem e com o reservatório em funcionamento.

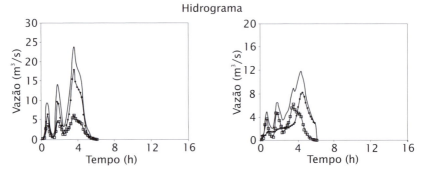

Fig. 7.15 *Caso 1 – sem reservatório; com reservatório*

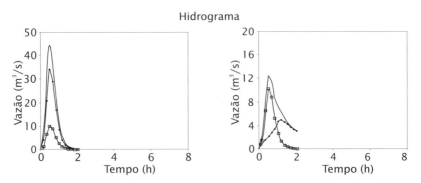

Fig. 7.16 *Caso 2 – sem reservatório; com reservatório*

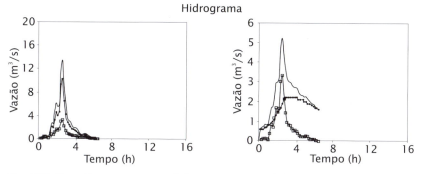

Fig. 7.17 *Caso 3 – sem reservatório; com reservatório*

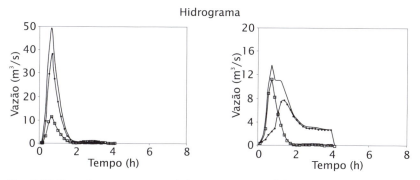

Fig. 7.18 *Caso 4 – sem reservatório; com reservatório*

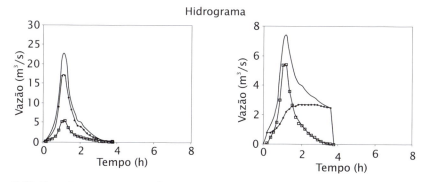

Fig. 7.19 *Caso 5 – sem reservatório; com reservatório*

7.1.7 Conclusões

A experiência e análises apresentadas conduziram a algumas conclusões. A implantação do reservatório na Praça Charles Miller representou uma solução econômica e ambientalmente adequada, que garante o controle das cheias na av. Pacaembu de forma automática, com segurança e confiabilidade. Esta obra solocionou um

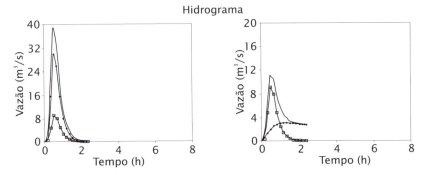

Fig. 7.20 *Caso 6 – sem reservatório; com reservatório*

antigo problema da cidade, em curto prazo, sem maiores transtornos à população, consideradas as reduzidas interferências. No primeiro período de chuvas intensas (1994/1995), o reservatório evitou pelo menos cinco ocorrências de inundações (item 7.1.6).

Essa solução permitiu uma economia de US$ 27 milhões, aproximadamente, se comparada à solução em túnel e considerando os custos de projeto básico.

Destaca-se que a redução das vazões a jusante propicia economia e viabilidade técnica ao controle de inundações dos coletores maiores da bacia hidrográfica. Nesse sentido, a solução tradicional de galerias tende a aumentar as vazões a jusante e, portanto, encarecer e tornar inviável a solução das inundações para os coletores da bacia hidrográfica.

Essas vantagens demonstraram o alto interesse da análise de soluções não convencionais em drenagem urbana, principalmente em grandes centros como São Paulo. A partir desse projeto, a prefeitura de São Paulo e de outras cidades e órgãos públicos como o DAEE iniciaram o estudo de alternativas desse tipo para outros locais de inundações frequentes.

7.2 Complexo Água Espraiada/Dreno do Brooklin
Antecedentes

O dreno do Brooklin corre paralelo ao canal Pinheiros, na sua margem direita, quando considerado o sentido natural do escoamento. Está situado na região oeste do município de São Paulo, no bairro Itaim Bibi, e desenvolve-se no sentido sul-norte (ver Fig. 7.1). Conduz as águas dos córregos Cordeiro, Água Espraiada e Traição até o canal Pinheiros inferior (CPI). Sua bacia hidrográfica abrange os bairros de Santo Amaro, Jabaquara, Campo Belo, Moema e Cidade Ademar.

Originalmente, esses córregos encaminhavam-se ao rio Pinheiros.

Após a conclusão das obras de reversão do curso natural do rio Pinheiros, executadas entre 1934 e 1957, para a geração de energia na usina Henry Borden, passou-se a denominar canal Pinheiros inferior ao trecho entre a elevatória de Traição e o rio Tietê, e canal Pinheiros superior (CPS) ao trecho entre as elevatórias de Pedreira e de Traição. Com a implantação da reversão, os níveis d'água operacionais do CPS se elevaram, impedindo o deságue natural dos córregos. Surgiu a necessidade de conduzir suas águas ao CPI, sendo implantado, no início dos anos 1970, um canal a céu aberto paralelo ao canal Pinheiros, entre a atual av. Roque Petroni Júnior e a av. dos Bandeirantes. Com o avanço da urbanização, o dreno foi canalizado por galeria celular de concreto, sob as atuais avs. Eng.º Luís Carlos Berrini e Dr. Chucri Zaidan.

Com relação ao córrego Água Espraiada, o registro dos problemas remonta a 1964, quando o Departamento de Estradas e Rodovias-DER iniciou a desapropriação de áreas ao longo do córrego para a implantação de uma via expressa. A indefinição que se seguiu ao processo de desapropriação iniciou a progressiva deterioração da região, com a retomada dos imóveis desapropriados e a formação de favelas.

Quanto ao sistema de reversão mencionado, que abrange as águas do Alto Tietê e do canal Pinheiros, à finalidade original de geração de energia, foram integradas outras três, ao longo dos últimos anos: saneamento (diluição de esgotos), abastecimento público e prevenção de enchentes, esta última prioritária. Para atendê-la, o sistema é operado de modo a afastar as afluências à região metropolitana o mais rápido possível. Isso é feito com a abertura das comportas da barragem de Edgard de Souza no rio Tietê, o isolamento do canal Pinheiros, pelo fechamento das comportas de Retiro, e o bombeamento máximo nas usinas elevatórias de Traição e Pedreira. Essa ação é preventiva, determinada por uma rede telemétrica que fornece os dados para a concessionária de energia Emae (Empresa Metropolitana de Águas e Energia), anteriormente Eletropaulo, que opera o sistema.

7.2.1 Apresentação do Caso

O objetivo principal do estudo foi definir o conjunto de obras mais interessantes do ponto de vista técnico-econômico, para a solução das frequentes inundações ao longo do córrego Água Espraiada e do seu corpo receptor, o chamado dreno do Brooklin (ver Fig. 7.1).

O estudo integrado de soluções para a canalização do Água Espraiada e a adequação do dreno do Brooklin, com obras de reforço de capacidade, tornou-se imperativo devido ao grande vulto dos investimentos necessários e à significativa influência recíproca dessas duas obras de canalização.

Estudaram-se várias alternativas, em sua maioria do tipo não convencional, para a canalização do Água Espraiada e para as obras correspondentes de reforço do dreno do Brooklin, compreendendo diversas configurações possíveis de intervenção no sistema. A Foto 7.13 mostra aspectos da obra já implantada.

Uma elaboração de orçamentos preliminares para cada alternativa permitiu a comparação de custos.

Tendo em vista que os riscos associados a algumas alternativas dependiam das condições operativas do CPS, foi necessária a análise qualitativa.

7.2.2 Apresentação do Problema

A bacia hidrográfica do dreno do Brooklin encontrava-se totalmente urbanizada à época dos estudos. Em razão da urbanização, da implantação de sistemas de microdrenagem e da canalização e retificação de córregos, os coeficientes de escoamento superficial aumentaram e reduziram-se os tempos de concentração da bacia. Por conseguinte, as vazões de cheia na região tornaram-se cada vez mais elevadas, e as condições de escoamento tornaram-se crí-

Foto 7.13
Complexo Água Espraiada (Revista do Instituto de Engenharia –1996)

ticas, principalmente nos casos do córrego Cordeiro e do dreno do Brooklin.

Os córregos Cordeiro e Traição e o dreno do Brooklin encontravam-se canalizados, enquanto o Água Espraiada achava-se na calha natural, com alguns pontilhões nos cruzamentos com as principais artérias viárias.

A qualidade das águas que afluíam ao dreno era péssima, principalmente as provenientes do córrego Água Espraiada, típico caso de esgoto a céu aberto. No córrego Cordeiro, o esgoto já se encontrava separado do sistema de águas pluviais, e recolhido pelos coletores-tronco existentes.

As características geométricas das canalizações então existentes no dreno do Brooklin são as apresentadas no Quadro 7.8. O reforço do córrego Cordeiro encontrava-se praticamente todo implantado no trecho entre o largo Los Andes e a av. Washington Luís, como parte do Anel Viário Metropolitano do Metrô.

O dreno do Brooklin tinha um trecho de reforço na av. Dr. Chucri Zaidan, entre o Largo Los Andes e a av. Morumbi, recentemente executado pela Companhia do Metrô. O projeto de reforço entre o córrego Água Espraiada e a av. dos Bandeirantes ainda não havia sido implantado.

O projeto de canalização original do córrego Água Espraiada encontrava-se com apenas um trecho de 100 m executado, entre as ruas Ribeiro do Vale e Bartolomeu Feio. Por ocasião do projeto original, fora previsto um sistema viário de fundo de vale com duas pistas de três faixas cada, junto do canal. Tanto a canalização como o sistema viário tinham cerca de 4,3 km de extensão, entre a av. Eng.º Luís Carlos Berrini e a av. Dr. Lino de Moraes Leme.

7.2.3 Caracterização Hidráulico-Hidrológica

As áreas de drenagem do dreno do Brooklin nos pontos de confluência com os córregos Cordeiro, Água Espraiada e Traição e o comprimento de cada um desses trechos encontram-se no Quadro 7.9.

O grau de urbanização e, portanto, de impermeabilização dessas sub-bacias é bastante elevado. Nos estudos hidrológicos, adotou-se o número de deflúvio CN = 95 (método do SCS).

As vazões de pico estimadas nos pontos notáveis do sistema e as capacidades de vazão do dreno do Brooklin encontram-se no Quadro 7.10. Essas capacidades foram estimadas com n = 0,017 (Manning) e relação profundidade-altura (h/d) igual a 90%. Os hidrogramas das vazões afluentes nesses pontos foram obtidos pelo método

Quadro 7.8 Características das principais canalizações e projetos existentes

CÓRREGO	TRECHO	EXTENSÃO (m)	DIMENSÕES DA CANALIZAÇÃO (m) Existente	Projetada
Cordeiro	Da Rua Álvares Fagundes à Rua Frederico Albuquerque	1.195	1 (3,50 x 3,00)	–
	Da Rua Frederico Albuquerque à Rua Luís G. Bicudo	1.176	1 (3,50 x 3,00)	1 (3,00 x 2,80)
	Da Rua Luís G. Bicudo à Rua Nazaré R. Farah	290	1 (3,50 x 3,00)	1 (3,00 x 3,40)
	Da Rua Nazaré R. Farah à Av. Washington Luís	1.050	2 (2,50 x 3,00)	1 (3,00 x 3,40)
	Da Av. Washington Luís à Rua Eng.º Ademar Franco	595	2 (2,50 x 3,20) 1 (4,00 x 3,50)	–
	Da Rua Eng.º Ademar Franco à Rua Barão do Triunfo	1.795	2 (2,50 x 3,20) 1 (4,50 x 3,50)	–
	Da Rua Barão do Triunfo até a Rua Cancioneiro Popular	795	2 (2,50 x 3,40) 1 (4,50 x 3,50)	–
	Da Rua Cancioneiro Popular até o largo Los Andes	665	2 (2,50 x 3,40) 1 (5,00 x 3,50)	–
Dreno do Brooklin	Entre o largo Los Andes e Av. Morumbi	350	2 (3,50 x 3,50) 1 (5,00 x 3,50)	
	Da Av. Morumbi até 230 m a montante do Água Espraiada	130	1 (8,90 x 4,90)	–
	De 230 m até 100 m a montante do Água Espraiada	1.840	2 (4,00 x 4,60)	–
	De 100 m a montante do Água Espraiada até a Rua Três	200	2 (4,00 x 4,60)	1 (5,50 x 4,60)
	Da Rua Três até o acesso Marginal/Bandeirantes	360	2 (2,80 x 4,60) 1 (2,95 x 4,60)	1 (5,50 x 4,60) + demolição
	Do acesso à Marginal/Bandeirantes até o CPI	3.520	2 (2,80 x 4,60) 2 (4,10 x 4,80)	–
Água Espraiada	Av. Dr. Lino de Moraes Leme até a Rua Pitu	3.520	–	Canal retangular B = 6
	Da Rua Pitu até a Av. Eng.º Luís Carlos Berrini	780	–	Canal retangular B = 7
Traição	trecho final	–	3 (4,00 x 2,40)	–

CUHP (*Colorado Urban Hydrograph Procedure*) e são apresentados nas Figs. 7.21 e 7.22, para condições de um amortecimento e dois amortecimentos, respectivamente, que serão explicitadas a seguir.

No trecho Cordeiro-Água Espraiada do dreno do Brooklin, há três seções típicas (Quadro 7.8), sendo que os 690 m de montante têm

Quadro 7.9 Áreas de drenagem e extensão do Dreno do Brooklin

LOCAL		ÁREA (km²)	EXTENSÃO (m)
Junção Córrego Cordeiro	Montante	1,0	–
	Jusante	16,6	–
Junção Água Espraiada	Montante	16,9	920
	Jusante	28,5	–
Junção Córrego Traição	Montante	30,5	1.980
	Jusante	46,7	–
Foz-Canal Pinheiros Inferior		47,0	320

capacidade suficiente (110,40 m³/s). Os 230 m restantes devem ser reforçados para escoar 20,60 m³/s, qualquer que seja a alternativa escolhida a jusante da confluência com o córrego Água Espraiada.

No trecho Água Espraiada-Traição, os 1.840 m de montante apresentam déficit de vazão de 93,80 m³/s e nos 200 m seguintes, após a Rua Três, o déficit diminui para 82,10 m³/s.

As derivações do dreno a jusante da Rua Três, assim como a junção Traição-Dreno, requerem adaptações, a fim de permitir melhor distribuição pelas galerias existentes das vazões afluentes nesses pontos. A capacidade de vazão apontada no Quadro 7.10 pressupõe essas intervenções.

Quadro 7.10 Vazões afluentes e capacidades nos trechos do Dreno do Brooklin

LOCAL	VAZÕES DE PICO NA ÉPOCA DO ESTUDO DE ALTERNATIVAS (m³/s)				CAPACIDADE DA CANALIZAÇÃO EXISTENTE (m³/s)	DÉFICIT (m³/s)
	TR = 5 anos	TR = 10 anos	TR = 25 anos	TR = 50 anos		TR = 50 anos
A - Dreno do Brooklin						
Trecho Cordeiro - Água Espraiada	64,7	77,6	94,1	106,3	85,7	20,6
Trecho Água Espraiada - Traição	109,3	131,1	158,9	179,5	85,7	93,8
Trecho Traição - Pinheiros	159,2	190,7	230,7	260,5	189,9	70,6
B - Água Espraiada						
Trecho montante Washington Luís	55,0	66,5	73,0	84,0	não canalizado	–
Trecho Washington Luís - Dreno do Brooklin	55,0	66,5	73,0	84,0	não canalizado	–

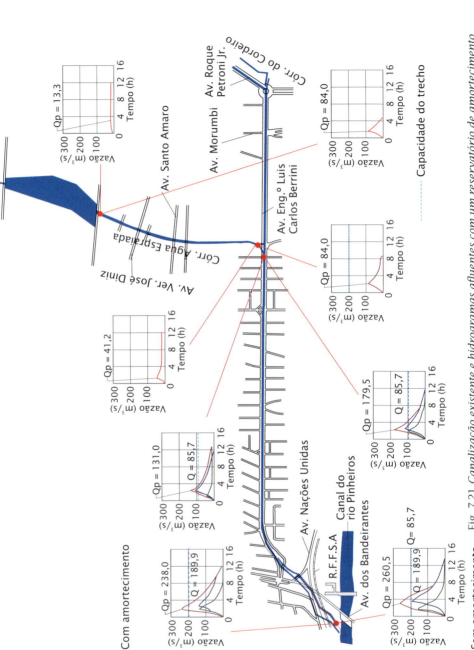

Fig. 7.21 Canalização existente e hidrogramas afluentes com um reservatório de amortecimento

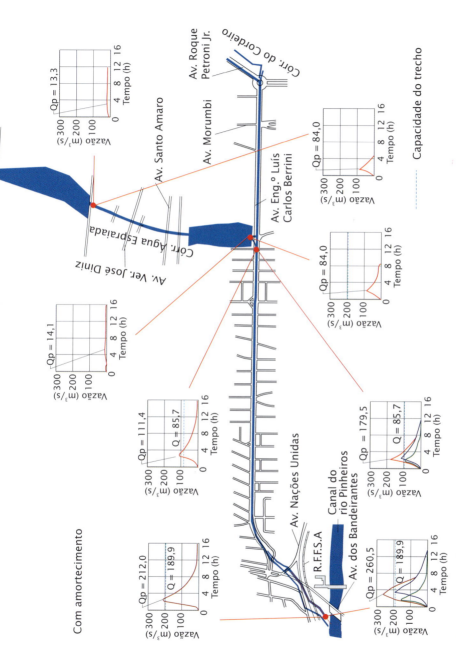

Fig. 7.22 Canalização existente e hidrogramas afluentes com dois reservatórios de amortecimento

7 Estudos de Casos

O Quadro 7.10 mostra também que o local mais crítico do dreno do Brooklin corresponde ao trecho Água Espraiada-Traição, com extensão de 1.970 m e déficit de capacidade de vazão de cerca de 94 m^3/s, ou seja, 110% da sua capacidade atual.

7.2.4 Alternativas Estudadas

As alternativas estabelecidas no estudo visaram à otimização das obras previstas para a canalização do Água Espraiada e reforço do dreno do Brooklin, de forma conjunta, adotando sempre que possível soluções não convencionais.

Foi importante enfocar a questão integradamente, uma vez que o trecho mais crítico do dreno do Brooklin situa-se a jusante do Água Espraiada, e o seu reforço por solução convencional em galerias, além de implicar custo bastante elevado, provocaria transtorno ao tráfego local. O fato de o córrego Água Espraiada ainda se encontrar em condições naturais, com áreas livres no seu entorno, permitiu estudar soluções envolvendo o amortecimento de picos por meio de reservatórios, visando à redução das dimensões da canalização do próprio córrego e, principalmente, do déficit de capacidade no dreno, com a consequente redução no porte das obras de reforço.

Foram estudados dois locais para implantar os reservatórios de retenção no Água Espraiada: a montante da av. Washington Luís e a montante da av. Eng.º Luís Carlos Berrini, na sua foz. Além disso, foi estudada a solução de canalização convencional, segundo o projeto existente.

A implantação dos reservatórios foi prevista em áreas desapropriadas, limitadas pelo sistema viário proposto no estudo Operação Urbana Água Espraiada. As escavações poderiam ser executadas com métodos convencionais, em solo, e os revestimentos seriam, na maior parte, em grama. As áreas só seriam inundadas nas épocas de cheias; adicionalmente, canais longitudinais foram previstos no fundo dos reservatórios para escoamento das vazões de base.

As alternativas estabelecidas apresentavam aspectos particulares que mereceram considerações de caráter técnico, podendo ser tratadas individualmente nos três grupos principais das soluções possíveis para o Água Espraiada

Grupo A: Canalização Original do Água Espraiada (Alternativas 1, 2 e 3)

A alternativa de manter o projeto original do Água Espraiada exigia o reforço do dreno do Brooklin, no trecho Água Espraiada-Traição, para uma vazão de 94 m^3/s (TR = 50 anos).

Para adequar a capacidade, verificaram-se as alternativas de reforço das galerias existentes (Alternativa 1), a implantação de um sistema de bombeamento (Alternativa 2) e a construção de um canal extravasor, que dirigiria a vazão excedente ao CPS (Alternativa 3). As Alternativas 2 e 3 estão representadas nas Figs. 7.23 e 7.24.

O sistema de bombeamento compreenderia o canal adutor e as instalações de recalque, entre a av. Eng.º Luís Carlos Berrini e a marginal do Pinheiros. A tubulação de recalque, de aço, atinge o canal Pinheiros após a travessia das marginais e da via férrea.

As bombas previstas eram do tipo hélice com fluxo axial, pás fixas, eixo vertical, com altura de recalque máxima de 4 m e vazão unitária de cerca de 25 m³/s. A potência unitária estimada era de 1.200 HP. Essas bombas foram escolhidas após comparação de custos de equipamentos mais as respectivas obras civis.

Como na junção Água Espraiada-dreno do Brooklin, o N.A. máximo admissível era 721,90 m (IGG), e os níveis mínimos e máximos operacionais do CPS 720,15 m e 722,15 m, foi concebida uma alternativa de extravasão por canal a gravidade, ligando o dreno do Brooklin ao CPS. Como condição de contorno do Grupo A, a vazão máxima a ser escoada por esse canal seria de 94 m³/s. O controle desse canal

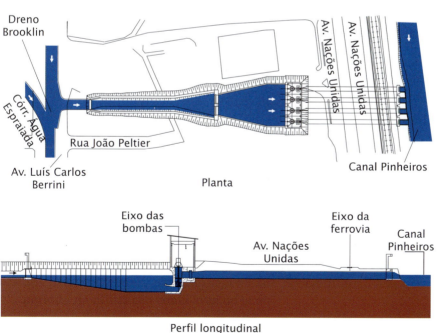

Fig. 7.23 *Sistema de bombeamento ao Canal Pinheiros – planta e corte típicos*

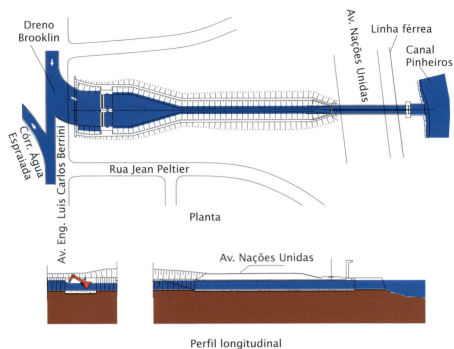

Fig. 7.24 *Sistema de extravasão direta ao canal Pinheiros – planta e corte típicos*

seria realizado por comporta automática, tipo Neyrpic, que fecharia sempre que o N.A. do canal Pinheiros superasse os níveis no dreno.

Grupo B: Um Reservatório de Amortecimento no Córrego Água Espraiada (Alternativas 4, 5 e 6)

As alternativas desse grupo consideravam a redução nos picos de vazão propiciada por um reservatório implantado a montante da travessia da av. Washington Luís (Fig. 7.25). O controle da vazão efluente do reservatório seria feito por uma galeria quadrada de 1,20 m de lado, sem comporta. O volume útil necessário no reservatório seria de 387.000 m^3.

Um hidrograma com pico afluente nesse local, de 84 m^3/s, seria amortecido para um pico de 13,30 m^3/s. Dessa forma, reduziriam-se as vazões de projeto da canalização do Água Espraiada e, por conseguinte, o reforço necessário no dreno do Brooklin.

O déficit na capacidade de vazão no dreno passaria a 45 m^3/s, nesse caso, seriam estudadas as hipóteses de reforço das galerias (Alternativa 4), sistema de bombeamento (Alternativa 5) e restituição direta ao CPS (Alternativa 6).

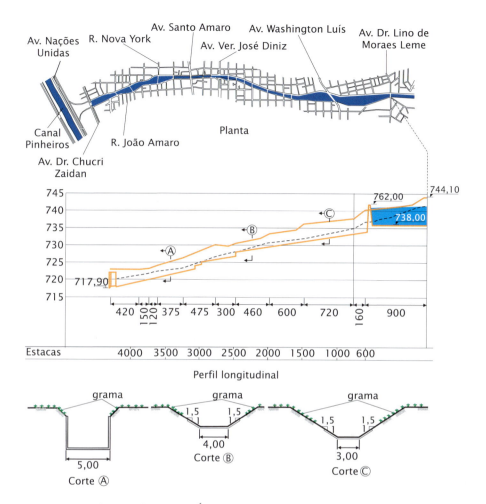

Fig. 7.25 *Canalização do córrego Água Espraiada com um amortecimento (Alternativas 4 a 6)*

A Fig. 7.21 mostra os hidrogramas afluentes a diversos locais do dreno com um reservatório de amortecimento.

Grupo C: Duplo Amortecimento no Água Espraiada (Alternativas 7, 8, 9 e 10).

Neste grupo, o amortecimento seria propiciado por dois reservatórios (ver Fig. 7.26), sendo o superior junto à av. Washington Luís e o inferior no trecho final do córrego Água Espraiada, junto à av. Eng.º Luís Carlos Berrini. Com o amortecimento propiciado por esses dois reservatórios, a vazão de pico na confluência com o dreno, que era de 84 m³/s para TR = 50 anos, reduziu-se para 14,10 m³/s na saída do reservatório inferior. O controle de saída do reservatório inferior seria assegurado por uma galeria de seção quadrada, com 1,50 m de lado, sem comporta. O volume útil desse reservatório inferior resultou em 250.000 m³, com o do superior permanecendo em 387.000 m³.

Para esse grupo de alternativas, o reforço de capacidade necessário no dreno do Brooklin resultou em 26 m³/s.

Quanto ao dreno do Brooklin, estudaram-se alternativas de adequação, por meio de reforço de galeria (Alternativa 7), sistema de bombeamento (Alternativa 8), e restituição direta ao CPS (Alternativa 9).

A Alternativa 10 correspondeu à possibilidade de não execução de obras de adequação do dreno, ou seja, admitindo-se um risco de inundação maior. Nessa alternativa atendeu-se à cheia com TR = 12 anos em vez de 50 anos.

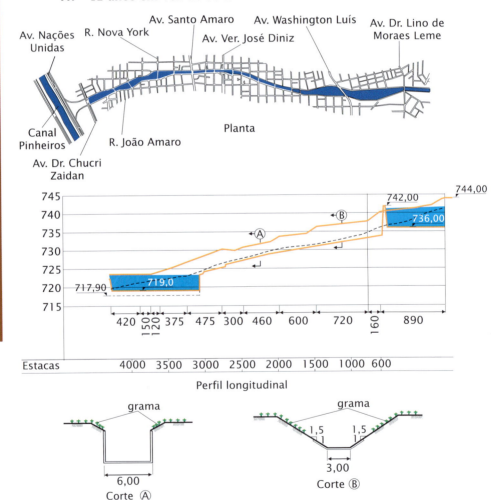

Fig. 7.26 *Canalização do Córrego Água Espraiada com duplo amortecimento (Alternativas 7 a 10)*

Os hidrogramas resultantes da hipótese de duplo amortecimento encontram-se na Fig. 7.22.

Resultaram, portanto, dez alternativas, descritas resumidamente no Quadro 7.11.

Quadro 7.11 Descrição sucinta das alternativas estudadas

GRUPO	ALTERNATIVA	ÁGUA ESPRAIADA SOLUÇÃO	Q (m³/s)	DRENO DO BROOKLIN SOLUÇÃO	Q (m³/s)
A	1	Canal projetado originalmente	84	Reforço em galerias (projetado)	94
	2		84	Sistema de bombeamento	94
	3		84	Extravasão direta	94
B	4	Reservatório de amortecimento único, junto à av. Washington Luís	24, 35 e 41 (Trechos 1, 2 e 3)	Reforço em galerias	45
	5			Sistema de bombeamento	45
	6			Extravasão direta	45
C	7	Duplo amortecimento Reservatórios junto à av. Washington Luís e junto à av. Eng.º Luís Carlos Berrini	24 e 35 (Trechos 1 e 2)	Reforço em galerias	26
	8			Sistema de bombeamento	26
	9			Extravasão direta	26
	10			Sem obras	–

7.2.5 Orçamentos Preliminares

Os orçamentos preliminares foram elaborados com os custos unitários da tabela da Siurb/PMSP. Os custos dos equipamentos mecânicos foram obtidos por consultas a fabricantes.

Foram elaborados orçamentos separados para as três alternativas de canalização do córrego Água Espraiada (convencional, com um reservatório e com dois reservatórios) e para as três alternativas do dreno do Brooklin (reforço, bombeamento e comportas). No segundo caso, foram orçadas as obras necessárias para as três vazões remanescentes, que dependem do tipo de solução adotada no córrego Água Espraiada (Quadro 7.12).

Em todas as alternativas, a canalização do córrego Água Espraiada foi limitada, a montante, na av. Dr. Lino de Moraes Leme. Não foram incluídos os custos referentes à construção das avenidas de fundo de vale.

Quadro 7.12 Resumo dos orçamentos

GRUPO	ALTERNATIVA (SOLUÇÃO DO DRENO)	CUSTOS ESTIMADOS (US$)		
		ÁGUA ESPRAIADA	DRENO DO BROOKLIN	TOTAL
A Água Espraiada: original Dreno: 94 m³/s	1 - (Ref. Galerias) 2 - (Bombeamento) 3 - (Comportas)	13.936.660 13.936.660 13.936.660	26.403.697 15.730.931 4.582.656	40.340.357 29.667.591 18.519.316
B Água Espraiada: 1 reservatório Dreno: 45 m³/s	4 - (Ref. Galerias) 5 - (Bombeamento) 6 - (Comportas)	12.290.156 12.290.156 12.290.156	19.095.386 8.145.579 3.682.381	31.385.542 20.435.735 15.972.537
C Água Espraiada: 2 reservatórios Dreno: 26 m³/s	7 - (Ref. Galerias) 8 - (Bombeamento) 9 - (Comportas) 10 - (Sem obras)	17.824.277 17.824.277 17.824.277 17.824.277	16.261.551 5.204.320 3.333.295 –	34.085.828 23.028.597 21.157.572 17.824.277

7.2.6 Análise Técnico-Econômica

Análise de Riscos

No pré-dimensionamento das alternativas, foi considerado o período de recorrência usual de 50 anos. Isso significa um risco médio anual de 2% de ocorrência de enchentes, após a implantação das obras propostas no Água Espraiada e no dreno do Brooklin.

Com a implantação da canalização convencional no Água Espraiada e mantendo-se as condições atuais do dreno do Brooklin, com pequenas melhorias necessárias nas confluências junto ao córrego Traição, tem-se um risco médio anual de inundação de 33% no dreno (atende a chuvas de retorno de três anos).

Para se manter o dreno do Brooklin nas condições atuais e executarem apenas as obras previstas no Água Espraiada nas alternativas de amortecimento, os riscos de inundação no dreno se reduzem a 17% na solução de um reservatório e a 8%, na alternativa com duplo amortecimento.

Dessa forma, a solução não convencional de bombeamento para a adequação do dreno do Brooklin, em conjunto com as alternativas de amortecimento no Água Espraiada, mostrou-se adequada em termos de segurança do sistema. De acordo com os números do parágrafo anterior, mesmo na hipótese de não operação do bombeamento, a capacidade do sistema só seria ultrapassada se, concomitantemente ao não funcionamento do bombeamento, ocorressem chuvas com períodos de retorno de seis anos (para um amortecimento) ou 12 anos (para dois amortecimentos).

A hipótese de ocorrência conjunta dos eventos "falha no sistema de bombas" e "chuvas com períodos de retorno acima de seis anos" deve apresentar risco inferior aos 2% usualmente admitidos em projetos de macrodrenagem.

Quanto à solução de restituição direta ao CPS mediante canal controlado por comportas, as possibilidades de falha estavam associadas à operação em regime de cheias do sistema Emae. Dessa operação, que define os bombeamentos nas elevatórias de Traição e Pedreira, decorreria o nível d'água no CPS (CPS).

A extravasão direta ocorreria sempre que o N.A. no dreno fosse maior do que o do CPS.

A possibilidade de falha seria associada, portanto, à ocorrência conjunta de vazões no dreno, com períodos de retorno acima de 3, 6 e 12 anos (Água Espraiada sem amortecimento, com um reservatório e duplo amortecimento, respectivamente) e N.A. no CPS acima de 721,90 m.

Entretanto, a diferença entre os instantes de ocorrência dos picos de vazões do dreno e do canal Pinheiros mostrou-se significativa, por causa da relação dos tempos de concentração das duas bacias de drenagem.

Portanto, a compatibilização da operação conjunta dos sistemas não deveria apresentar dificuldades. Mas, para garantir a máxima confiabilidade dessa alternativa, a operação das comportas deveria ficar a cargo da Emae. Assim, no caso de se optar pelo prosseguimento das análises do sistema de extravasão por comportas, deveria haver um entendimento e estudos conjuntos entre a Emurb e a Emae.

Aspectos Técnicos e Operacionais

As obras previstas nas diversas alternativas, mesmo as consideradas não convencionais do ponto de vista de projeto de drenagem urbana, não deveriam apresentar maiores dificuldades técnica e construtiva.

Os sistemas de bombeamento previstos, bem como os canais com controle de comportas, constituem obras usuais nas áreas de irrigação, hidroeletricidade e saneamento.

Os reservatórios de amortecimento também foram previstos com concepção construtiva simples, escavações em solo e revestimento com grama, com o fechamento da calha natural sendo realizado por aterro compactado.

As alternativas com reservatório, embora requeiram manutenção e limpeza após cada enchente, são operacionalmente bastante simples, não exigindo acompanhamento constante. O controle das vazões efluentes é efetuado por orifício, portanto a própria estrutura hidráulica governa a operação. Mas a devida fiscalização é necessária, pois essas áreas serão provavelmente aproveitadas como espaços de lazer.

Desse modo, a implantação e a operação dos reservatórios no projeto de canalização do Água Espraiada não apresentam maiores dificuldades, do ponto de vista técnico e operacional. Essa solução é equivalente à canalização convencional, exigindo os mesmos cuidados de manutenção e controle.

Quanto às soluções de bombeamento ou canal de restituição direta com comportas, alguns aspectos operacionais foram destacados. O sistema de bombeamento deveria ser automatizado, com fiscalização constante e uma equipe ou empresa especializada para mantê-lo sempre apto a funcionar. Poderia ser indicada a operação dessa estação de bombeamento, à distância, pela equipe da Emae, responsável pela Estação Elevatória de Traição. A hipótese de falha no sistema apenas ocorreria no caso de interrupção no fornecimento de energia elétrica. A proximidade com as linhas de transmissão e com a subestação da Emae representaria uma maior garantia quanto à ocorrência desse problema, ou ainda a possibilidade de rápida religação em caso de falha.

O sistema de bombeamento deveria operar mesmo para vazões reduzidas no dreno, o que também melhoraria a confiabilidade da operação nos eventos críticos, menos frequentes.

A possibilidade de restituição direta no CPS dotaria o sistema de maior simplicidade quando comparada à solução de bombeamento. As comportas previstas, com controle de níveis de jusante, seriam automáticas, não requerendo manutenção frequente.

As comportas funcionariam totalmente abertas ou fechadas, descartadas as operações com aberturas parciais.

O canal de adução foi previsto, em princípio, para operar ininterruptamente, possuindo, na junção com o dreno, idêntica cota de fundo.

A complexidade maior, nessa alternativa, está na compatibilização da operação do dreno em conjunto com o CPS, que deveria ter o seu N.A. limitado durante a extravasão dos excedentes do dreno do Brooklin, nos eventos excepcionais. Também nesse caso a operação do sistema deveria ser em conjunto com a Emae. O fato de reduzir as vazões bombeadas em Traição coincidia com o interesse da Emae, que se defrontava com a necessidade de incrementar a capacidade de recalque naquela estação, por causa da crescente ampliação das vazões de enchente no CPI.

Em ambas as soluções (bombeamento e canal de comportas), os prazos de execução das obras e as interferências com o sistema viário e com as redes de utilidade pública seriam bastante reduzidos em relação à alternativa de reforço convencional do dreno. Esse aspecto compensaria com larga vantagem os custos de manutenção e o consumo de energia que essas soluções demandam.

Aspectos Econômicos

Conforme o item 7.2.5, foram quantificadas e orçadas todas as obras, serviços e equipamentos relativos às diversas alternativas estudadas.

O nível de detalhe observado nessas avaliações permitiu definir os investimentos totais necessários à implantação de cada solução, com adequada precisão.

Os custos totais obtidos para as dez alternativas estão comparados no Quadro 7.13 e na Fig. 7.27.

Quadro 7.13 Resumo dos custos totais

ALTERNATIVA	CUSTO TOTAL (US$)	% EM RELAÇÃO À ALTERNATIVA 1 (ORIGINAL)
Alternativa 1	40.340.357,00	100
Alternativa 2	29.667.591,00	74
Alternativa 3	18.519.316,00	46
Alternativa 4	31.385.542,00	78
Alternativa 5	20.435.735,00	51
Alternativa 6	15.972.537,00	40
Alternativa 7	34.085.828,00	84
Alternativa 8	23.028.597,00	57
Alternativa 9	21.157.572,00	52
Alternativa 10	17.824.277,00	44

Na Alternativa 1, o Projeto original apresentou um custo total de cerca de US$ 40,3 milhões para as obras de drenagem.

As alternativas que incluíram soluções não convencionais mostraram um grande potencial de economia, destacando-se o Grupo B,

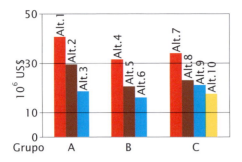

Fig. 7.27 *Custos totais das alternativas estudadas*

que previa a implantação de um único reservatório no Água Espraiada, o qual, para a variante bombeamento no dreno (Alternativa 5), registrou um custo de US$ 20,4 milhões e, para canal com comportas (Alternativa 6), US$ 16 milhões de dólares. Isso significava uma redução de, respectivamente, 49% e 60%, em relação ao projeto original.

A possibilidade de escalonamento das obras, com a implantação inicial do reservatório e a canalização do Água Espraiada, demandando o investimento de US$ 12,3 milhões, e posterior solução final do dreno, poderia ainda ser considerada.

7.2.7 Conclusões do Estudo de Alternativas

Da avaliação dos aspectos técnicos, econômicos e dos riscos associados às diversas alternativas estudadas para o Sistema Água Espraiada/dreno do Brooklin, concluiu-se que a solução mais atraente, do ponto de vista de custo de implantação, foi a Alternativa 6 (um reservatório no Água Espraiada e restituição por comportas no canal Pinheiros). Essa solução representaria uma economia de US$ 24 milhões, em comparação ao projeto original, além da redução nos prazos construtivos e de menores interferências, principalmente com relação à av. Eng.º Luís Carlos Berrini. Os investimentos necessários nas obras hidráulicas seriam de cerca de US$ 16 milhões. Ficaria pendente o aspecto operacional, atrelado à operação da Emae para o CPS.

No caso de o estudo de operação do CPS encontrar algum obstáculo maior, a solução a adotar deveria ser a Alternativa 5, com economia de US$ 20 milhões em comparação ao projeto original e as mesmas vantagens com relação aos prazos executivos e às interferências que a Alternativa 6. Por ser uma solução independente da operação do CPS, a Alternativa 5 foi a escolhida pela Emurb para a implantação (Fig. 7.28).

As demais alternativas apresentaram custos mais elevados. Do ponto de vista técnico, cabe ressaltar que as soluções com dois reservatórios propiciaram as menores vazões aduzidas ao dreno, decorrendo daí a maior confiabilidade no sistema de drenagem. Entretanto, o custo do reservatório de jusante no Água Espraiada mostrou-se elevado, tornando as alternativas do Grupo C menos competitivas.

A Fig. 7.28 mostra a configuração da alternativa adotada, e a Foto 7.14, aspectos da sua implantação.

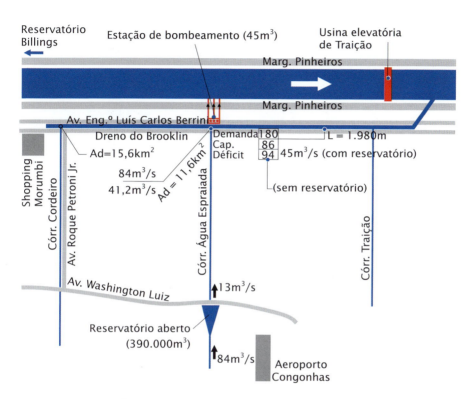

Fig. 7.28 *Complexo Água Espraiada/dreno do Brooklin – configuração final escolhida*

7.2.8 Obras Realizadas

A PMSP realizou as obras de drenagem do córrego Água Espraiada seguindo a configuração apresentada na Alternativa 5.

O sistema vem apresentando desempenho satisfatório. Apenas o excesso de lixo e detritos retirados junto à estação de bombeamento, denominada Eng.º Eduardo Yassuda, e na entrada do reservatório, trazem alguns problemas operacionais. Não foram observadas inundações ao longo do Água Espraiada (av. Jorn. Roberto Marinho) e do dreno do Brooklin (av. Eng.º Luís Carlos Berrini), desde a entrada em operação desse sistema de drenagem.

Nas áreas de lazer implantadas nos patamares mais elevados do Reservatório Jabaquara, foram instaladas quadras de esportes e

Foto 7.14 *Reservatório Jabaquara, vista de jusante (área de lazer) e de montante (sistema de retenção de lixo). 2003*

outros equipamentos (Foto 7.15), intensivamente utilizados pela população.

Em 2013 foram iniciadas as obras de recobrimento do reservatório com vistas à sua utilização como pátio de manobras do monotrilho da Linha 17-Ouro.

Foto 7.15 *Reservatório Jabaquara – córrego Água Espraiada (projeto: Themag Engenharia)*

7.3 Bacia do Córrego Cabuçu de Baixo

O córrego Cabuçu de Baixo é afluente da margem direita do rio Tietê e localiza-se na zona norte do município de São Paulo. É formado pelos córregos Bananal e Itaguaçu (Fig. 7.1). O córrego Cabuçu de Baixo encontra-se canalizado, em praticamente toda sua extensão,

Foto 7.16 *Estação de bombeamento – Dreno do Brooklin para CPS (projeto: Themag Engenharia)*

sob a av. Inajar de Souza, desde a foz no rio Tietê até a confluência do córrego Itaguaçu, num total de 7 km.

Por muito tempo, a av. Inajar de Souza, e suas transversais eram duramente castigadas pelas enchentes, tendo prejuízos elevados, com as lojas e moradias inundadas e com a interrupção dessa importante artéria viária. A frequência e a gravidade dessas inundações aumentavam ano a ano, gerando protestos dos moradores e das associações dos bairros atingidos, além de ações judiciais contra a prefeitura.

A população atingida pelas enchentes, por causa da inundação de suas moradias ou dos transtornos ao tráfego na av. Inajar de Souza, totalizava cerca de 300 mil pessoas. A população da área inundável era aproximadamente de 20 mil habitantes, sujeitos frequentemente a perdas materiais (móveis e gêneros alimentícios) e mesmo de vidas humanas, com casos de mortes por afogamento, depois de as pessoas, dominadas pelo pânico, serem arrastadas na enxurrada. Também casos de leptospirose eram constatados após as enchentes.

Pesquisas realizadas à época contabilizavam o tráfego de 50 mil veículos por dia pela av. Inajar de Souza no cruzamento com a av. Nossa Senhora do Ó; 33.500 veículos por dia junto à Praça Valdemar Gaspar de Oliveira; e 12.500 veículos por dia no cruzamento com a rua Pedro D'Oro. Portanto, ao menos no seu trecho inicial, essa avenida apresentava um volume de tráfego significativo, superior ao de vários dos principais corredores da cidade. Tal quadro exigia uma solução de aplicação rápida, para minorar os graves problemas.

A causa principal das enchentes na av. Inajar de Souza era o subdimensionamento da canalização existente, constituída predominantemente por galerias múltiplas fechadas. Esse tipo de solução hidráulica, por si só, reduz a capacidade do sistema de acomodar sobrecargas de vazões, além de dificultar o acesso dos equipamentos de limpeza e manutenção.

Estudos hidráulico-hidrológicos foram efetuados preliminarmente, a fim de diagnosticar o problema e encaminhar soluções.

No ano de 1993, a FCTH – USP desenvolveu um estudo para a Siurb/PMSP, abrangendo toda a bacia do córrego Cabuçu de Baixo. Como conclusão desse estudo, definiu-se que a canalização deveria ser substituída por canal aberto com 5,60 km de extensão. Uma alternativa seria a execução de um túnel de derivação, desde a confluência com o córrego Guaraú até o rio Tietê, numa extensão de 5,50 km, aproximadamente. Esse túnel desviaria as vazões das cabeceiras da bacia diretamente para o rio Tietê, aliviando a canalização existente.

Ambas as soluções requeriam longos prazos para implantação e recursos vultosos. No caso da substituição por canal aberto, haveria ainda o transtorno ao tráfego de veículos pela av. Inajar de Souza.

Diante desse quadro, da avaliação preliminar das condições de contorno da área de drenagem e das visitas realizadas, considerou-se a aplicação de soluções não convencionais visando ao amortecimento de picos de cheia. Para isso, concorreram prioritariamente: a premência para a amenização dos problemas gerados pelas inundações, a necessidade de planejar intervenções que apresentassem reduzido grau de interferências no tráfego existente, a existência de áreas livres para implantar reservatórios em pontos estratégicos, além da forma em planta da bacia de drenagem e seu padrão de ocupação.

7.3.1 Diagnóstico Geral do Problema

Na bacia do córrego Cabuçu de Baixo, com 40,80 km^2 de área total, encontram-se duas áreas protegidas de matas e reflorestamentos: a Reserva Estadual da Cantareira e o Parque Estadual da Capital, somando 15,00 km^2. Portanto, 37% da bacia são compostos por florestas preservadas, que deverão manter essa característica. O restante da bacia encontrava-se totalmente urbanizado, com exceção de pequenas porções ainda naturais das bacias dos córregos Bananal e Itaguaçu.

Na Fig. 7.29 observa-se a bacia do córrego, seus formadores (Bananal e Itaguaçu), seus afluentes (Bispo e Guaraú) e a área ocupada pelas reservas florestais.

O córrego Bananal apresentava urbanização densa até bem próximo da sua margem direita e enfrentava problemas generalizados de inundação, agravados com a intensificação da urbanização na margem esquerda.

O córrego Itaguaçu encontrava-se em grande parte na área preservada, e um loteamento planejado à época não deveria agravar as enchentes, já que seria vertical e dotado de grandes áreas verdes. Isso sem considerar alguns barramentos no fundo do vale do Itaguaçu, inclusive junto à sua foz, que laminam as cheias. As efluências do último barramento, na foz, eram controladas por um tubo de descarga de apenas 1,50 m de diâmetro. Portanto, esse córrego praticamente não afetaria as vazões a jusante.

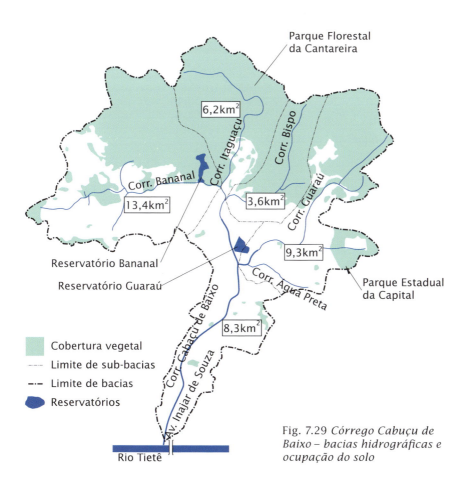

Fig. 7.29 *Córrego Cabuçu de Baixo – bacias hidrográficas e ocupação do solo*

No córrego Guaraú tem-se instalada a ETA (Estação de Tratamento de Água) Guaraú da Sabesp, que apresenta uma barragem com efeito regulador da vazão. Contudo, por causa da sua localização –nas cabeceiras da bacia – e da ocupação intensa do vale a jusante, inclusive das margens do córrego, ocorriam inundações sérias na região. Junto à foz, o córrego encontrava-se canalizado numa extensão de 680 m, por meio de galeria dupla quadrada de 2,25 m de lado.

O córrego Cabuçu de Baixo encontrava-se canalizado no canteiro da Av. Inajar de Souza, por galerias e canais com as dimensões constantes do Quadro 7.14 e da Fig. 7.30.

Conforme se observou no local, no trecho de galeria entre as ruas Jurandir Moraes e Mário Maldonado, próximo à estaca 2500, o alinhamento da galeria se afasta do canteiro central, localizando-se sob a pista esquerda da avenida (sentido bairro-centro). A mudança no alinhamento longitudinal começa com uma deflexão brusca,

Quadro 7.14   Córrego Cabuçu de Baixo – galerias existentes

TRECHO (m)	TIPO DE CANALIZAÇÃO	COMPRIMENTO (m)	DECLIVIDADE DE FUNDO (m/m)
0 - 3.660	3C 3,00 x 2,70	3.660	0,002
3.660 - 3.940	2C 3,00 x 2,70	280	0,005
3.940 - 5.580	1C 5,50 x 2,70	1.640	0,003
5.580 - 6.445	AB 7,00 x 3,00	865	0,003

C - galeria celular; AB - canal aberto.

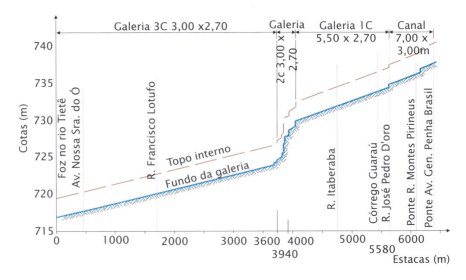

Fig. 7.30 *Córrego Cabuçu de Baixo – canalização existente – perfil longitudinal*

seguida por uma curva fechada, resultando em grandes perdas de carga na canalização.

Observou-se também que as janelas existentes nas paredes intermediárias da galeria, destinadas à equalização das vazões pelas três células da galeria, não funcionavam de maneira adequada, retendo sólidos carreados pelo escoamento, chegando mesmo a entupir totalmente, além de provocar estreitamento das seções.

Mesmo se todas essas singularidades fossem eliminadas e a calha, desassoreada e limpa, a capacidade das galerias existentes não seria suficiente, em face das vazões de pico esperadas, conforme se observa nos Quadros 7.15 e 7.16

No Quadro 7.16 constam as vazões obtidas para o trecho final do Cabuçu de Baixo nas condições vigentes à época.

As condições de contorno mais significativas incorporadas nos cálculos do Quadro 7.16 foram: córrego Cabuçu de Baixo canalizado por 6,50 km; contribuição praticamente nula do córrego Itaguaçu, que já se encontrava barrado, nos picos de cheia; e sem o amortecimento propiciado pela ETA Guaraú.

Quadro 7.15 Capacidade das galerias existentes

TRECHO (m)	TIPO DE CANALIZAÇÃO	Q (m³/s) h = 0,90H
0 - 3.660	3C 3,00 x 2,70	62,10
3.660 - 3.940	2C 3,00 x 2,70	65,32
3.940 - 5.580	1C 5,50 x 2,70	57,89
5.580 - 6.445	AB 7,00 x 3,00	91,29

h = altura do escoamento máxima; H = altura interna da célula

Quadro 7.16 Vazões de pico no córrego Cabuçu de Baixo – condições vigentes – chuva de duas horas de duração

LOCAL	ÁREA DE DRENAGEM (km²)	TR (ANOS)	VAZÃO (m³/s)
Estaca 3940	31,00	25	163
		10	113
		2	33
Foz Estaca 0	34,60	25	144
		10	100
		2	30

Os hidrogramas de cheia foram calculados com auxílio do programa ABC4 (Análise de Bacias Complexas – FCTH), usando-se o hidrograma triangular do SCS. O hietograma da precipitação excedente foi calculado também pelo método do SCS.

De acordo com o Quadro 7.16, as vazões calculadas na seção da estaca 3940 são maiores que as da foz, para as mesmas recorrências e durações. Isso porque, de uma seção para outra, o acréscimo na área de drenagem foi pequeno (10%), ao passo que, no tempo de concentração, foi bastante maior (30%), resultando vazões menores na foz. Evidentemente, as verificações da capacidade da galeria devem ser feitas com os valores maiores da estaca 3940.

A comparação da capacidade de vazão do sistema existente, com as vazões decorrentes das precipitações para diversas durações e recorrências, mostrou que a capacidade das galerias era suficiente apenas para uma chuva de TR = 2 anos, inferior, portanto, à média das máximas anuais. Isso demonstrava o subdimensionamento do sistema, que se tornava mais acentuado devido ao grande carreamento de sedimentos, os quais reduzem ainda mais a capacidade teórica de escoamento.

7.3.2 Proposta de Solução Alternativa

Concepção

Tendo em vista a premência de minorar as inundações no vale do Cabuçu de Baixo e considerando que as soluções convencionais propostas anteriormente – de reforço das galerias ou, ainda, de derivação por túnel – exigiriam um prazo longo para sua implantação, foi analisada a possibilidade de se promover o amortecimento das cheias pela implantação de reservatórios em pontos estratégicos.

Concorreu para esse fato a constatação de que a bacia do Cabuçu de Baixo apresenta uma forma em "cálice" bastante favorável à solução com reservatórios, já que 80% da sua área de drenagem situam-se a montante da foz do córrego Guaraú. Grande parte dessa área (71%) é composta pelas bacias do Bananal (13,4 km^2), Guaraú (9,3 km^2) e Itaguaçu (6,2 km^2).

Inicialmente foram analisadas alternativas com a implantação de até três reservatórios: na foz do córrego Bananal, na foz do córrego Guaraú e no córrego Cabuçu de Baixo montante, entre a av. Penha Brasil e o córrego do Bispo, no trecho já canalizado (estaca 6445).

Em todas as alternativas, admitiu-se que o córrego Itaguaçu não contribuiria para as vazões do sistema, já que se encontrava barrado e com controle bastante rigoroso.

Pelos resultados obtidos, concluiu-se que o reservatório no Cabuçu de Baixo montante seria ineficaz para a redução nos picos de vazão do trecho canalizado a jusante, quando implantado em conjunto com os outros dois reservatórios. Optou-se, então, pelo prosseguimento dos estudos apenas da alternativa com dois reservatórios, um na foz do córrego Guaraú e o outro na foz do córrego Bananal. As Figs. 7.31 e 7.32 e as Fotos 7.17 e 7.18 mostram os reservatórios mencionados.

O reservatório Bananal foi implantado em área particular, mas não urbanizada, enquanto o reservatório Guaraú exigiu desapropriações também de áreas edificadas. Embora fosse importante para as dimensões inicialmente previstas do reservatório Guaraú, não foi possível, na primeira fase de implantação, dispor das áreas adjacen-

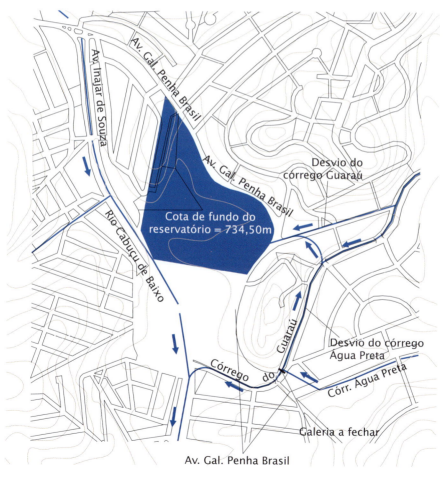

Fig. 7.31 *Reservatório Guaraú – situação*

Foto 7.17 *Obras de construção do reservatório Guaraú – zona norte de São Paulo (PMSP/Siurb) (Fonte: Revista Siurb 2003/projeto: Themag Engenharia)*

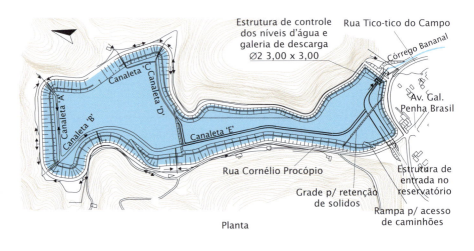

Fig. 7.32 *Reservatório Bananal – planta geral (projeto: Themag Engenharia)*

tes ocupadas pela EEPG Prof. Raquel A. Barroso e por um depósito comercial de ferro.

A adução e a restituição do reservatório Bananal foram projetadas diretamente na calha do córrego, ao passo que a adução ao reservatório Guaraú seria possibilitada por um desvio a ser executado na Rua Luís Macário de Castro, numa extensão de cerca de 400 m. O córrego Água Preta, afluente do córrego Guaraú,

Foto 7.18 *Reservatório Bananal – vista*

Foto 7.19 *Local de implantação do reservatório Guaraú. Da direita para a esquerda: Av. Penha Brasil, escola, oficina e conjunto habitacional*

Foto 7.20 *Reservatório Bananal, com urbanização apenas na margem direita do córrego (ao fundo)*

poderia ser desviado pela galeria existente do córrego Guaraú, invertendo-se o sentido do fluxo atual, até as imediações da Rua Antônio Nobre, numa extensão aproximada de 300 m. Da Rua Antônio Nobre até a Rua Luís Macário de Castro, seria construída uma galeria nova, circundando o morro por cerca de 120 m, que deveria ter capacidade para escoar apenas o córrego Água Preta.

Além da redução nos picos das vazões, outra função importante prevista para o sistema de reservatórios seria controlar o transporte de sedimentos e de lixo pelos córregos, um aspecto bastante sério nas bacias urbanas, como mostram as Fotos 7.21 e 7.22.

Foto 7.21 *Córrego Cabuçu de Baixo entre o córrego do Bispo e a Av. Penha Brasil*

Foto 7.22 *Córrego Cabuçu de Baixo. Notar que a janela de comunicação entre as células está totalmente obstruída*

Efeito dos Amortecimentos nas Vazões de Pico

Foram feitas diversas simulações, para recorrências de 10 e 25 anos. Os resultados dos amortecimentos nos dois reservatórios constam do Quadro 7.17.

Quadro 7.17 Amortecimento das cheias nos reservatórios

RESERVATÓRIO	TR (anos)	$Q_{AFL\,MÁX}$ (m³/s)	$Q_{EFL\,MÁX}$ (m³/s)	$H_{RES\,MÁX}$ (m)	$V_{RES\,MÁX}$ (m³)
Guaraú	25	60,6	6,1	3,1	223.000
	10	42,4	4,7	2,1	154.000
Bananal	25	69,4	6,3	3,2	234.000
	10	45,6	4,7	2,1	153.000

onde:

$Q_{AFL\,MÁX}$ – pico da vazão afluente ao reservatório

$Q_{EFL\,MÁX}$ – pico da vazão efluente do reservatório

$H_{RES\,MÁX}$ – altura máxima da lâmina d'água no reservatório

V_{RES} – volume do reservatório, correspondente à $H_{RES\,MÁX}$

Nos pontos de interesse, ou seja, na estaca 3940 e na foz, as vazões de pico resultantes das somas dos hidrogramas da bacia remanescente com os hidrogramas efluentes dos reservatórios, considerados os tempos de trânsito das ondas pelas canalizações, resultaram nas constantes do Quadro 7.18. Foram calculadas também as vazões para a solução em túnel a partir da foz do córrego Guaraú. Essa solução pressupõe o desvio das vazões da cabeceira diretamente para o rio Tietê e a contribuição às galerias existentes corresponde apenas ao trecho do córrego Cabuçu de Baixo jusante, com áreas de 2,40 km² na estaca 3940 e 6 km² na foz.

Quadro 7.18 Vazões de pico no córrego Cabuçu de Baixo com controle

SITUAÇÃO	LOCAL	TR (anos)	Q (m³/s)
Com reservatórios	Estaca 3940	25	70,0
		10	50,0
	Foz	25	79,8
	Estaca 0	10	57,9
Com túnel de derivação	Estaca 3940	25	42,5
		10	30,5
	Foz	25	75,0
	Estaca 0	10	56,2

Ao se comparar os valores do Quadro 7.18 com a capacidade da galeria existente (Quadro 7.15), observa-se que nem sempre as vazões de recorrência de 25 anos cabem na galeria atual, mas as de 10 ou 15 anos, de acordo com o trecho considerado. Desse modo, nas alternativas com reservatórios e em túnel, foi previsto o reforço parcial da galeria existente, para adequá-la à recorrência de 25 anos.

Portanto, após a implantação dos reservatórios, o sistema existente que, em condições ideais (limpo, desassoreado e sem singularidades), não atendia nem às cheias médias anuais, passaria a atender, nas mesmas condições ideais, cheias de recorrência de dez anos ou pouco mais.

Na Fig. 7.33 são apresentados os hidrogramas naturais e controlados nas seções da foz dos córregos Bananal, Guaraú, Cabuçu de Baixo, e na estaca 3940.

Da análise da Fig. 7.33 e dos Quadros 7.16 e 7.18, observa-se que as vazões de TR = 25 e 10 anos do córrego Cabuçu de Baixo na foz (163 m^3/s e 113 m^3/s) sofrem uma redução de 51% e 49%, respectivamente, após a implantação dos reservatórios.

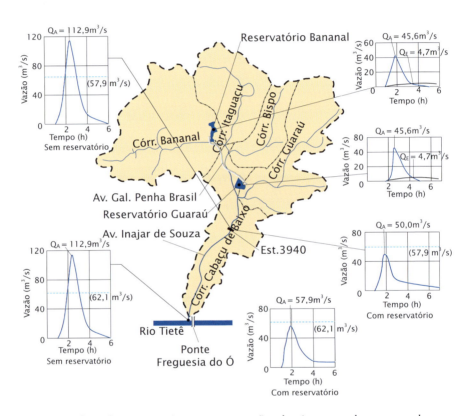

Fig. 7.33 *Efeito dos amortecimentos nas vazões de pico para chuvas com duas horas de duração e dez anos de recorrência*

Avaliação Técnico-Econômica Preliminar

Os orçamentos aproximados das alternativas de solução constam do Quadro 7.19.

As alternativas com túnel de derivação e com reservatórios mostraram-se comparáveis ao atendimento do trecho de jusante da canalização existente do córrego Cabuçu de Baixo.

Quadro 7.19 Orçamentos aproximados das alternativas

ALTERNATIVA	TEMPO DE RECORRÊNCIA DA OBRA (ANOS)	SEM REFORÇO DA GALERIA		COM REFORÇO DA GALERIA	
		Tempo de recorrência resultante na galeria (anos)	Custo (10^6 US$)	Tempo de recorrência resultante na galeria (anos)	Custo (10^6 US$)
Túnel de derivação	25	10	49	25	58
Canal de concreto	25	25	71	25	71
Reservatórios	25	10	22*	25	38

(*) O total de US$ 22x106 corresponde às parcelas de obras (US$ 17x106) e desapropriações (US$ 5x106).

Os orçamentos preliminares demonstraram ser a solução com reservatórios significativamente mais econômica que as demais, mesmo que se pretendesse reforçar as galerias do córrego Cabuçu de Baixo, a jusante do córrego Guaraú. Além disso, os prazos executivos da solução com reservatórios seriam bastante inferiores.

A solução em túnel apresentou custo intermediário entre as outras duas analisadas, porém o prazo para sua implantação seria bem mais longo.

A solução em canal aberto, além de bastante onerosa, provocaria interferências muito sérias no tráfego da Av. Inajar de Souza. A ampliação da capacidade das galerias também provocaria transtornos ao tráfego, já que deveria ser implantada sob uma das pistas da avenida. Além disso, a comunicação entre as células de galerias múltiplas encontrava-se bastante precária.

Então, caso se considerasse conveniente, o reforço da galeria poderia ser dispensado numa primeira etapa das obras, implementando-se apenas as melhorias necessárias em pontos localizados. Nesse caso dever-se-ia conviver com a capacidade atual da galeria, que, após as intervenções, atenderia a uma cheia com período de retorno de dez anos.

Síntese do Sistema Proposto Inicialmente

O sistema proposto resultou em dois reservatórios, a serem implantados nos córregos Guaraú e Bananal, além do reservatório existente a ser preservado junto à foz do córrego Itaguaçu.

Os reservatórios (Guaraú e Bananal) ocupariam áreas de cerca de 80.000 m^2 cada um, com profundidade máxima de 3,50 m, resultando em volumes máximos de armazenamento, em cada um, de 280.000 m³. A implantação desses reservatórios permitiria a laminação de vazões afluentes de até 25 anos de recorrência, funcionando à gravidade (sem necessidade de bombeamento).

Após a implantação desses dois reservatórios, as galerias da av. Inajar de Souza passariam a atender, em toda sua extensão, as cheias afluentes com tempo de recorrência de dez anos. A eficiência hidráulica dos reservatórios poderia ser traduzida pela redução nos picos das cheias, que passariam de 113 m³/s para 50 m³/s na seção mais crítica.

Portanto, já na primeira etapa deveriam ser executados os reservatórios com o volume final, mesmo se a canalização fosse reforçada apenas no futuro.

Numa segunda etapa a canalização poderia ser ampliada, de modo a veicular, no mínimo, 70 m³/s até a estaca 3940 e 80 m³/s na foz, representando um acréscimo de 21% e 29% na capacidade de cada um dos trechos, cujas extensões são 1.640 m e 3.940 m, respectivamente. Dessa forma, as galerias passariam a atender vazões de recorrência de 25 anos.

7.3.3 Obras Realizadas

No período 1996/2001, a PMSP, desenvolveu as obras relativas aos projetos aqui descritos. Foram implantados os piscinões do Guaraú e do Bananal, bem como a galeria de reforço na av. Inajar de Souza.

Desde a conclusão do primeiro piscinão, o Bananal, a frequência das inundações na av. Inajar de Souza foi bastante reduzida. Após a entrada em operação desse sistema, as inundações foram praticamente eliminadas.

Em 2005, a Fundação de Apoio à USP-FUSP, iniciou um amplo trabalho de pesquisa nessa bacia, voltado à drenagem urbana, incluindo estudos hidrológicos, hidrométricos, de qualidade da água, de erosão e assoreamento, e de uso e ocupação do solo.

7.4 O Programa de Controle das Inundações na Bacia do Aricanduva

Histórico

A bacia hidrográfica do córrego Aricanduva, afluente da margem esquerda do rio Tietê, na altura da Penha, zona leste da RMSP, possui cerca de 100 km² de área de drenagem contida no município de São Paulo. É a maior bacia inteiramente paulistana (Fig. 7.1), que apresenta graves problemas de inundações. Nos últimos 20 anos, a ocupação urbana nessa região superou qualquer expectativa, e atualmente menos de 10% das áreas dessa bacia podem ser considerados área verde (Fig. 7.34 e Foto 7.23).

Fig. 7.34 *Manchas de inundação ao longo do Aricanduva*

Foto 7.23 *Canal do Aricanduva – inundação no verão 2001/2002*

Inúmeros loteamentos foram implantados ao longo da bacia e atualmente suas cabeceiras apresentam crescimento urbano vertiginoso.

A canalização do rio Aricanduva iniciou-se na década de 1970, nos trechos próximos ao rio Tietê, desenvolvendo-se com paredes de concreto e a céu aberto, desde a marginal do Tietê até a altura da Av. Itaquera, próximo à foz do córrego Taboão, totalizando 6,2 km. Na década de 1980, essas obras tiveram prosseguimento para montante, com paredes de abião, por mais 7,3 km, até as proximidades da av. Ragueb Chohfi.

A partir da av. Radial Leste para montante, foram implantadas vias laterais de fundo de vale, que afluem à av. Aricanduva, a qual, por sua vez, possui cerca de 10 km, até a ligação com a av. Ragueb Chohfi. Esta avenida constitui importante artéria viária da zona leste, pois permite a ligação com as rodovias Fernão Dias, Dutra e as marginais do Tietê. Importantes centros comerciais encontram-se instalados, bem como conjuntos de edifícios residenciais.

O registro de inundações no vale do Aricanduva praticamente coincide com a canalização do córrego e o consequente adensamento de suas áreas ribeirinhas, que suprimiram suas várzeas. A canalização dos afluentes principais, como o Rincão/Gamelinha, o Taboão, o Inhumas e o Machados, se por um lado trouxe benefícios, notadamente de ordem sanitária e viária para seus respectivos vales, por outro, sobrecarregou o Aricanduva, pelo grande incremento nos picos de vazão, decorrente da aceleração do escoamento.

Esse cenário, agravado ano após ano, resultou nas graves ocorrências verificadas a cada verão, como no mês de fevereiro de 2002 (Foto 7.23), que trouxeram enormes prejuízos, tanto às populações vizinhas, pelas perdas materiais e danos à saúde pública, quanto aos usuários da av. Aricanduva e suas transversais, como a av. Radial Leste e a av. Itaquera. Em certos eventos, as inundações chegaram a prejudicar o tráfego dos trens do Metrô e da Companhia Paulista de Trens Metropolitanos – CPTM, que cruzam o córrego Aricanduva paralelamente à av. Radial Leste.

Devido aos sérios problemas de inundação verificados, em meados da década de 1990, a prefeitura de São Paulo, a par da realização de obras de melhoria na canalização existente no trecho inferior, iniciou a implantação de piscinões no terço superior da bacia, denominado Alto Aricanduva. Essa área possui 36,4 km^2, ou seja, cerca de 36% da bacia. Foram então planejados cinco reservatórios de controle de cheias, três no curso principal (denominados RAR1, RAR2 e RAR3), um no afluente Caguaçu (RCA1) e um no afluente Limoeiro (RLI1). Ver Figs. 7.35 e 7.36. A implantação desse programa sofreu diversas interrupções, tendo sido finalizado pela PMSP/Siurb, com a conclusão dos reservatórios RAR2 e RAR3. Os reservatórios RAR1, RLI1 e RCA1 haviam sido concluídos anteriormente. A intensa urbanização verificada nessa área nos últimos dez anos traria danosas consequências à bacia do Aricanduva, se esse programa não tivesse sido previamente planejado. Os cinco piscinões somam cerca de 1.400.000 m^3 de capacidade de reservação. Para uma chuva de recorrência de dez anos, no final do trecho, na seção efluente do reservatório RAR3, os picos de cheia calculados foram reduzidos de 165 m^3/s para 24 m^3/s, com os reservatórios.

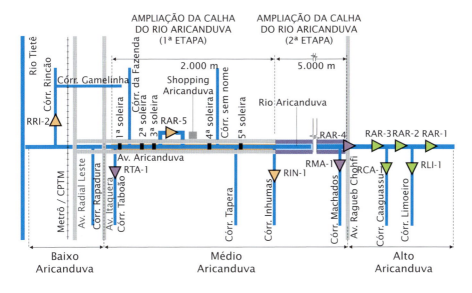

▷ Obras - 1ª fase
▷ Obras - 2ª fase (TR=10 anos)
▷ Obras - 3ª fase (TR=25 anos) (calha)

Fig. 7.35 *Diagrama unifilar das obras previstas na bacia do Aricanduva*

Fig. 7.36 *Programa de obras para controle de enchentes*

Por outro lado, os reservatórios também têm a função de promover a deposição de sólidos, detritos e lixo, reduzir o assoreamento nas canalizações a jusante, facilitar e tornar mais econômico o processo de retirada desses materiais.

O programa de implantação do conjunto de reservatórios do Alto Aricanduva, aqui denominado de 1ª etapa das obras necessárias, foi pioneiro no País para o controle integrado de enchentes em sub-bacias urbanas.

7.4.1 Plano Integrado para o Controle das Enchentes da Bacia do Aricanduva

As calamitosas ocorrências de fevereiro de 2002 demonstraram que o trecho médio da bacia, compreendido entre a av. Ragueb Chohfi e a foz do córrego Taboão, junto à av. Itaquera, requeria intervenções urgentes, uma vez que precipitações moderadas, entre 30 e 40 mm, provocavam grandes inundações, notadamente a jusante da av. Itaquera.

A causa fundamental dessas inundações era a falta de capacidade do canal Aricanduva às demandas hidrológicas. Diante de uma afluência estimada em 250 m^3/s (TR = 10 anos), na região da av. Itaquera, a canalização possuía uma capacidade máxima de 117 m^2/s.

A PMSP contratou a construção, durante a estiagem de 2002, das intervenções que compõem a 2ª fase das obras programadas para o controle de cheias no Aricanduva (Fig. 7.37), as quais seguiram as recomendações do trabalho elaborado pela Hidrostudio Engenharia, denominado Plano Integrado para o Controle de Enchentes da Bacia do Aricanduva e foram ratificadas pelo PDMAT. Visavam evitar inundações para precipitações de cerca de 60 mm em duas horas.

Esse conjunto de obras permitiria a adequação da bacia do Aricanduva às vazões de restrição estipuladas pelo PDMAT, que controlam as afluências ao rio Tietê.

Em etapa futura deverão ser implantados os reservatórios RAR4 (Aricanduva), RTA1 (Taboão) e RMA1 (Machados – 3ª etapa) e deverá ser ampliada a calha no trecho restante da canalização, prosseguindo para montante, até o cruzamento da av. Aricanduva com a av. Ragueg Chohfi. Esse conjunto permitirá o controle das inundações no Aricanduva, para chuvas com o período de retorno de 25 anos, ou seja, com risco médio anual de 4%.

O Quadro 7.20 apresenta o conjunto de obras do Plano Integrado do Aricanduva e a Fig. 7.38 mostra o desempenho hidráulico do conjunto das obras de 1ª e 2ª etapas.

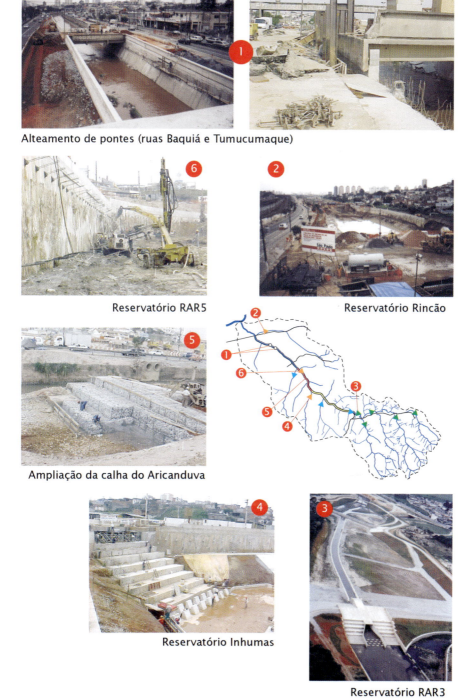

Fig. 7.37 *Obras emergenciais executadas pela PMSP/Siurb – 2002*

Quadro 7.20 Resumo das obras propostas

OBRA	VOLUME TOTAL (m³)	ÁREA TOTAL (m²)	PROFUNDIDADE MÁXIMA (m)	SISTEMA DE BOMBEAMENTO
Piscinão Rincão (RRI2)	305.000	65.980	11	5 bombas de 400 ℓ/s
Piscinão Inhumas (RIN1)	105.000	28.450	10	7 bombas de 400 ℓ/s
Piscinão Aricanduva V (RAR5)	160.000	17.750	9,8	7 bombas de 400 ℓ/s
Alargamento da calha e introdução de soleiras de fundo			trecho de 2.000 m entre a foz do Taboão e a Av. dos Latinos	
Alteamento de pontes			Rua Baquiá $h_{alteamento}$ = 1,10 m Rua Tumucumaque $h_{alteamento}$ = 0,90 m	

7.4.2 Reservatórios Rincão (RRI2), Aricanduva V (RAR5) e Inhumas (RIN1)

A bacia do córrego Rincão, que inclui o importante afluente Gamelinha, em sua maior parte ambos já canalizados, possui cerca de 14 km² de área de drenagem que está hoje densamente ocupada. O deságue no Aricanduva localiza-se logo a jusante da av. Radial Leste.

O piscinão Rincão, com 305.000 m³, localiza-se na margem esquerda do córrego, entre as estações Penha e Vila Matilde do Metrô. Tem a função primordial de reduzir os picos de vazão afluentes ao local durante as enchentes, colaborando para o controle das cheias no Baixo Aricanduva e dos aportes deste ao rio Tietê. Possibilitará uma redução dos picos de vazão, neste ponto, de 84 m³/s para 37 m³/s, e no trecho de jusante do Aricanduva, de 259 m³/s para 176 m³/s, para chuvas com TR = 10 anos (Fig. 7.39).

Para o aproveitamento parcial da área destinada ao reservatório, como área de lazer, a exemplo do piscinão do Jabaquara e de outros já implantados na RMSP, foi concebida uma solução do tipo "fora de linha" (*off-line*), ou seja, somente quando o canal atingir profundidades d'água acima de 1,5 m, haverá a extravasão para o reservatório, cujo fundo foi projetado com três patamares, com desnível total de 6 m (Fig. 7.40).

Dessa forma, apenas na ocorrência de precipitações acima de 25 mm haverá extravasamento para o interior do reservatório e, só para eventos com recorrência acima de 25 anos, os três patamares serão inundados completamente. De maneira geral, prevê-se o início da

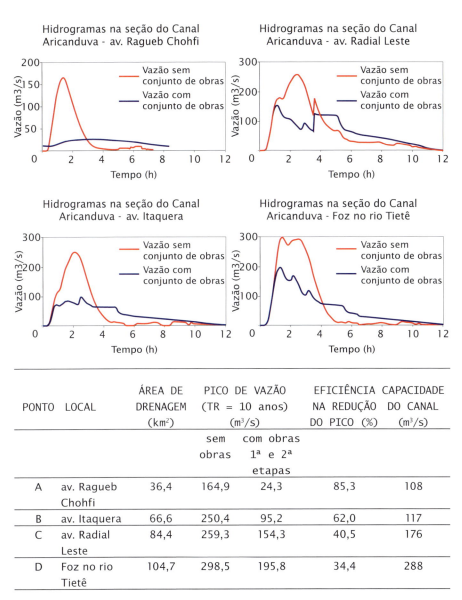

Fig. 7.38 *Desempenho hidráulico-hidrológico esperado após a 2ª etapa das obras*

inundação no 1º patamar com uma precipitação de 25 mm; no 2º patamar, com precipitação de 40 mm; e no 3º patamar, com precipitação de 60 mm. Isso fará com que a frequência de inundação dos patamares mais elevados seja menor, possibilitando ampliar o período de utilização como área de lazer.

Destaque-se que o piso superior, quando inundado, será esvaziado por gravidade, dispensando bombeamento, necessário para os dois níveis inferiores. Isso significa que, após as chuvas, a área superior

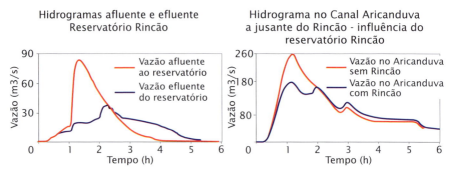

Fig. 7.39 *Hidrogramas afluente e efluente do reservatório Rincão e sua influência na calha do Aricanduva*

Fig. 7.40 *Projeto paisagístico – reservatório Rincão (concepção Arq. Vladimir Ávila)*

será drenada em algumas horas, reduzindo a possibilidade de assoreamento.

As chuvas intensas na bacia do Aricanduva, como em toda a RMSP, ocorrem com maior frequência no período de dezembro a março. Ou seja, com exceção de situações climatológicas excepcionais, fora desse período (8 meses em cada ano) não haverá alteração no estado atual de drenagem, com o Rincão escoando em seu próprio leito sem extravasamento para o reservatório. O mesmo se aplica aos outros dois reservatórios, RIN1 e RAR5, também implantados nessa etapa.

Incluiu-se no projeto uma área sempre seca, para a implantação de edificações e equipamentos não suscetíveis à inundação periódica.

Nos demais patamares, foram previstos equipamentos esportivos resistentes à inundação eventual, como pista de *cooper*, campos de futebol, quadras poliesportivas e *playground* (Fig. 7.40).

Reservatórios RAR5 e RIN1

Os reservatórios Aricanduva V (RAR5) e Inhumas (RIN1) foram também planejados para operar *off-line*. Em ambos os casos, as limitações das áreas disponíveis exigiram a construção de contenções verticais em todo o perímetro, bem como o seu aprofundamento em cotas inferiores aos leitos atuais dos córregos.

O reservatório RAR5, com 160.000 m^3 de capacidade, foi projetado para se localizar no cruzamento da av. Aricanduva com a rua Fortuna de Minas, na margem direita do canal do Aricanduva. Por ser do tipo *off-line*, permanecerá seco durante todo o período de estiagem.

A implantação desse reservatório permitirá reduzir as vazões no Aricanduva, passando de 94 m^3/s para 75 m^3/s, para chuvas com período de recorrência de 10 anos (precipitações de aproximadamente 60 mm em duas horas).

A partir de uma determinada sobrelevação nos níveis d'água do Aricanduva, já influenciados pelas soleiras de fundo, parte da vazão será desviada para o RAR5, mediante extravasor lateral, reduzindo a vazão remanescente no canal (Fig. 7.41).

O reservatório Inhumas (RIN1), com 105.000 m^3 de capacidade, localiza-se na margem direita do córrego Inhumas, pouco a montante da av. Rio das Pedras. O pico da onda de enchente do Inhumas, estimado em 38 m^3/s, passará a 7 m^3/s, pelo efeito da reservação nesse piscinão. No Aricanduva, no trecho logo a jusante da foz do Inhumas, os picos de vazão reduzir-se-ão de 141 m^3/s para 118 m^3/s (TR = 10 anos) (Fig. 7.42).

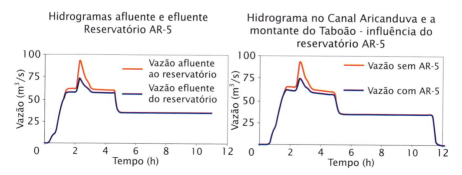

Fig. 7.41 *Hidrogramas afluente e efluente do Reservatório RAR5 e sua influência na calha do Aricanduva*

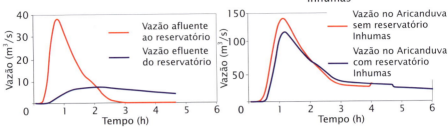

Fig. 7.42 *Hidrogramas afluente e efluente do Reservatório Inhumas (RIN1) e sua influência na calha do Aricanduva*

Ambos os reservatórios são dotados de sistemas de bombeamento para seu esvaziamento total e têm pisos revestidos de concreto para facilitar os serviços de manutenção.

7.4.3 Alargamento da Calha

A ampliação da calha do Aricanduva, nessa 1ª fase, compreendeu o trecho que se estende desde a foz do córrego Taboão até pouco a jusante da foz do córrego Inhumas (av. dos Latinos), com extensão total aproximada de 2.000 m. Na 3ª fase, para o atendimento de chuvas de TR = 25 anos, as obras serão estendidas até o final da av. Aricanduva, num trecho de 5 km (Fig. 7.43).

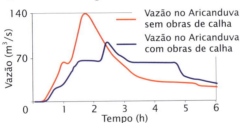

Fig. 7.43 *Hidrogramas comparativos de obras – com e sem ampliação da calha*

Além da ampliação da seção do canal do Aricanduva, foram introduzidas nesse trecho cinco soleiras no fundo do canal, a fim de reduzir as velocidades de escoamento e criar áreas laterais para o armazenamento temporário das cheias. Dessa forma, obtém-se o retardamento da onda de cheia proveniente da parte superior da bacia, defasando-a com relação aos picos de vazão dos córregos Taboão e Rapadura.

A ampliação do canal foi executada na sua maior parte em seção trapezoidal, revestida com gabião tipo colchão. Foram mantidas permeáveis as superfícies do revestimento, o que possibilitará também a recuperação das áreas verdes. As cinco soleiras foram executadas com gabiões formando degraus, revestidos de concreto, deixando-se um vão central livre, no piso do canal existente, com altura equivalente à do canal e largura de 5 m. Isso significa que o escoamento das vazões de base processar-se-á sem a interferência das soleiras, evitando possíveis assoreamentos indesejáveis. Apenas nas cheias maiores haverá a redução nas declividades das linhas d'água. Ver Fig. 7.44 e Fotos 7.24 a 7.28.

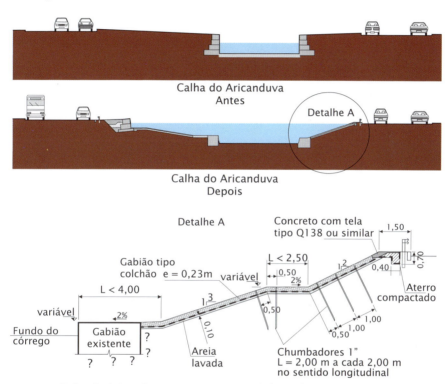

Fig. 7.44 *Seção típica da calha do Aricanduva*

Foto 7.24 *Intervenção na calha do Aricanduva (obras de ampliação da calha)*

Foto 7.25 *Reservatório RAR3 e seus detalhes (projeto Themag Engenharia)*

Foto 7.26 *Reservatório RIN1 – córrego Inhumas (projeto: Hidrostudio Engenharia)*

Foto 7.27 *Reservatório Rincão (RRI1) – córrego Rincão (projeto: Hidrostudio Engenharia)*

Foto 7.28 *Reservatório RAR5/Alargamento da calha – córrego Aricanduva (projeto: Hidrostudio Engenharia)*

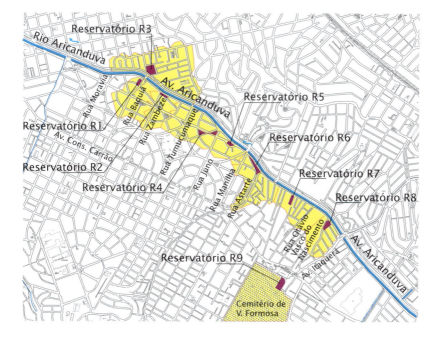

Fig. 7.45 *Áreas baixas – sistema de pôlderes*

O alargamento da calha promove a redução dos picos de vazão no Aricanduva, de 139 m³/s para 93 m³/s, na seção da foz do Taboão, para chuvas com TR = 10 anos.

7.4.4 Proteção às Áreas Baixas

Ao longo do vale do córrego Aricanduva, após a implantação da canalização e das vias marginais, na década de 1970, algumas áreas ribeirinhas permaneceram em cotas bastante inferiores às das pistas. Por terem a drenagem ligada diretamente ao Aricanduva, essas áreas são frequentemente submetidas a inundações, muitas vezes por refluxo, mesmo antes do extravasamento do canal. Para contornar esse problema, está previsto um sistema de proteção (Fig. 7.45), que "polderiza" essas áreas, isolando-as no período de cheias do córrego Aricanduva. O conceito geral empregado na elaboração desse projeto consistiu em deixar que as galerias de drenagem provenientes das partes altas dessas sub-bacias fossem isoladas, no trecho em que atravessam as áreas baixas inundáveis, mediante desligamento dos condutos de ligação com as bocas de lobo e tamponamento dos poços de visita. A microdrenagem das áreas baixas foi redirecionada a nove tanques de reservação, dotados de válvulas de retenção. Ou seja, o deságue no Aricanduva só ocorre para níveis d'água baixos no canal.

Para o dimensionamento dos tanques, adotou-se uma precipitação excedente de 50 mm, que ficaria retida no período de tempo de ocorrência de níveis elevados no córrego Aricanduva, no qual as válvulas de retenção estariam fechadas.

A adoção do sistema de bombeamento foi descartada em decorrência de um estudo de alternativas que indicou vantagens operacionais e econômicas para a solução com tanques e válvula de retenção.

7.5 Amortecimento de Enchentes no Lago da Aclimação

A bacia do córrego Aclimação está localizada na região central do Município de São Paulo. No trecho de montante, a bacia é dividida em 2 sub-bacias, dos córregos Aclimação e Jurubatuba. A confluência desses dois córregos se dá no lago do Parque da Aclimação (Foto 7.29). A área total de drenagem da bacia é de 4,82 km², metade dessa área situada a montante do parque.

Em 2007, em decorrência dos eventos de inundação na bacia do córrego Aclimação, foi elaborado pela Prefeitura de São Paulo um plano extensivo para a correção dos problemas na bacia.

Entre as principais obras propostas pelo plano de correção figuravam: reforços das galerias das avenidas Armando Ferrentini e Pedra

Foto 7.29 *Lago do Parque da Aclimação*

Azul, as quais frequentemente extravasavam para o lago nos eventos em que a vazão superava sua capacidade; bacia de sedimentação para a retirada de sólidos antes de sua chegada ao lago; e túnel *liner* para a ampliação de capacidade no trecho final, próximo ao desemboque no Tamanduateí. À época o lago contava apenas com um antigo vertedor tulipa, o qual não realizava controle de cheia. A jusante do parque existiam diversos pontos de inundação em razão da falta de capacidade das galerias já instaladas.

O plano de correção propunha a utilização do lago para o amortecimento da onda de cheia e a recuperação do sistema de drenagem existente a partir da implantação de outro vertedor, visando a garantir a segurança da barragem (Fig. 7.46).

Em 2009, antes do início das obras, um evento excepcional de chuva causou a ruptura da base do vertedor tulipa, provocando o esvaziamento completo do lago (Fotos 7.30 e 7.31).

O rompimento do vertedor tulipa levou ao projeto de uma nova estrutura, a qual deveria atender a dois objetivos. Seria necessário garantir o abatimento dos picos de cheia para eventos de TR de 5, 10 e 25 anos (vazões afluentes de 23, 30 e 39 m^3/s, respectivamente), para se adequarem à capacidade da galeria existente (20 m^3/s), e, ao mesmo tempo, garantir a segurança da barragem do lago para vazões com TR de 500 anos (68 m^3/s). Assim, a estrutura deveria contar com uma capacidade de vazão alta para eventos excepcionais e estruturas pequenas o suficiente para propiciar o abatimento de vazões para o controle de cheia. Ressalta-se ainda que o pequeno comprimento da barragem e a necessidade de extravasar as águas para a galeria existente impossibilitavam a presença de crista e de bacias de dissipação largas. Por fim, existia o clamor popular pela recuperação do lago em condição melhor que a anterior, ou seja, a

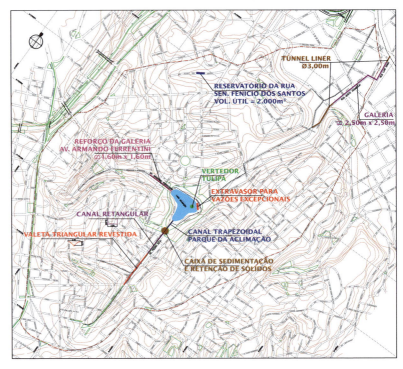

Fig 7.46 *Plano de obras da bacia do córrego Aclimação*

Foto 7.30 *Lago do Parque da Aclimação durante o incidente*

Foto 7.31 *Inspeção do vertedor tulipa do lago do Parque da Aclimação no dia seguinte ao incidente*

estrutura a ser construída deveria garantir uma inserção paisagística positiva com pouca alteração no nível d'água do lago.

As obras foram iniciadas ainda em época de chuva (fevereiro de 2011) devido à sua urgência, com atenção especial à segurança dos serviços e à possibilidade de ocorrência de eventos críticos no decorrer das obras.

7.5.1 Estudo de Alternativas

De início, fixou-se o nível d'água máximo do reservatório 1,0 metro abaixo da crista da barragem existente, na cota 744,00. Para evitar problema similar ao ocorrido com o vertedor tulipa existente, foi avaliada a viabilidade de se implantar vertedor de superfície. Os maiores entraves para esse tipo de solução seriam a falta de espaço para acomodar um perfil vertente e uma bacia de dissipação e a necessidade da implantação de uma travessia sobre o vertedor, com o fim de manter o acesso para uso e manutenção do parque.

Para atender a essas condições de contorno foi escolhido um vertedor do tipo labirinto que pudesse garantir a extravasão para cheias com recorrência TR de 500 anos. Essa alternativa possibilitaria uma travessia mais curta sobre o vertedor. Além disso, o desenho do vertedor permite uma boa inserção paisagística. O antigo vertedor tulipa e suas estruturas acessórias foram finalmente desativados.

O principal problema a partir desse ponto seria conciliar o vertedor com o controle de cheia. O volume de espera necessário para o abatimento do pico de cheia para TR até 25 anos girava em torno de 50.000 m^3.

A solução para a obtenção desse volume de espera apresentava ainda um importante conflito, que era o desejo dos usuários de reaver o espelho d'água original do lago. Para a obtenção do volume seria necessário reduzir o nível d'água normal do reservatório em 0,80 m. A fim de conciliar esses dois pontos, criou-se uma abertura no meio do corpo do vertedor (Figs. 7.47 e 7.48) para a colocação de *stop-logs*, que poderiam garantir níveis d'água normais menores na época de chuva, aumentando dessa maneira o volume de espera, ou então, ao contrário, nos meses de seca, com a elevação do nível d'água. Os stop-logs foram dotados de orifícios (Fig. 7.49 e Foto 7.32) para regular a descarga das vazões de cheia de maneira otimizada, podendo também ser colocados em série para propiciar maior retenção do escoamento.

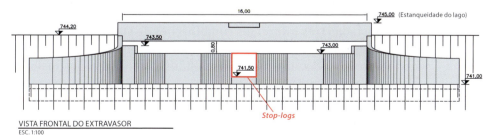

Fig. 7.47 *Vista frontal do vertedor*

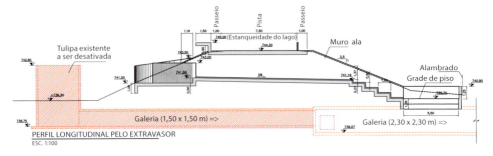

Fig. 7.48 *Perfil longitudinal do vertedor (estrutura desativada em vermelho)*

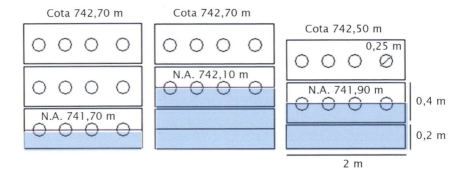

Fig. 7.49 *Conjunto de stop-logs e níveis d'água simulados*

Foto 7.32 *Stop-logs e bacia de dissipação (foto de Massao Okazaki)*

7.5.2 Resultados

Foram testadas três diferentes combinações de stop-logs e orifícios. Os resultados apresentados no Quadro 7.21 demonstram que foram alcançados os dois objetivos pretendidos para o lago por meio da estrutura vertente assim concebida.

A constatação da obtenção dos benefícios almejados veio logo na temporada de chuva seguinte. Após eventos de chuvas fortes, em que a população da região esperava por ocorrências de enchente, a

Quadro 7.21 Resultados de simulação hidráulico-hidrológica do vertedor para três diferentes combinações de *stop-logs*

TR (anos)	AFLUENTE (m³/s)	N.A. 741,70 m			N.A. 741,90 m			N.A. 742,10 m		
		Efluente (m³/s)	N.A. (m)	Redução (m³/s)	Efluente (M³/S)	N.A. (m)	Redução (m³/s)	Efluente (m³/s)	N.A. (m)	Redução (M³/S)
5	23	4,20	743,12	82%	6,76	743,29	71%	8,96	743,27	61%
10	30	11,06	743,30	63%	13,68	743,41	55%	15,53	743,41	48%
25	39	20,00	743,48	49%	22,20	743,56	44%	23,65	743,56	40%
100	61,75	36,65	743,74	29%	38,24	743,76	26%	39,44	743,79	24%
500	67,94	52,11	743,96	23%	53,52	743,98	21%	54,47	744,00	20%

percepção do bom funcionamento do novo sistema levou inclusive ao pedido, por parte dos moradores, de que o nível d'água do lago permanecesse sempre na menor cota, 741,7 m, a fim de garantir a segurança dos moradores em condição de risco, situados a jusante do lago, contra eventos de enchente.

Outros benefícios intangíveis foram observados. Com o rebaixamento do nível d'água do lago, cujo objetivo original era a criação de um volume de espera, notou-se o aparecimento de algumas ilhas e o posterior crescimento de taboas ao longo das margens. A melhoria da qualidade da água e a proteção aos ninhos de pássaros promovidas por essas plantas permitiram a migração de diversas espécies monitoradas de outros parques da cidade para o Parque da Aclimação, até mesmo adiantando o cronograma de reintrodução das aves sobreviventes do acidente. A Foto 7.33 apresenta o vertedor concluído.

Foto 7.33 *Vertedor após conclusão das obras (foto de Massao Okazaki)*

7.6 Bacia do Canal do Mangue – Rio de Janeiro – RJ
7.6.1 Contextualização

O conjunto de intervenções estruturais ora em implantação para o tratamento das inundações na bacia do Canal do Mangue teve sua origem no Plano Diretor de Manejo de Águas Pluviais da Cidade do Rio de Janeiro – PDMAP, realizado pelo consórcio Hidrostudio-Fundação Centro Tecnológico de Hidráulica de São Paulo para a Prefeitura da Cidade do Rio de Janeiro – Fundação Rio-Águas. Dada a frequência e a severidade dos danos decorrentes de inundações nessa bacia, ela foi considerada prioritária no plano diretor, que também apresentou os projetos básicos das intervenções estruturais. Posteriormente, a Hidrostudio desenvolveu os projetos executivos das obras, que já se encontravam em implantação à época de publicação desta edição.

A bacia do Canal do Mangue drena uma área de 45 km^2 e abrange bairros tradicionais da Zona Norte da cidade, como Tijuca, Vila Isabel, Grajaú e São Cristóvão, entre outros, tendo por exutório final a Baía de Guanabara. O problema de inundação na bacia é crônico, devido à sua recorrência e à posição estratégica da bacia: ela conecta as zonas norte e sul da cidade, e nela se localizam importantes equipamentos urbanos, como a Praça da Bandeira, o Estádio do Maracanã, o Sambódromo (Marquês de Sapucaí), a região portuária e a sede da Prefeitura Municipal, além de vias de grande importância para a cidade, como a av. Presidente Vargas, a Radial Oeste e a Linha Férrea.

As enchentes na bacia do Canal do Mangue, notadamente na região da Praça da Bandeira, remontam ao início do século XX e são decorrentes das características naturais da bacia, agravadas pela ação antrópica.

A bacia é caracterizada por forte declividade, com cotas que variam entre 1.000 m e o nível do mar, ao longo de um talvegue de cerca de 10.000 m de extensão. A maior parte do desnível ocorre nos primeiros 3.000 m, na região de cabeceira, em que as cotas decaem de 1.000 m para 100 m. O modelo digital de terreno apresentado na Fig. 7.50 ilustra essa condição da bacia.

A forte declividade da região de cabeceira, combinada à baixa permeabilidade do terreno decorrente de camadas pouco espessas de solo sobre rocha e grandes áreas de rocha sã, resulta em baixíssimos tempos de concentração, propiciando a ocorrência de cheias rápidas ou *flash-floods*, caracterizadas por elevados picos de vazão e baixos volumes de escoamento. Em seguida ao trecho de cabeceira,

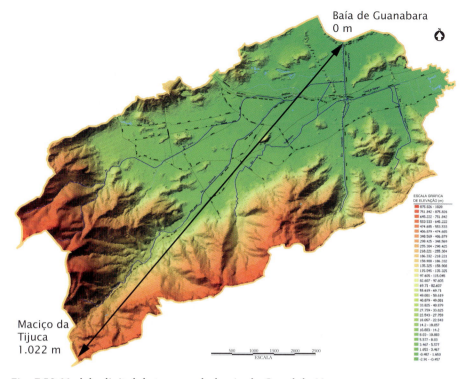

Fig. 7.50 *Modelo digital de terreno da bacia do Canal do Mangue*

a bacia sofre brusca redução das declividades, encontrando uma área de baixada em que os escoamentos têm sua velocidade reduzida e sofrem efeito de espraiamento: ocorrem, então, cheias naturais na área de baixada, além de processos de assoreamento resultantes do grande aporte de sedimentos transportados das cabeceiras durante as enxurradas e que vêm depositar-se nos trechos de menor declividade, o que reduz a capacidade hidráulica dos canais.

Desde o século XIX muitas foram as modificações impostas pela urbanização ao sistema de macrodrenagem da bacia do Canal do Mangue, destacando-se a construção do próprio canal que dá nome à bacia. O Canal do Mangue, um canal artificial com 2.700 m de extensão, foi construído em 1857 para drenar um manguezal nos bairros de Cidade Nova e Santo Cristo e servia de ligação entre os cursos d'água da bacia e a Baía de Guanabara. A pressão pela urbanização dessa área de manguezal, visando a melhorar o acesso à região portuária, e os urgentes problemas de saúde pública que o mangue representava, devido às cargas de esgoto transportadas pelos rios que ali desaguavam, levaram à drenagem e canalização do manguezal, o que foi considerado a mais importante obra de saneamento já executada na cidade do Rio de Janeiro.

O Canal do Mangue passou então a servir de deságue para todos os cursos d'água da bacia, que antes seguiam diretamente para a Baía de Guanabara: os rios Maracanã, Joana, Trapicheiros, Comprido e Papa-Couve. Entre 1902 e 1906, esses rios passaram por obras de canalização e retificação, no âmbito dos projetos realizados pelo engenheiro Saturnino de Brito, que previam intervenções na macrodrenagem para melhorar o escoamento de águas pluviais e promover melhorias no saneamento básico da cidade. Em 1907 foi inaugurada a av. Francisco Bicalho, via de fundo de vale, marginal ao Canal do Mangue, como parte do conjunto de obras da região portuária.

Sequencialmente, outras obras de canalização e retificação foram feitas nos cursos d'água da bacia, entre as quais se destaca a alteração do deságue do rio Joana do Canal do Mangue para o rio Maracanã, quando da implantação da linha férrea, que veio a agravar o quadro de concentração dos lançamentos iniciado com a construção do Canal do Mangue. A Fig. 7.51 apresenta a configuração atual da macrodrenagem na bacia do Canal do Mangue.

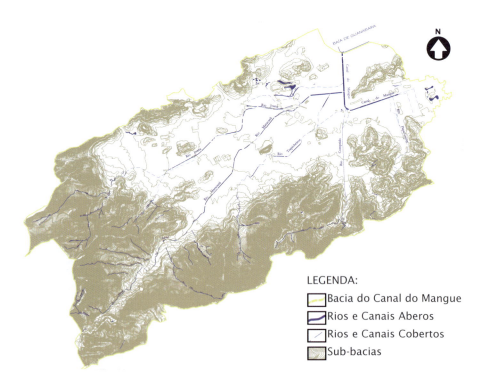

Fig. 7.51 *Planta da bacia hidrográfica do Canal do Mangue*

As consequências dessas canalizações foram a aceleração do escoamento e a concentração dos lançamentos em um único corpo receptor, o Canal do Mangue, cuja seção hidráulica tornou-se insuficiente para comportar as vazões de cheia progressivamente maiores em decorrência da urbanização. Como resultado, a partir do início do século XX já havia registros de inundação nos rios afluentes e no próprio Canal do Mangue, conforme ilustrado nas Fotos 7.34 a 7.39. A Fig. 7.52 apresenta a configuração atual da mancha de inundação na bacia.

Foto 7.34 *Enchente na região da Praça da Bandeira (rua Mariz e Barros) em 10 de fevereiro de 1910 (Fonte: Revista A Illustração Brazileira, Rio de Janeiro, ano 2, n. 18, 15 fev. 1910)*

Foto 7.35 *Enchente no Canal do Mangue em 1928 (Fonte: Revista Careta, ano XXI, n. 1029, 10 mar. 1928)*

Foto 7.36 *Enchente na Praça da Bandeira em 29 de janeiro de 1940*

Foto 7.37 *Enchente na Praça da Bandeira em 8 de janeiro de 1942*

Foto 7.38 *Enchente na av. Francisco Bicalho em 11 de janeiro de 1966* (Fonte: acervo O Globo)

Foto 7.39 *Enchente no Canal do Mangue e na Praça da Bandeira em abril de 2010* Foto: Ernesto Carriço/ Agência O Dia.

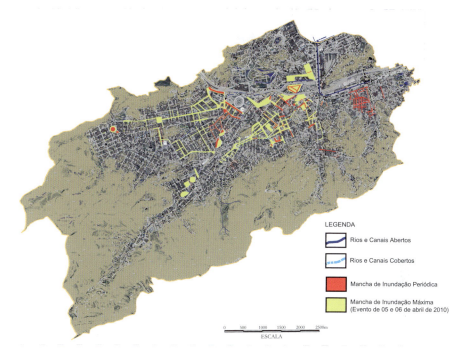

Fig. 7.52 *Configuração da mancha de inundação para os recentes eventos de cheias na bacia do Canal do Mangue*

7.6.2 Intervenções estruturais previstas para o tratamento das inundações na bacia do Canal do Mangue

A partir da constatação de que o quadro de frequência e severidade das inundações na região decorria da concentração dos lançamentos no Canal do Mangue, buscou-se o tratamento das enchentes na bacia desse canal por meio da reversão desse processo histórico de concentração.

Dada a proximidade da bacia com a Baía de Guanabara, a alternativa de reforço de capacidade e alteração do exutório dos cursos d'água para o mar era particularmente aplicável, uma vez que possibilitava solucionar os *deficits* de capacidade do canal sem, no entanto, agravar as inundações a jusante.

A alternativa de bacias de detenção instaladas nos pés dos morros foi também adotada, visando ao tratamento das *flash-floods*. As bacias de detenção são adequadas para amortecer essas cheias, caracterizadas por baixos volumes e altos picos de vazão: partiu-se do princípio de que esse tipo de cheia é mais eficientemente tratado por meio de reservatórios para a detenção dos volumes do que pela ampliação das seções hidráulicas que permitisse a veiculação das vazões de pico.

Adicionalmente, os reservatórios localizados ao pé do morro permitem a retenção dos sedimentos, detritos, galhos, folhas, pedras e entulho, comumente transportados com as fortes enxurradas das áreas íngremes das cabeceiras. Dessa forma, a rede de galerias pluviais situada a jusante fica protegida do assoreamento decorrente da deposição desses materiais nos trechos de menor declividade de fundo.

A principal alternativa proposta para a bacia do Canal do Mangue consistiu na restituição da foz do rio Joana para sua localização original na Baía de Guanabara, por meio de um túnel de desvio desse rio, com capacidade máxima de 100 m^3/s, previsto para aliviar em um terço a vazão de cheia de TR 25 anos no Canal do Mangue, na altura da atual confluência do Joana com ele.

O desvio do rio Joana para o mar foi estudado pela primeira vez na década de 1990, com a função de aliviar a afluência de vazões ao trecho final do rio, possibilitando um melhor aproveitamento da calha do rio Maracanã. Desde que a proposta foi apresentada pela primeira vez, alternativas de traçado para o desvio vinham sendo discutidas, a fim de se encontrar a solução mais eficaz e a melhor relação custo-benefício.

O projeto realizado pela Hidrostudio propôs um desvio parte em túnel, parte em galeria, começando na altura do cruzamento da av. Prof. Manoel de Abreu com a rua Felipe Camarão e estendendo-se até a Baía de Guanabara, passando sob a Quinta da Boa Vista e ao longo da rua São Cristóvão, em um percurso total de 3.200 m.

Complementarmente, para a bacia do rio Joana foram propostos um reforço de galeria no trecho existente ao longo da av. Prof. Manoel de Abreu e dois reservatórios situados a montante do trecho, sendo um do tipo pé de morro, localizado no Alto Grajaú, e outro no Andaraí, na altura da rua Maxwell. A localização deste último foi alterada durante os estudos do PDMAP, tendo sido fixada na Praça Niterói por indisponibilidade do local original.

O sistema contou ainda com a derivação de parte das vazões do rio Maracanã para o túnel de desvio do rio Joana, por meio de uma galeria de derivação prevista para ser implantada sob a rua Felipe Camarão. A concepção dessa derivação tomou partido de uma diferença de cotas topográficas ali existente, responsável pelo problema crônico do transbordamento das águas do rio Maracanã em direção ao rio Joana durante eventos críticos de precipitação.

Para o rio Trapicheiros foram propostas duas intervenções estruturais. A primeira consistiu na implantação de um reservatório com 70.000 m^3 de capacidade final na altura da rua Heitor Beltrão, com a finalidade de reduzir as vazões afluentes à galeria de jusante em direção à Praça da Bandeira, onde as seções, além de insuficientes, apresentavam gargalos e redução de seção útil em função de interferências existentes. A segunda intervenção consistiu num reservatório com 18.000 m³ de capacidade final, a funcionar como *pôlder*, localizado na Praça da Bandeira. Essa praça constitui um ponto baixo para onde naturalmente drenam as águas das áreas adjacentes. Historicamente, ocorriam ali inundações de até 2 m de altura, que eram causadas pela insuficiência de seções das galerias adjacentes nos rios Trapicheiros e Maracanã, especialmente durante eventos de maré alta.

A seguir, expõe-se o resumo das intervenções propostas pelo PDMAP para a bacia do Canal do Mangue. A Fig. 7.53 apresenta a planta geral de localização das obras.

- túnel de desvio do rio Joana – capacidade máxima de 100 m³/s;
- reservatório do Alto Grajaú – RJ-3, no rio Jacó (afluente do rio Joana) – volume final de 50.000 m³;
- reservatório da Praça Niterói – RJ-4, no rio Joana – volume final de 58.000 m³;
- reservatório da Praça Varnhagen – RM-1, no rio Maracanã – volume final de 42.000 m³;

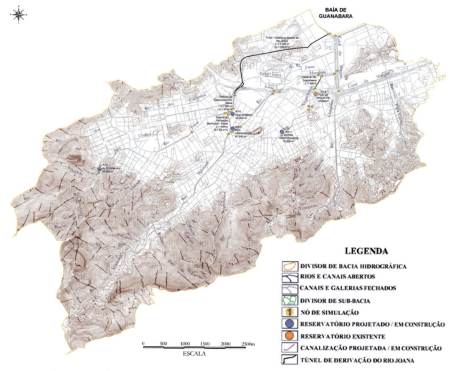

Fig. 7.53 *Planta geral de localização das intervenções na bacia do Canal do Mangue*

- galeria de reforço do rio Joana ao longo da av. Prof. Manoel de Abreu – capacidade máxima de 33 m³/s;
- galeria de derivação do rio Maracanã para o rio Joana ao longo da rua Felipe Camarão – capacidade máxima de 25 m³/s.

O planejamento das etapas de implantação das intervenções previu o seguinte:

- Primeira etapa: implantação do reservatório RT-2 – Praça da Bandeira, no rio Trapicheiros, e do túnel de desvio do rio Joana. Essa fase encontrava-se parcialmente concluída à época de publicação desta edição, já estando o reservatório RT-2 em funcionamento e o túnel de desvio do rio Joana em fase de construção;
- Segunda etapa: implantação dos reservatórios RJ-4 – Praça Niterói, no rio Joana, e RM-1 – Praça Varnhagen, no rio Maracanã. Essa etapa das obras encontrava-se em construção à época de publicação desta edição;
- Terceira etapa: implantação dos reservatórios RJ-3 – Alto Grajaú, no rio Joana, e RT-1 – Heitor Beltrão, no rio Trapicheiros; reforço de galeria do rio Joana e implantação da galeria de derivação da rua Felipe Camarão. Essa etapa das obras encontrava-se em fase de projeto e licitação quando da publicação desta edição.

7.6.3 Dimensionamento e projeto das obras da primeira etapa

Cálculo das vazões de projeto

Conforme diretrizes estabelecidas pelo PDMAP, foi utilizado como critério de dimensionamento hidráulico das estruturas o tempo de recorrência (TR) de 25 anos. A chuva de projeto correspondente a essa recorrência, obtida da equação IDF do posto Saboia Lima para a duração de 2 h, foi fixada em 85 mm. Utilizou-se o método de Huff – 1º quartil para a discretização temporal e a obtenção do hietograma, apresentado na Fig. 7.54.

Para proceder à transformação chuva-vazão, foi aplicado o método do hidrograma triangular unitário, do SCS. A precipitação efetiva,

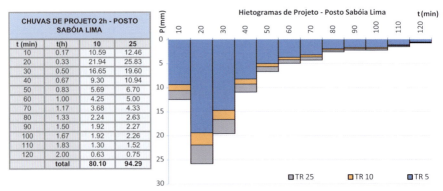

Fig. 7.54 *Hietograma de projeto do posto Saboia Lima para d = 2 h e TR = 10 e 25 anos*

por sua vez, foi calculada pelo método *curve number* (CN), do SCS. Utilizou-se o *software* HEC-HMS, da plataforma HEC, desenvolvido pelo *U.S. Army Corps of Engineers* – Usace.

O estudo de linhas d'água no túnel de desvio foi feito para o cenário projetado utilizando o software HEC-RAS, também da plataforma HEC. Como condição de contorno de jusante adotou-se a cota de maré de projeto na Baía de Guanabara igual a 0,60 m. O Quadro 7.22 apresenta as vazões de projeto simuladas, para TR de 10 e 25 anos, nos principais pontos da bacia do Canal do Mangue.

Desvio do rio Joana

O túnel de desvio do rio Joana foi dimensionado a partir do final do trecho em canal na av. Prof. Manoel de Abreu para encaminhar toda a vazão de cheia para a Baía de Guanabara, prevendo-se que a galeria existente, que deságua no rio Maracanã, veicule apenas a vazão de base. A vazão de projeto para TR de 25 anos no ponto de derivação é da ordem de 100 m³/s. A seção equivalente do túnel necessária para possibilitar a veiculação dessa vazão, considerando a cota de projeto da maré igual a 0,60 m, foi estabelecida em 38 m², tendo sido fixada com base na simulação da linha d'água com HEC-RAS. A Fig. 7.55 apresenta a linha d'água de projeto ao longo do túnel de desvio para TR de 25 anos.

A Fig. 7.56 apresenta a planta e perfil longitudinal do túnel de desvio do rio Joana. As Fotos 7.40 a 7.45 mostram a execução da obra.

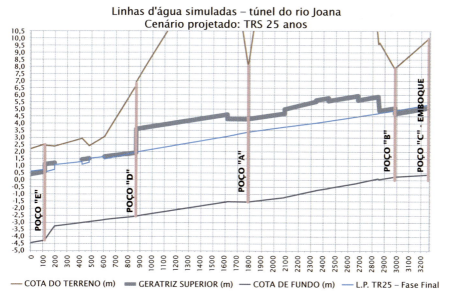

Fig. 7.55 *Linha d'água simulada no túnel de desvio do rio Joana para TR de 25 anos*

Quadro 7.22 Vazões de projeto nos cenários "com obras" e "sem obras" nos pontos principais dos cursos d'água da bacia do Canal do Mangue

VAZÕES DE PROJETO SIMULADAS

NÓ HEC HMS	DESCRIÇÃO (CENÁRIO SEM OBRAS)	DESCRIÇÃO (CENÁRIO PROJETADO)	CENÁRIO SEM OBRAS			CENÁRIO PROJETADO RT-1 - HEITOR BELTRÃO - 70.000 m³ RT-2 - PÇA DA BANDEIRA - 18.000 m³ RJ-3 - ALTO GRAJAÚ - 50.000 m³ RJ-4 - PÇA NITERÓI - 58.000 m³ RM-1 - PÇA VARNHAGEN - 42.000 m³ GAL. R. FELIPE CAMARÃO - 25 m³/s DESVIO JOANA - 100 m³/s		
			Área de Drenagem (km²)	Q (m³/s) TR 10	Q (m³/s) TR 25	Área de Drenagem (km²)	Q (m³/s) TR 10	Q (m³/s) TR 25
24	Rio Maracanã, altura da Praça Varnhagen e R. Felipe Camarão - montante	Rio Maracanã - Montante RM-1 - Pça Varnhagen	11.34	55.0	78.5	11.34	55.0	78.5
24.5	Rio Maracanã, altura da Praça Varnhagen e R. Felipe Camarão - jusante	Rio Maracanã - Jusante RM-1 - Pça Varnhagen/ Montante derivação Felipe Camarão	11.34	55.0	78.5	11.34	30.0	53.5
25	Rio Maracanã - Montante da Foz do Rio Joana		12.17	58.9	83.9	12.17	30.4	43.5
26	Rio Joana, altura da Rua Borda do Mato, no Grajaú	Rio Joana, montante do Res. RJ-3 - Alto Grajaú - altura da rua Borda do Mato	3.62	25.9	36.6	3.62	25.9	36.6
26.5	Rio Joana, altura da Rua Borda do Mato, no Grajaú	Rio Joana, jusante do Res. RJ-3 - Alto Grajaú	3.62	25.9	36.6	3.62	18.4	23.0
41	Rio Joana na Av. Octacílio Negrão de Lima		7.84	59.9	82.4	7.84	47.5	63.2
45	Rio Joana - Jus. da confl. c/ Rio dos Cachorros e Gal. R. 28 de Setembro	Seção a montante da embocadura do túnel	11.34	77.2	106.1	11.34	81.2	96.2
46	Foz do Rio Joana no Rio Maracanã		12.02	79.1	109.4	0.69	5.5	7.5

47	Rio Maracanã - Jusante da Foz do Rio Joana		24.19	138.0	193.2	12.86	34.8	46.1
51	Rio Maracanã - Montante da Foz do Rio Trapicheiros		25.22	141.2	195.3	13.89	39.8	50.7
61	Rio Trapicheiros na Av. Heitor Beltrão, altura da R. São Francisco Xavier	Montante do Res. RT-1	5.03	31.3	44.1	5.03	31.3	44.1
62	Rio Trapicheiros na Av. Heitor Beltrão, entrada da galeria sob a R. Silva Ramos	Jusante do Res. RT-1	5.03	30.9	43.8	5.03	16.9	16.9
63	Rio Trapicheiros, Montante do extravasor		5.29	32.7	46.1	5.29	20.6	21.4
64	Início do tramo esquerdo do Rio Trapicheiros, na Rua Felizberto Menezes		5.29	9.8	13.8	5.29	13.4	13.9
65	Início do Tramo direito do Rio Trapicheiros na R. Barão de Iguatemi		0.00	22.9	32.3	0.00	7.2	7.5
66	Rio Trapicheiros na travessia sob a Flumitrens	Rio Trapicheiros na travessia sob a Flumitrens	5.60	23.5	38.2	5.60	17.5	19.1
67	Foz do Tramo esquerdo do Rio Trapicheiros no Rio Maracanã		5.77	25.5	40.1	5.77	19.3	22.3
68	Rio Maracanã - Jusante da Foz do Rio Trapicheiros		30.99	161.6	230.6	19.65	55.8	70.1
69	Foz do Rio Maracanã no Canal do Mangue		31.03	162.4	229.2	19.70	55.8	70.3
70	Foz do Tramo direito do Rio Trapicheiros no Canal do Mangue		0.30	13.7	14.4	0.30	10.0	11.7
100	Canal do Mangue na Av. Fco Bicalho, a jusante da confl. c/ Rio Maracanã		41.85	239.6	333.5	30.52	142.7	190.8

7 Estudos de Casos

Quadro 7.22 Vazões de projeto nos cenários "com obras" e "sem obras" nos pontos principais dos cursos d'água da bacia do Canal do Mangue (cont.)

VAZÕES DE PROJETO SIMULADAS

NÓ HEC HMS	DESCRIÇÃO (CENÁRIO SEM OBRAS)	DESCRIÇÃO (CENÁRIO PROJETADO)	CENÁRIO SEM OBRAS			CENÁRIO PROJETADO RT-1 - HEITOR BELTRÃO - 70.000 m³ RT-2 - PÇA DA BANDEIRA - 18.000 m³ RJ-3 - ALTO GRAJAÚ - 50.000 m³ RJ-4 - PÇA NITERÓI - 58.000 m³ RM-1 - PÇA VARNHAGEN - 42.000 m³ GAL. R. FELIPE CAMARÃO - 25 m³/s DESVIO JOANA - 100 m³/s		
			Área de Drenagem (km²)	Q (m³/s)		Área de Drenagem (km²)	Q (m³/s)	
				TR 10	TR 25		TR 10	TR 25
105	Foz do Canal do Mangue na Baía da Guanabara		42.62	243.8	341.1	33.94	158.2	212.3
113	Rio Joana, a jusante da rua Felipe Camarão	Rio Joana - mont. RJ-4 - Pça Niterói/jusante do desemboque da derivação do rio Maracanã	8.68	66.6	91.4	8.68	79.0	96.7
113.5	Rio Joana, na altura da Praça Niterói	Rio Joana - Jusante RJ-4 - Pça Niterói	8.68	66.6	91.4	8.68	67.9	78.0
115		Desvio do Rio Joana - EXUTÓRIO NA BAÍA DE GUANABARA	0.00	0.0	0.0	11.34	80.8	96.3

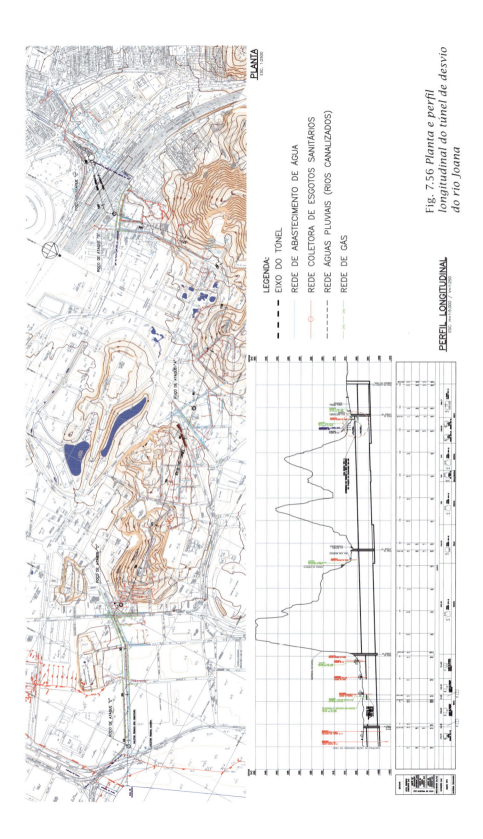

Fig. 7.56 *Planta e perfil longitudinal do túnel de desvio do rio Joana*

7 Estudos de Casos

Foto 7.40 *Execução da caixa de ligação situada a jusante da galeria existente na av. Prof. Manoel de Abreu*

Foto 7.41 *Execução da galeria situada a jusante da caixa de ligação*

Foto 7.42 *Execução do poço de ataque A*

Foto 7.43 *Execução do poço de ataque B*   Foto 7.44 *Execução do túnel*

Foto 7.45 *Execução da galeria da rua São Cristóvão*

Reservatório RT-2 – Praça da Bandeira

O reservatório RT-2, da Praça da Bandeira, foi inicialmente concebido para atender à drenagem local deste que constitui um ponto baixo da bacia, onde se acumulam as águas durante eventos críticos de precipitação. Com base nas observações de campo, no entanto, verificou-se que há contribuições externas à Praça da Bandeira, provenientes do extravasamento da rede de macrodrenagem, que ocorrem de três formas principais:

- a partir do extravasamento da galeria do tramo esquerdo do rio Trapicheiros, nas ruas Felisberto de Menezes e Paulo Fernandes, ocorrendo escoamento em direção à Praça da Bandeira através da rua Mariz e Barros;
- a partir do extravasamento da galeria do tramo direito do rio Trapicheiros, na rua Barão de Iguatemi, ocorrendo escoamento em direção à Praça da Bandeira através da rua do Matoso e da travessa Mariz e Barros;
- por meio do refluxo das águas do rio Maracanã durante eventos críticos de precipitação combinados à maré alta, que afluem à Praça da Bandeira através do canal do rio Trapicheiros.

O reservatório RT-2 – Praça da Bandeira foi então dimensionado para amortecer os picos de vazão decorrentes da microdrenagem local e do excedente proveniente das contribuições externas. Além do projeto do reservatório, foi feito todo o redimensionamento do sistema de captação superficial de modo a garantir que todo o escoamento superficialmente afluente à praça seja devidamente encaminhado para o reservatório RT-2.

A Fig. 7.57 apresenta o hidrograma afluente ao reservatório RT-2 e a curva de enchimento do reservatório. A Fig. 7.58, por sua vez, mostra a planta de situação do reservatório e da rede projetada de captação superficial. Já as Fotos 7.46 a 7.52 apresentam as etapas de implantação das obras.

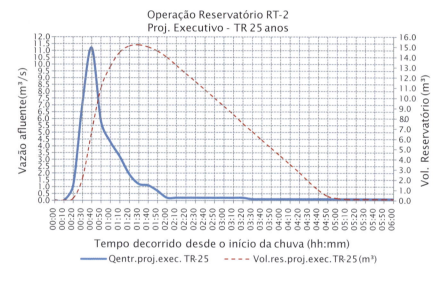

Fig. 7.57 *Hidrograma afluente e curva de enchimento do reservatório RT-2 – Praça da Bandeira para TR de 25 anos*

Foto 7.46 *Terraplenagem e cravação das estacas--pranchas*

Fig. 7.58 *Planta de situação geral do reservatório RT-2 e rede de captação superficial*

Foto 7.47 *Execução do reservatório RT-2*

Foto 7.48 *Escavação do reservatório RT-2*

Foto 7.49 *Execução das vigas e da laje pré-moldadas da tampa do reservatório RT-2*

Foto 7.50 *Execução da casa de bombas*

Foto 7.51 *Execução da laje de cobertura*

Foto 7.52 *Praça em reconstituição após execução do tamponamento (situação à época de publicação desta edição). Detalhe dos três poços de entrada das galerias de captação no reservatório RT-*

A Região Metropolitana de São Paulo – RMSP – abriga 17 milhões de pessoas e encontra-se praticamente inserida em uma só bacia, a do Alto Tietê. O controle das inundações no Alto Tietê representa uma das principais ações do governo do Estado. Nesse contexto, o PDMAT destaca-se como uma iniciativa relevante e de máxima importância, visando ao encaminhamento de soluções abrangentes e integradas. Sensível a essa realidade, o Departamento de Águas e Energia Elétrica do Estado de São Paulo – DAEE – vem desenvolvendo o PDMAT, desde a definição dos Termos de Referência, cujas diretrizes constituem um consenso da comunidade técnica e da sociedade civil organizada, por meio do Comitê da Bacia do Alto Tietê. A arquitetura geral do plano, sua motivação e os resultados principais atingidos encontram-se aqui descritos. O PDMAT foi desenvolvido entre 1998 e 2001 (PDMAT 1), tendo sido revisado em 2009 (PDMAT 2) e 2013 (PDMAT 3).

8.1 Apresentação

O controle das inundações no Alto Tietê representa uma das principais ações do governo do Estado de São Paulo e fundamenta-se no princípio básico de que os principais cursos d'água que compõem o denominado sistema de macrodrenagem da bacia, rios Tietê, Pinheiros e Tamanduateí, não comportam tipo algum de escoamento que supere as capacidades atuais ou as previstas nos projetos que se encontram em implantação.

De fato, não se pode imaginar uma nova ampliação da calha do rio Tietê, além da já em curso, ou do rio Tamanduateí, dadas as severas restrições e interferências impostas pelo meio urbano, sem mencionar os insuportáveis custos que tais medidas implicariam.

Plano Diretor de Macrodrenagem da Bacia do Alto Tietê – PDMAT

Para consecução do PDMAT 1, o DAEE desenvolveu, com o apoio do Consórcio Enger-Promon-CKC, os termos de referência do plano, composto por um conjunto de diretrizes que constituíram consenso da comunidade técnica e da representação da sociedade, e, na sua elaboração, contou também com a participação da Câmara Técnica de Drenagem do Comitê da Bacia do Alto Tietê.

Um plano de macrodrenagem era imprescindível para disciplinar e controlar as inundações da bacia. O esforço maior na sua condução e elaboração é não se tornar meramente um plano de obras, mas sim um instrumento regulador, referencial técnico e estratégico que condicione as intervenções dos municípios e, ao mesmo tempo, defina os instrumentos políticos, institucionais e econômico-financeiros de viabilização, no contexto das ações estruturais e não estruturais necessárias às melhorias dos sistemas de drenagem urbana.

A análise e o equacionamento dos problemas de drenagem urbana é um dos maiores desafios dos planejadores e administradores dos grandes centros urbanos do mundo. No caso do Brasil, o grande deslocamento de populações para as regiões metropolitanas, ocorrido principalmente nas duas últimas décadas, agravou sobremaneira o problema, muitas vezes já existente em razão das características próprias da drenagem natural do local.

Nos países ditos emergentes, esse problema foi particularmente agravado pela velocidade do processo de adensamento populacional e urbanização e pela precariedade da infraestrutura existente, associada à falta de planejamento urbano e à enorme carência de recursos.

O gerenciamento da drenagem urbana é fundamentalmente um problema de alocação de espaços para a destinação das águas precipitadas. Todo espaço retirado pela urbanização, outrora destinado ao armazenamento natural, propiciado pelas áreas permeáveis, várzeas e mesmo nos próprios talvegues naturais, é substituído por novas áreas inundadas mais a jusante. Acresce-se a esse problema a prática das canalizações, muitas vezes radicais, que aceleraram os escoamentos dos rios e córregos. Essas obras foram quase sempre associadas às vias de fundo de vale e alteraram bastante o comportamento das enchentes, amplificando enormemente os picos de vazão.

O enfrentamento desse problema por meio de intervenções pontuais mostrou-se insuficiente e, em muitos casos, significou o agravamento de situações já bastante críticas, ocasionado pela simples transferência dos pontos alagados. Nesse cenário, é imprescindível a planificação das ações preventivas, onde possível, e corretivas, nos casos em que o problema está estabelecido, sempre de maneira integrada e abrangendo toda a bacia hidrográfica. Essa abordagem constitui o objetivo principal de um plano diretor de drenagem urbana e vem sendo adotada com sucesso em várias cidades e regiões metropolitanas, tanto nos países desenvolvidos como nas regiões ainda em processo de desenvolvimento.

No caso específico de São Paulo, onde praticamente a totalidade da sua Região Metropolitana situa-se em uma única bacia, a do Alto Tietê, os problemas de escoamento superficial são em muitos casos interdependentes em diversas áreas urbanas e, por isso, sobremaneira complexos (Foto 8.1).

De uma maneira conceitual, as premissas básicas consideradas na formulação do PDMAT levaram em conta que a drenagem é (1) um fenômeno regional – a unidade de gerenciamento é a bacia hidrográfica; (2) uma questão de alocação de espaços – a supressão de áreas de inundação, naturais ou não, implicará a sua relocação para áreas a jusante; (3) parte integrante da infraestrutura urbana – o seu planejamento deve ser multidisciplinar e harmonizado com os demais planos e projetos dos demais equipamentos urbanos; (4) e deve ser sustentável – no seu gerenciamento deve-se garantir sustentabilidade institucional, ambiental e econômica.

Foto 8.1 *Os meandros do rio Tietê em seu trecho superior, a barragem da Penha e as vias marginais (1999)*

Em síntese, esse estudo global diagnostica os problemas existentes ou previstos no horizonte do projeto (2020) e irá determinar, sob os pontos de vista técnico-econômico e ambiental, as soluções mais interessantes, pré-dimensioná-las e hierarquizá-las.

No caso da Bacia do Alto Tietê, além dos objetivos e das premissas mencionadas, pretendeu-se também uniformizar os procedimentos de análise hidráulica e hidrológica e possibilitar uma harmonização entre as ações dos vários órgãos das administrações estaduais e municipais e das concessionárias responsáveis pelo gerenciamento da drenagem urbana nos vários municípios, visando à maior economicidade e eficácia das intervenções, que têm por objetivo a melhoria da qualidade de vida da população da RMSP.

Orientado pelas diretrizes já enumeradas, o PDMAT foi desenvolvido com o cumprimento das cinco etapas básicas indicadas na sua arquitetura geral, que podem ser visualizadas no fluxograma da Fig. 1.2 (Cap. 1).

8.2 A Bacia do Alto Tietê

Estabelecidos sobre uma extensa região que converge quase integralmente para um único rio, o Tietê, a RMSP e os municípios que a compõem, praticamente se confundem com a bacia hidrográfica do Alto Tietê, que possui uma área de drenagem de 5.650 km².

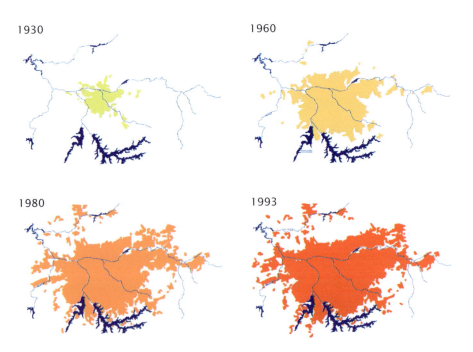

Fig. 8.1 *Ampliação da mancha urbana na RMSP*

Em 1890, logo após a epidemia de febre amarela que eclodiu em 1889, o governo do Estado nomeou uma comissão para estudar as áreas dos rios Tietê e Tamanduateí, visando o saneamento de suas várzeas, pois os focos da doença foram atribuídos à poluição das águas superficiais.

A partir de então, diversos planos sucederam-se, e, como sempre, envolviam projetos de prolongada implantação, mas a evolução da ocupação urbana obrigou à elaboração de sucessivas revisões. No trecho do rio Tietê, compreendido entre a foz do Tamanduateí e Osasco, a vazão de projeto do plano de 1894 era de 174 m³/s, passando a 400 m³/s no projeto de Saturnino Brito (em 1925).

650 m³/s no Plano Hibrace (1968) e 1.188 m³/s no Projeto Promon, de 1986. A capacidade de vazão nesse trecho do canal do Tietê é de cerca de 500 m³/s, considerando-se em operação os diques sob as pontes das Bandeiras, da Casa Verde e Anhanguera. Essa mesma defasagem entre capacidades e demandas hidrológicas é verificada em diversos rios e córregos que sofreram intervenções na RMSP. Ver o crescimento histórico da mancha urbana na RMSP na Fig. 8.1 e as previsões, na Fig. 8.2.

Cumpridas as etapas das obras atualmente em curso para a melhoria hidráulica da calha do Tietê, sob responsabilidade do DAEE, e

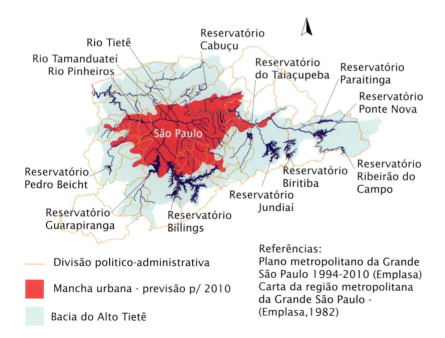

Fig. 8.2 *Bacia do Alto Tietê – Mancha urbana prevista para 2010*

que duplicarão a capacidade atual de vazão nesse trecho, qualquer ampliação futura, dadas as interferências existentes e os custos envolvidos, pode ser considerada de difícil viabilização técnico-econômica e mesmo ambiental, tendo em vista a importância viária das avenidas marginais. O mesmo ocorre nos trechos já canalizados do Tamanduateí e de outros importantes rios e córregos da região.

Não menos significativo e complexo é o Sistema de Reversão do Tietê/Pinheiros, atualmente operado pela Empresa Metropolitana de Águas e Energia – EMAE. Na perspectiva de ocorrência de uma enchente na bacia, é autorizada a reversão do canal Pinheiros, que drena áreas importantes da região Sul da RMSP, para o reservatório Billings. A análise das condições operativas das estações elevatórias de Traição e Pedreira, das condições de armazenamento e da capacidade de vazão dos canais Pinheiros Inferior e Superior, bem como da própria evolução das vazões dos seus afluentes, foi prevista no escopo dos trabalhos desse plano diretor.

Outra condicionante básica importante é a função exercida pelas várzeas remanescentes a montante da Barragem da Penha. O DAEE atua em favor da sua preservação no Parque Ecológico do Tietê. Estimativas hidrológicas preliminares mostraram que os benefícios das obras de melhoria, atualmente empreendidas no trecho Barragem da Penha-Barragem Edgard de Souza, seriam totalmente anulados com a eventual ocupação dessas áreas de montante. A canalização, prevista no âmbito municipal, dos córregos Itaquera, Itaim e Tijuco Preto foi também analisada quanto à sua influência nas vazões desse trecho do rio Tietê. Com esse enfoque, foi elaborado o diagnóstico da bacia do rio Baquirivu, que abrange os municípios de Guarulhos e Arujá, com a identificação de áreas voltadas para o amortecimento do pico de cheias, além da proposição de medidas institucionais. As obras de melhoria previstas pela Empresa Brasileira de Infraestrutura Aeroportuária – Infraero no rio Baquirivu e também as canalizações dos córregos dos Cubas e dos Japoneses, no município de Guarulhos, além de estudos específicos, visam a recomendar o uso e a ocupação do solo mais adequados para essas áreas, sua preservação ambiental e seu papel como elementos de amortecimento das enchentes, e também foram analisadas no PDMAT.

Segundo diagnósticos disponíveis no PDMAT, um extenso plano de redução dos picos de enchentes, mediante a implantação de bacias de detenção, empreendido pelo DAEE na bacia do Tamanduateí, inclui os córregos dos Meninos e Couros; na bacia do Pirajuçara e seu principal afluente, o Poá; e para outras bacias da região. Tais medidas, voltadas à reservação, encontram exemplo marcante nas intervenções propostas, executadas ou em execução, pela PMSP no vale do Pacaembu (reservatório da Praça Charles Miller), na bacia de detenção do córrego Água Espraiada, nas bacias de detenção dos afluentes do rio Cabuçu de Baixo (Bananal e Guaraú) e nos oito reservatórios já implantados na bacia do Alto Aricanduva.

Apesar desses esforços, a quantidade de pontos de inundação verificados na RMSP é ainda considerável, com consequências bastante conhecidas tanto na questão de prejuízos materiais e de saúde pública como no transtorno ao sistema de transportes e na depreciação das áreas e dos imóveis. Na RMSP, em cerca de 500 pontos existentes (1997), repete-se anualmente o transtorno das inundações, com maior ou menor grau de criticidade. Os pontos críticos estão localizados tanto nas margens dos três rios principais (Tietê, Tamanduateí e Pinheiros) como nas dos seus afluentes. As inundações ocorrem, em alguns casos, por influência direta dos canais principais, em outros, por deficiência de capacidade nos próprios afluentes, e também pela influência recíproca dos dois (Fig. 8.3 e Fotos 8.2 a 8.5).

O plano de macrodrenagem identificou, em cada bacia hidrográfica analisada, as causas principais das inundações e os pontos de estrangulamento, e propôs, então, medidas que restringem as

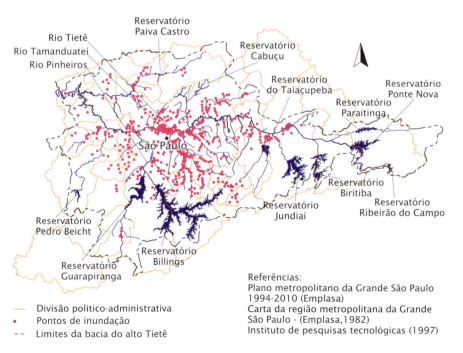

Fig. 8.3 *Bacia do Alto Tietê – pontos de inundação em 1997*

vazões aos rios e canais da rede de macrodrenagem. Dessa forma, ou as vazões afluentes foram compatibilizadas às capacidades existentes ou foram indicadas as obras de melhoria requeridas, evitando-se as soluções pontuais, que, em muitos casos, apenas transferem de lugar os pontos de alagamento (Fig. 8.4).

De acordo com o conceito adotado, identificam-se pelo PDMAT as "vazões de restrição" nos rios principais e nos seus afluentes. Esse teto nos picos de vazão, definido por critérios técnico-econômicos e ambientais, após as discussões pertinentes do Comitê da Bacia e da Câmara Técnica de Drenagem, implica a retenção dos volumes de cheia, prioritariamente, o mais próximo das áreas onde foram gera-

Foto 8.2 *Cheia de 1983 – ponte da Casa Verde*

Foto 8.3 *Cheia de 1999 – ponte da Casa Verde*

Foto 8.4 *Anhangabaú –1929*

Foto 8.5 *Anhangabaú –1999*

dos, bem como exige a observação de novos critérios hidráulicos no projeto das canalizações.

8.3 Resultados Iniciais

As atividades gerais do PDMAT 1 foram iniciadas em agosto de 1998, prolongando-se até o final de 2002.

A coleta e análise de todas as informações disponíveis sobre o sistema de drenagem urbana foram realizadas, particularmente nas prefeituras e órgãos responsáveis, e também foi efetuado o Diagnóstico Hidráulico e Hidrológico do Rio Tietê, no trecho Barragem da Penha – Barragem Edgard de Souza, visando a avaliar o desempenho atual e futuro da calha do rio Tietê, tendo em vista que a sua capacidade constitui a mais importante "vazão de restrição" do sistema.

Foram realizados diagnósticos individualizados para as sub-bacias julgadas prioritárias, como a do rio Pirajuçara e seu afluente, o córrego Poá; rio Aricanduva; rio Tamanduateí – trechos superior e médio – com os afluentes Meninos, Couros e Oratório; rio Tamanduateí – trecho inferior – e afluentes: Ipiranga, Moinho Velho, Anhangabaú; rio Baquirivu/Canal de Circunvalação (Guarulhos); e rio Juqueri, incluindo seus afluentes Tapera Grande, Eusébio e Perus

Foi também instalada e operada uma rede de monitoramento de chuva e de níveis d'água na bacia do córrego Gamelinha, afluente do rio Aricanduva. Foram observados, no período chuvoso 1998/1999, dezenas de eventos, que permitiram avaliar com precisão o potencial de geração de cheias em função das precipitações observadas. Esses dados são utilizados para a calibração dos modelos hidrológicos adotados.

Um resumo dos resultados obtidos em cada uma das bacias estudadas é apresentado nos itens a seguir.

8.4 Diagnóstico Hidráulico – Hidrológico e Recomendações para o Rio Tietê

O diagnóstico hidráulico-hidrológico do trecho Barragem da Penha -Barragem Edgard de Souza do rio Tietê compreendeu fundamentalmente a verificação das condições naquele momento, estimando-se a capacidade de vazão em função das linhas d'água. Foram estimadas as afluências no horizonte 2020 e analisado o desempenho do sistema após as obras de rebaixamento e ampliação da calha pelo DAEE.

A conclusão das análises realizadas foi de que as obras de melhoria previstas e/ou em andamento seriam de extrema importância para

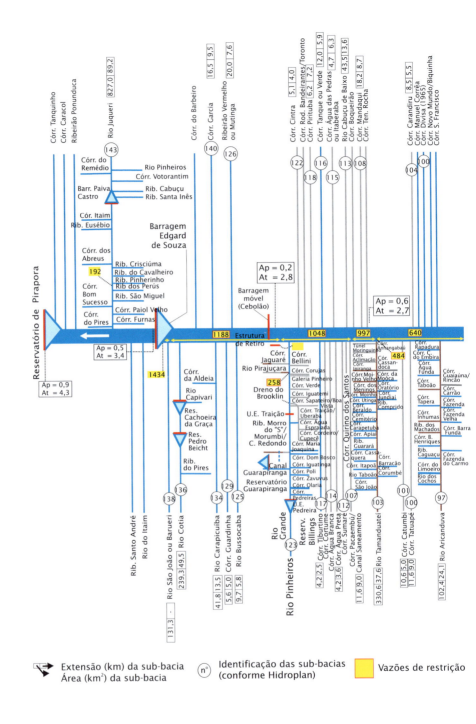

Fig. 8.4 *Bacia do Alto Tietê – diagrama unifilar da rede de macrodrenagem* (Fonte: Arnaldo Kutner, PDMAT)

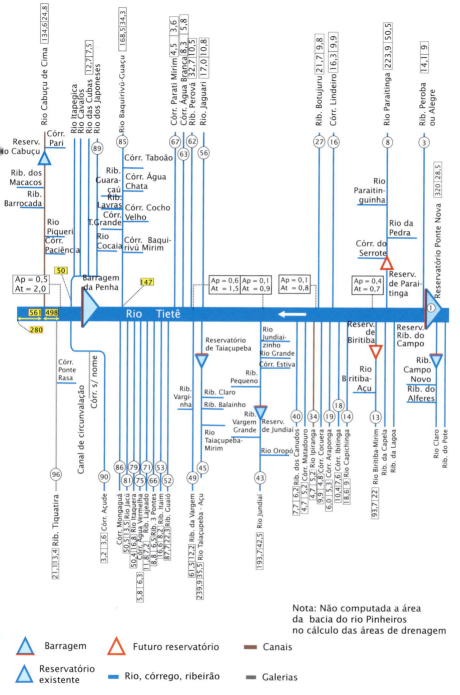

8 Plano Diretor de Macrodrenagem da Bacia do Alto Tietê – PDMAT

dotar o sistema de macrodrenagem da RMSP de condições mínimas de segurança contra inundações, principalmente nas marginais e áreas ocupadas da várzea do Tietê nesse trecho.

Por exemplo, à época dos estudos do PDMAT 1, a capacidade do rio Tietê, na altura da ponte do Limão, era de cerca de 495 m³/s, desde que os diques de proteção (*pôlderes*) sob as pontes Aricanduva, das Bandeiras, da Casa Verde e Anhanguera estivessem operando. Caso contrário, a capacidade seria de apenas 314 m³/s, valor limite de extravasamento nas seções das pontes (Quadro 8.1)

Quadro 8.1 Capacidades de vazão no canal do Tietê

CANAL DO TIETÊ	CAPACIDADE DE VAZÃO (m³/s)		
Trecho	1999 (sem *pôlderes*)	2002 (com *pôlderes*)	2005 (com ampliação)
Barragem da Penha – Aricanduva	90	166	500
Aricanduva – Tamanduateí	158	246	560
Tamanduateí – Cabuçu de Baixo	314	495	1.000
Cabuçu de Baixo – Pinheiros	330	580	1.050
Barueri – Cotia	660	660	1.200
Barragem Edgard de Souza	660	660	1.400

As chuvas admissíveis nas condições então vigentes, considerando os diques sob as pontes, eram de 60 mm em 24 horas, ou 45 mm em seis horas, ou ainda 30 mm em duas horas, que correspondem a períodos de retorno entre três e cinco anos.

A capacidade que seria atingida com a ampliação da calha (Quadro 8.1) era algumas vezes superior à capacidade naquela época e coincidente com as previsões para o horizonte 2020, segundo as estimativas hidrológicas realizadas, para recorrência centenária (TR = 100 anos), o que significa chuvas de cerca de 120 mm em 24 horas.

Para que as obras de ampliação atendessem efetivamente aos propósitos de controle de enchentes, a bacia a montante da Barragem da Penha, com área de drenagem de cerca de 2.000 km², deveria reduzir os aportes nos instantes dos picos das enchentes no trecho central de São Paulo. Assim, ficava nítida a necessidade de preservação das várzeas ainda existentes que provocam a retenção e o retardamento das cheias.

Outra hipótese adotada nas estimativas de vazões é a da contribuição do Tamanduateí, que, de forma idêntica, não deve superar os 480 m³/s, ou seja, a máxima vazão veiculada pela própria calha, sem extravasamento. E, ainda, o canal Pinheiros deve operar no sentido Tietê-Billings nos eventos críticos, admitindo-se até o limite de 100 m³/s pela Estrutura de Retiro, no sentido Retiro-Tietê.

Finalmente, três condicionantes básicas foram estabelecidas:

- A ocupação e o tipo de uso das várzeas deveriam ser rigidamente controlados, pois os danos a jusante seriam consideráveis caso as vazões efluentes da Barragem da Penha excedessem a capacidade hidráulica do Tietê após a ampliação da calha. Novos acréscimos de capacidade seriam, em princípio, totalmente inviáveis, dada a presença das avenidas Marginais do rio Tietê.
- A reversão do Canal do Pinheiros, embora controversa por razões ambientais, precisaria ser mantida, para garantir condições de drenagem adequadas nas suas vias marginais e nas áreas ocupadas da sua várzea. Porém, dada a melhoria da capacidade do Tietê e a adoção da prática da reservação disseminada nas sub-bacias, previa-se que o número de eventos anuais de bombeamento para a Billings seria reduzido significativamente.
- O rio Tamanduateí apresentava extravasamentos no seu trecho final, demonstrando conduzir picos de vazão acima da capacidade de sua calha (480 m³/s), que coincide com a vazão de restrição do trecho. Portanto, para evitar as inundações ao longo da calha do Tamanduateí e afluentes e proteger o Tietê, dever-se-ia continuar com o plano em curso, pelo DAEE e prefeituras, de implantação de bacias de retenção.

8.5 Diagnóstico e Recomendações para a Bacia do Pirajuçara

A bacia do Pirajuçara tem cerca de 72 km², abrange três municípios e apresenta características de crescimento populacional representadas no Quadro 8.2. É afluente do Canal do Pinheiros, desembocando próximo à raia olímpica da Cidade Universitária, no *campus* da USP.

Como característica fundamental da sua condição atual, seu trecho inferior é totalmente canalizado, principalmente em galerias fechadas, sob a av. Eliseu de Almeida, em trecho de 5 km. Acima da foz do ribeirão Poá, o rio volta ao seu leito natural.

As áreas inundadas abrangem porção signi-

Quadro 8.2 Bacia do rio Pirajuçara: divisão administrativa e crescimento anual

MUNICÍPIO	ÁREA DE DRENAGEM (km²)	CRESCIMENTO ANUAL 91/96 (%)
Embu	16	4,7
Taboão	20	2,7
São Paulo	36	0,4

ficativa das margens do rio, causando transtornos tanto aos moradores quanto aos usuários do importante sistema viário associado (Fig. 8.5).

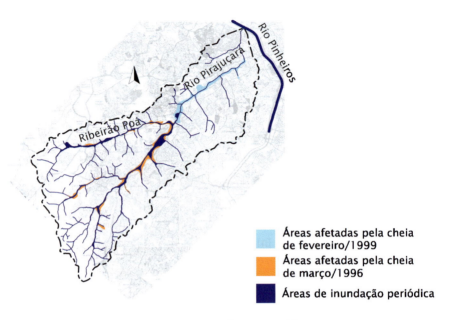

Fig. 8.5 *PDMAT – bacia do rio Pirajuçara – áreas inundáveis*

A solução preconizada pelo plano diretor, que ratifica as iniciativas tomadas pelo DAEE na bacia, propunha a adoção de um sistema de 16 reservatórios de detenção, com cerca de 1,5 x 10^6 m^3, que amorteceriam os picos afluentes à galeria da av. Eliseu de Almeida.

Alternativamente, estudou-se a implantação de um túnel de derivação, conforme concebido pela PMSP, mas essa solução foi descartada, pois não se viabilizava tendo em vista a proteção contra eventos de recorrências de até TR = 25 anos (Fig. 8.6).

O Quadro 8.3 mostra o efeito da implantação dos reservatórios no ribeirão Poá e no rio Pirajuçara, no ponto da foz com o Poá. Nota-se que os reservatórios do Poá reduzem os picos de 108 m³/s para 54 m³/s, e no Pirajuçara de 338 m³/s para 84 m³/s, valor compatível com a capacidade de vazão da galeria de 5 km que se inicia nesse ponto (Fig. 8.7).

O escalonamento previsto para a implantação das obras de reservação abrangeu quatro etapas principais, conforme indicado na Fig. 8.8.

Fig. 8.6 *PDMAT – Bacia do rio Pirajuçara – sistema recomendado para o controle de inundações*

Quadro 8.3 Bacia do rio Pirajuçara – vazões de projeto (m³/s)

	SITUAÇÃO DA BACIA	RIBEIRÃO POÁ (Foz) AD = 16km²	RIO PIRAJUÇARA – Foz do Poá AD = 16km²
A	Natural	108	338
B	Com dois reservatórios – Pirajuçara	108	250
C	B + reservatórios Poá	54	195
D	C + 10 reservatórios Pirajuçara	54	105
E	Final – 16 reservatórios	54	84

AD = Área de Drenagem

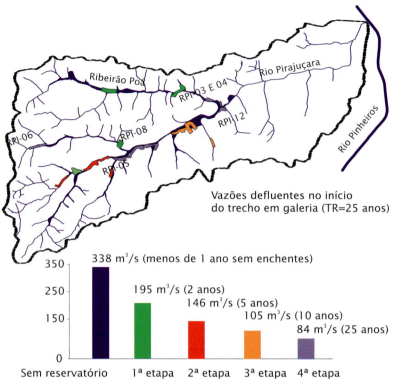

Fig. 8.7 *Escalonamento previsto para a implantação das obras de reservação*

Fig. 8.8 *Custos de implantação dos reservatórios*

Com caráter pioneiro nos estudos de drenagem urbana na RMSP, foram avaliados os custos anuais decorrentes de inundações e efetuada a análise do custo-benefício para as alternativas de controle estudadas (Quadro 8.4).

A alternativa que previu reservatórios apresentou-se viável também sob essa ótica, ao passo que a alternativa com túnel de derivação mostrou-se menos interessante, com custos de implantação cerca de 30% superiores aos custos dos danos evitados.

A análise dos custos de implantação dos reservatórios de detenção com as vazões previstas no trecho a montante da av. Eliseu de

Almeida teve a vantagem adicional de obter benefícios crescentes à medida que os investimentos eram realizados.

Quadro 8.4 Bacia do rio Pirajuçara – análise do custo-benefício (ref. 1999)

ALTERNATIVA	CUSTO ANUAL (R$)	BENEFÍCIO ANUAL (R$)	RELAÇÃO CUSTO--BENEFÍCIO (C/B)
Derivação em túnel	26.998.219,47	21.035.736,00	1,28
Reservação	14.998.219,47	21.035.736,00	0,71

8.6 Bacia do Tamanduateí

A bacia do Tamanduateí tem área de drenagem de 330 km²; na sua maior parte encontra-se urbanizada e é responsável pela maior afluência de cheias ao rio Tietê. Essa bacia abrange diversos municípios da chamada região do ABCD, destacando-se os municípios de Santo André, São Bernardo, São Caetano, Mauá e Diadema, que abrigam extenso polo industrial.

As inundações do rio Tamanduateí e afluentes causam prejuízos tanto aos moradores quanto à atividade econômica dessa populosa região (Fig. 8.9). O trecho final do rio Tamanduateí é canalizado, com capacidade para escoar cerca de 480 m³/s, valor estabelecido como vazão de restrição. Assim, o conjunto de reservatórios previstos pelo PDMAT nessa bacia, além de promover benefícios localizados de controle das inundações, contribui significativamente para assegurar o controle das vazões descarregadas no rio Tietê.

No PDMAT 1 foi previsto um total de 43 reservatórios de detenção para a bacia do rio Tamanduateí, com volume total de reservação de 7,7 x 106 m³ (Fig. 8.10).

Em complementação aos reservatórios de detenção, as obras de travessia ou extensões dos canais, cujas capacidades de descarga não comportem as vazões para TR = 25 anos, amortecidas pelos reservatórios de detenção, deveriam contar com obras de melhoria. As vazões de restrição mais significativas são estabelecidas pelo trecho canalizado do rio Tamanduateí, que se estende da foz no Tietê até as imediações do córrego Oratório, numa extensão de aproximadamente 16 km. Nesse trecho, a canalização implantada possui capacidade para vazões com período de retorno de aproximadamente cinco anos. Por meio da implantação dos reservatórios, será possível amortecer os picos das cheias e a capacidade do canal deverá atingir cheias com período de retorno de 25 anos.

Além da função de amortecimento das cheias, os reservatórios trarão como benefício adicional a retenção de sedimentos carreados pelos cursos d'água em grande quantidade, principalmente quando

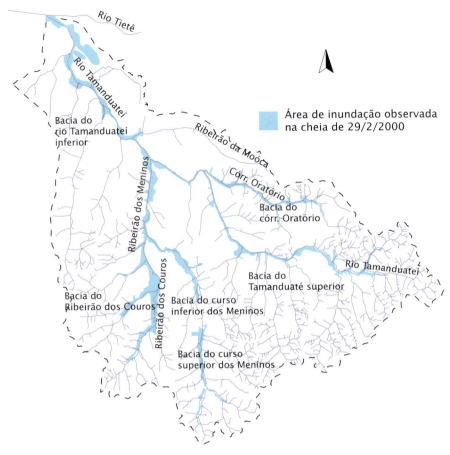

Fig. 8.9 *PDMAT – Bacia do rio Tamanduateí – áreas inundáveis*

das primeiras enxurradas. As deposições, que deverão ocorrer em áreas restritas, beneficiarão os cursos dos rios a jusante, quanto aos serviços de limpeza e desassoreamento dos seus leitos.

8.7 Bacia do Juqueri

Com o avanço da ocupação urbana nos municípios de Francisco Morato, Franco da Rocha, Caieiras e no distrito de Perus, do município de São Paulo (que em certas regiões apresenta crescimento acima de 10% ao ano), e a consequente remoção da cobertura vegetal, verifica-se o agravamento da magnitude e da frequência das inundações, especialmente nas áreas centrais dos núcleos urbanos.

O diagnóstico da bacia do Juqueri concentrou-se no trecho da bacia compreendido entre a Barragem Paiva Castro e a foz no Tietê, considerando o controle das vazões por meio do reservatório de Paiva Castro e a soleira de concreto no curso do rio Juqueri junto à área industrial da empresa M.D. Papéis, no município de Caieiras. A

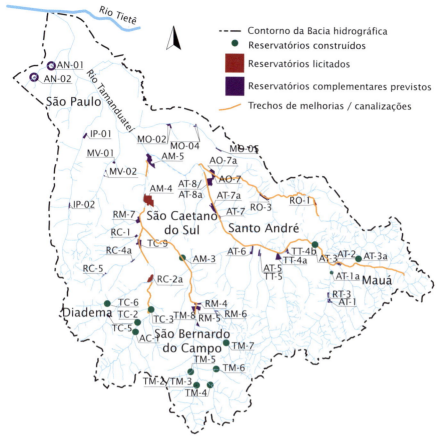

Fig. 8.10 *PDMAT – Bacia do rio Tamanduateí – obras de reservação recomendadas*

jusante dessa soleira, o curso do rio Juqueri não apresenta ocupação lateral até o desemboque no Reservatório de Pirapora.

Na avaliação das condições de ocupação da bacia e das possíveis medidas para o controle de cheias, evidenciaram-se as áreas ainda remanescentes de várzeas, que poderiam ser utilizadas para o amortecimento dos picos de cheia.

O efeito de amortecimento pode ser potencializado pela introdução de diques ou de obras de escavação, complementados por estruturas com seções de controle. Além do efeito de amortecimento de cheias, o sistema pode contar com dispositivos de contenção de sedimentos. Por meio desse procedimento, reduz-se sensivelmente o assoreamento dos canais, cujos serviços de desassoreamento e remoção são muito mais onerosos. As áreas do reservatório utilizadas para amortecimento de cheias recebem tratamento paisagístico, constituindo áreas públicas de lazer.

As conclusões do plano diretor para a bacia do Juqueri indicaram a utilização das áreas das várzeas remanescentes para a retenção de sedimentos, amortecimento de cheias, e também como áreas de lazer voltadas à população local (Fig. 8.12)

Foram previstas 26 bacias de detenção, disseminadas em toda a área de drenagem do Juqueri e afluentes, totalizando cerca de 3,1 x 10⁶ m³ de volume útil, para atender a enchentes com período de retorno de 25 anos. Em uma fase inicial, para controle de cheias de TR = 10 anos, seriam necessários 2 x 10⁶ m³ de volume de reservação. Obras de melhoria dos canais também estão pré-dimensionadas no plano diretor (Fig. 8.11).

8.8 PDMAT 2 (2009)

Os diagnósticos e recomendações estabelecidos pelo PDMAT 1 serviram de subsídio para o DAEE, a partir de 1998, promover a redução dos picos de enchentes na RMSP, principalmente pela implantação de bacias de detenção e pela ampliação da calha do Tietê (2005).

A maioria das bacias do Alto Tietê analisadas no início do PDMAT 1, em 1998, mostraram capacidade de resistir a chuvas de ocorrência TR entre 2 e 5 anos, algo como 40 mm de precipitação em 2 horas, como era o caso das bacias do Pirajuçara, Aricanduva, Meninos e Couros, entre outras. A calha do Tietê no trecho central de São Paulo também possuía reduzida capacidade de vazão, cerca de 600 m³/s, que praticamente dobrou após as obras de alargamento e rebaixamento da calha.

A Foto 8.6 apresenta exemplos de reservatórios em operação na bacia do Tamanduateí.

Os trabalhos do PDMAT 2 foram iniciados em 2009 pela Hidrostudio Engenharia. Naquele momento, o comportamento hidráulico nos principais rios e córregos da bacia do Alto Tietê frente aos eventos críticos de precipitação registrados na RMSP já tinha demonstrado melhorias nas bacias ou em trechos delas em que foram implantadas obras de controle de enchentes.

As obras empreendidas nas bacias dos córregos Pirajuçara, Aricanduva, Couros, Meninos, Cabuçu de Baixo, Pacaembu, Água Espraiada, todas com estruturas de reservação, e mesmo as canalizações executadas nos córregos Cabuçu de Cima, Mandaqui, Verde, Jaguaré e outros, trouxeram benefícios a extensas áreas outrora afetadas por recorrentes inundações; ou seja, grandes trechos dessas bacias passaram a ficar protegidos de chuvas bem mais intensas, em certos casos acima de 60 mm em 2 horas.

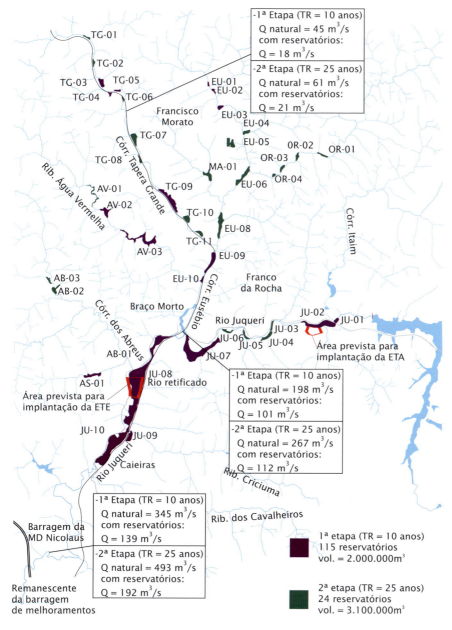

Fig. 8.11 *PDMAT – Bacia do rio Juqueri – obras de reservação recomendadas*

Os estudos, então, continuaram sendo realizados no âmbito de cada bacia hidrográfica, incluindo as obras implantadas e com o enfoque do aumento gradual dos níveis de proteção. Desse modo, as intervenções, à medida que foram sendo colocadas em operação, passaram a proteger contra precipitações maiores.

Fig. 8.12 *PDMAT – bacia do rio Juqueri – reservatório típico com bacia de retenção de sedimentos (concepção: arq. Vladimir Avila)*

Foto 8.6 *Exemplos de reservatórios em operação – bacia do Tamanduateí*

Reservatório AO-4

Reservatório RC-2A

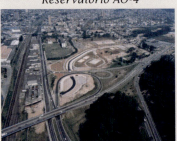

Reservatório RT-1A

Reservatório RO4 - limpeza

Reservatório RM9 - Santo André

A Fig. 8.13 apresenta os objetivos principais do PDMAT 2.

Controle da qualidade
- Atualização das bases cartográficas;
- Consolidação/cadastro do sistema em operação x palnejado;
- Avaliação do desempenho atual;
- Obras a implantar (PDMAT-1): disponibilidade de áreas;
- Introdução da recorrência de TR = 100 anos.

Controle da qualidade e sustentabilidade ambiental
- Indicação de usos múltiplos para os reservatórios;
- Identificação dos trechos para restauração dos córregos/parques lineares;
- Dispositivos para incremento da infiltração (BMP's).

Fig. 8.13 *Objetivos principais do PDMAT 2*

Os dados do sistema existente, composto pelo conjunto de obras implantadas até setembro de 2009, foram atualizados, bem como os arquivos de cadastro das obras significativas para o desempenho do sistema de macrodrenagem, tais como bacias de detenção, canalizações e demais intervenções. Os indicadores urbanísticos que refletiram no crescimento da malha urbana nesse período de dez anos também foram devidamente levantados e atualizados, assim como as chuvas utilizadas nas simulações hidrológicas, com base nos registros do período 2009-2010, considerado extremamente úmido.

Desse modo, foi verificado o efeito das intervenções estruturais já realizadas nos níveis de segurança contra inundações obtidos nas bacias hidrográficas em estudo, o que permitiu criar um quadro do desempenho do sistema de macrodrenagem existente. Para tanto, foram levantadas em campo as manchas de inundação, complementadas pelas informações obtidas junto ao corpo técnico das prefeituras envolvidas. Foi possível avaliar também quais as soluções estruturais que obtiveram melhor efeito, pela tipologia, pela localização ou pelo efeito no sistema em conjunto.

A Foto 8.7 apresenta o Reservatório Sharp, na Bacia do Pirajuçara.

A partir daí, foi verificada a disponibilidade das áreas previamente planejadas (PDMAT 1) e também a prospecção de novas áreas para reservação, visando a ampliar o controle das inundações para vazões de períodos de recorrência de até 100 anos. A eficácia do plano depende dessas atualizações, dada a dinâmica de ocupação das áreas previstas para intervenções.

Foto 8.7 *Reservatório Sharp – Bacia do Pirajuçara (Volume = 500.000 m³).*
Projeto: Hidrostudio, 2008
Foto: Gustavo Coelho

A ocupação das áreas previstas para bacias de detenção pelo PDMAT 1 tornou-se a principal dificuldade nessa atualização do plano. Em muitos casos, as áreas livres em que são previstas as intervenções são também almejadas pelos empreendedores (em especial os imobiliários), por terem características buscadas pelo plano: áreas desocupadas e de baixo custo, característica comum nos terrenos localizados próximo aos cursos d'água. Tal condição obrigou à busca de locais alternativos, sempre que possível em áreas públicas, ou soluções como bacias de detenção de maior capacidade, ampliação das bacias existentes e bacias de detenção escavadas e tamponadas.

A Fig. 8.14 apresenta o sistema existente e previsto pelo PDMAT 2.

O Quadro 8.5 apresenta a relação dos reservatórios em operação e os previstos na bacia do Alto Tietê – RMSP, bem como as obras previstas no PDMAT 1998 e na atual revisão, de 2009, nas bacias objeto do Plano Diretor de Macrodrenagem.

O plano também incluiu orientações para a implantação de parques lineares. As áreas periféricas da região metropolitana, que se desenvolveram sem a dotação adequada de infraestruturas de áreas verdes livres e de lazer, apresentam carência desses equipamentos. Foram selecionadas, entre as canalizações originalmente indicadas pelo PDMAT em 1998, as que possuíam condições de abrigar parques lineares em substituição às canalizações convencionais. Nos casos identificados nas bacias de estudo (principalmente nas bacias do Médio Juqueri, Baquirivu e Vermelho, menos urbanizadas), tais intervenções preveniriam a ocupação desses espaços, necessários para o armazenamento das cheias num cenário de ocupação futuro.

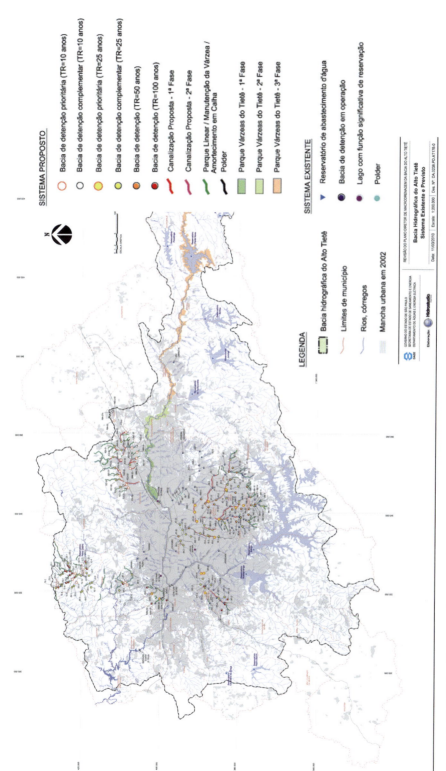

Fig. 8.14 *PDMAT 2 – Sistema existente e previsto*

8   Plano Diretor de Macrodrenagem da Bacia do Alto Tietê – PDMAT

Quadro 8.5 Reservatórios em operação e previstos pelo PDMAT 1 e PDMAT 2

BACIA	$A_{drenagem}$ (km²)	VOLUME TOTAL PLANEJADO PDMAT 1 (x 10⁶ m³)	VOLUME PLANEJADO PDMAT 2 (x 10⁶ m³)	BACIAS DE DETENÇÃO PREVISTAS (PDMAT 1)	BACIAS DE DETENÇÃO PREVISTAS (PDMAT 2)	BACIAS DE DETENÇÃO EM OPERAÇÃO/ CONSTRUÇÃO	VOLUME TOTAL CONSTRUÍDO (x 10⁶ m³)
Tamanduateí	330	7,7	13,4	43	56	21	4,7
Pirajuçara	72	2,1	3,3	14	13	7	1,2
Aricanduva	100	2,2	2,7	11	2	10	2,3
Médio Juqueri	263	3,1	4,6	26	39	7	1,1
Baquirivu Guaçu	136	3,5	5,5	31	31	4	3,4
Canal de Circunvalação	33	3,5	3,5	3	3	2	1
Ribeirão Vermelho	34	0,6	1,4	3	5	3	0,4
Total	968	22,7	34,4	131	149	61	15,53

A Foto 8.8 apresenta a ampliação do leito maior e a implantação de parque linear na bacia do rio Aricanduva.

Foto 8.8 *Bacia do rio Aricanduva – Ampliação do leito maior e implantação de parque linear. Projeto: Hidrostudio, 2009*

As obras propostas pelo PDMAT 2 deram origem a importantes projetos de parques lineares que associam controle de inundações a áreas verdes de lazer e práticas esportivas.

O programa do rio Baquirivu-Guaçu, no município de Guarulhos, consistiu no aproveitamento das áreas remanescentes da planície do rio Baquirivu-Guaçu para a implantação de um parque linear composto por 20 km de canalização e cinco bacias de detenção, com sistema viário associado.

Em Perus, distrito periférico de São Paulo situado na bacia do Juqueri, três bacias de detenção previstas pelo PDMAT deram origem ao Parque Linear Ribeirão dos Perus, cujo programa incluiu edificações com finalidade de cultura, lazer, educação ambiental e eventos públicos e áreas de lazer e de práticas esportivas (Fig. 8.15). Em 2014, o projeto encontrava-se em fase de licitação pela Prefeitura Municipal de São Paulo.

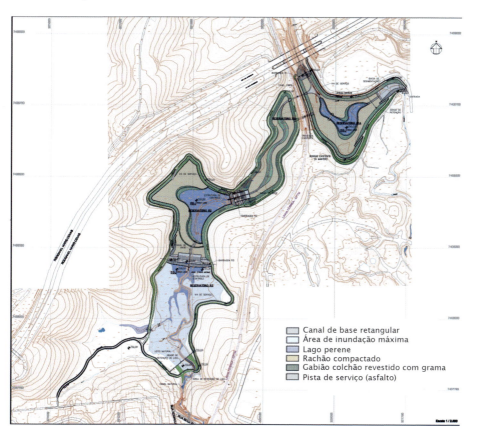

Fig. 8.15 *Bacia do rio Juqueri – Projeto do Parque Linear Ribeirão dos Perus – Prefeitura Municipal de São Paulo, 2011*

No ano de 2009, foi lançado pelo Governo do Estado de São Paulo o Projeto Várzeas do Tietê, destinado a garantir a preservação da várzea do rio nessa região, visando ao controle de cheias e suas consequências na RMSP situada a jusante da Barragem da Penha. O

Fig. 8.16 *Parque Várzeas do Tietê – Manchas de inundação e núcleos Três Meninas e Jardim Helena*

Parque Várzeas do Tietê (Fig. 8.16) reforça a necessidade de demarcar fisicamente a várzea com a denominada "via parque", uma avenida perimetral que conectará os bairros ao longo da planície do Alto Tietê, desde a Barragem da Penha até Salesópolis, atribuindo dentro desse perímetro usos institucionais, recreativos e sociais. Dessa forma, pretende-se desencorajar a invasão dessas várzeas e manter sua importante função de retardamento do pico de vazões no rio Tietê no trecho central de São Paulo, no caso de chuvas mais longas. Em 2014, encontrava-se em implantação a primeira etapa do projeto, que abrange o trecho limitado entre a Barragem da Penha e a foz do córrego Três Pontes (limite municipal entre São Paulo e Itaquaquecetuba). Na sua fase final, o projeto será estendido até Salesópolis.

Esses projetos revelam a necessidade da ação imediata do poder público nos trechos em que os fundos de vale e planícies estão sendo sistematicamente aterrados e ocupados, fenômeno que provoca, caso não se tenha uma ação imediata, o incremento de gastos futuros com desapropriação e escavação. Tal pressão traz, ainda, a ocupação dessas áreas mais propensas a inundações, aumentando ainda mais os prejuízos e responsabilidades do poder público em caso de cheias nos cursos d'água.

Ainda entre as recomendações indicadas no PDMAT 2 estão as áreas baixas a serem protegidas pelo sistema do tipo pôlder. Foram previstos pôlderes nos seguintes locais: área central do município de Franco da Rocha; Parque Esmeralda e Jd. d'Orly, nas proximidades do córrego Pirajuçara; braço morto do rio Tietê, no Jardim Rochdale, Osasco; avenidas Marginais do Tietê (pontes Aricanduva, Freguesia do Ó, Vila Guilherme, Dutra e Piqueri); Jardim Romano (já executado), Jardim Helena e Itaim, bairros situados nas várzeas do Tietê, na zona leste de São Paulo. Em tais situações, ocorre o refluxo das águas dos cursos d'água para as áreas urbanizadas baixas.

Na área central da cidade de Franco da Rocha, situada nas proximidades da confluência do rio Juqueri com o ribeirão Eusébio, foi implantado, em 2014, um sistema de pôlder composto por diques em terra, muros em concreto e tanques de acumulação. Complementarmente, estão em fase de licitação os reservatórios AV-3 e EU-9, que visam também a proteger a área central.

A Foto 8.9 apresenta as obras do sistema de proteção das áreas baixas em Franco da Rocha, na bacia do rio Juqueri.

O PDMAT 2 complementarmente apresentou práticas recomendadas de gerenciamento da drenagem urbana às prefeituras municipais inseridas na bacia do Alto Tietê, tais como elaboração do Plano Municipal de Drenagem, proposição de medidas de disposição de resíduos sólidos e boas práticas de drenagem local.

No que diz respeito à gestão metropolitana integrada de drenagem urbana, o plano destaca a importância de integrar as várias ações em drenagem urbana nesse órgão, quais sejam:

- Planejamento de projetos – compreendendo a gestão/acompanhamento de contratos de projetos de drenagem urbana, incluindo canalizações e reservatórios, planos diretores de drenagem, estudos de bacias hidrográficas e análise de empreendimentos quanto à drenagem (faixas sanitárias e projetos de drenagem);
- Sistema de operação em tempo real – operação dos reservatórios de controle e demais equipamentos a partir de um sistema hidráulico-hidrológico baseado em previsão climatológica, sistema de informação geográfica e rede de apoio terrestre;

Foto 8.9 *Bacia do rio Juqueri – Obras do sistema de proteção das áreas baixas em Franco da Rocha. DAEE/Hidrostudio, 2014*

- Banco de dados do sistema de drenagem – cadastramento de redes de drenagem, inspeção e desassoreamento de canais, reservatórios e galerias, manutenção de sistemas de bombas (em reservatórios e pôlderes);
- Sistemas de monitoramento e de alerta de enchentes – gestão de Centro de Gerenciamento de Emergências Metropolitano com

funcionamento ininterrupto durante a estação chuvosa e da rede de monitoramento do sistema.

8.9 Conclusões

Com base no levantamento dos cadastros dos sistemas existentes e de análises hidráulicas e hidrológicas das condições existentes, o PDMAT-1 encaminhou e recomendou planos de ações estruturais e não estruturais para as bacias de drenagem consideradas prioritárias na RMSP e avaliou os reflexos das obras de ampliação da calha do rio Tietê, naquela ocasião em andamento pelo DAEE. Ressalta-se a introdução do conceito de "vazões de restrição", já estimadas para os pontos notáveis da bacia. Esse enfoque para o controle das enchentes no Alto Tietê destacou a grande importância da preservação das áreas ainda não urbanizadas, principalmente no trecho situado a montante da Barragem da Penha, e da contenção, na fonte, dos escoamentos das bacias afluentes, através de bacias de detenção.

A revisão dos estudos feita no PDMAT 2 indicou as ações necessárias para o atendimento de níveis de proteção mais exigentes, considerando as condições atualizadas de cada bacia hidrográfica e incluindo as obras já implantadas. Foram introduzidas também propostas de parques lineares e sistemas de pôlder.

O PDMAT, delineado de forma sucinta nos estudos de caso aqui apresentados, pretende, de maneira consensual e com participação de todos os órgãos responsáveis pela gestão da Drenagem Urbana da RMSP, mostrar os caminhos mais indicados para a solução ou a minimização do flagelo das inundações.

A visão integrada do problema, no âmbito da bacia hidrográfica, a consideração dos aspectos ambientais e institucionais e o estabelecimento de prioridades de implementação das medidas preconizadas, certamente, em muito contribuirão para transformar o Plano de Drenagem em uma ferramenta de planejamento útil e de aplicação prática a curto prazo.

ABT, S. R.; GRIGG, N. S. An approximate method of sizing detention reservoirs. *Water Resource Bulletin*, v. 14, n. 4, 1978.

AITKEN, A. P.; GOYEN, A. G. Simplifications in stormwater detention design. In: *Proceedings of the Conference on Stormwater Detection Facilities*. ASCE, 1982.

AKAN, A. O. Stormwater detention basin design for small drainage areas. *Public Works*, v. 108, p. 3, p. 75-79, 1980.

_____. Kinematic wave method for peak run-off estimates. *Journal of Transportation Engineering*. ASCE, v. 111, n. 4, 1985.

_____. Time of concentration formula for overland flow. *Journal of Irrigation and Drainage Engineering*. ASCE, v. 115, n. 4, 1989a.

_____. Detention pond sizing for multiple return periods. *Journal of Hydraulic Engineering*. ASCE, v. 115, n. 5, 1989b.

_____. Single – outlet detention pond analysis and design. *Journal of Irrigation and Drainage Engineering*. ASCE, v. 26 n. 2, 1990a.

_____. Single – outlet detention pond analysis and design. *Journal of Irrigation and Drainage Engineering*. ASCE, v. 116, n. 4, 1990b.

_____. Urban stormwater hydrology – a guide to engineering calculations. *Technomic Publication*, Pensylvania, 1993.

AKAN, A. O.; HOUGHTALEN, R. J. *Urban hydrology, hydraulics, and stormwater quality:* engineering applications and computer modeling, Hardcover, set. 2003.

ARNELL, V. Rainfall data for the design of detention basins. *Wat. Sci. Techn.*, Copenhagen, IAWPRC, v. 16, 1984.

ARNELL, V.; MELIN, H. Rainfall data for design of sewer detention basins. Urban Geohydrology Research Group, Chalmers University of Technology, Göteborg, 1983.

ASCE - American Society of Civil Engineers. *Design and construction of sanitary and storm sewers*. New York, 1970.

_____. Design and construction of urban storm water management systems. In: *Manuals and Reports of Engineering Practice*, n. 77 (WEF Manual of Practice FD-20), 1992.

BAKER, W. R. Stormwater detention basin design for small drainage areas. *Public Works*, v. 108, n. 3, p. 75-79, 1979.

BARTH, R. T. *Planos diretores em drenagem urbana*: proposição de medidas para a sua implementação. 1997. 267 f. Tese (Dutorado) – Escola Politécnica, Universidade de São Paulo, São Paulo, 1997.

BORDEAUX-RÊGO, R. et al. *Viabilidade econômico-financeira de projetos*. 3. ed. Rio de Janeiro: Editora FGV, 2010.

BRAGA, B. D. F. Gerenciamento urbano integrado em ambiente tropical. In: SEMINÁRIO DE HIDRÁULICA COMPUTACIONAL APLICADA A PROBLEMAS DE DRENAGEM URBANA, 1994, São Paulo. *Anais...* São Paulo: ABRH, 1994.

BROWN, S. A.; STEIN, S. M. *Urban drainage design manual*. Hydraulic Engineering – circular, Washington, DC, Federal Highway Administration, n. 22, nov. 1996.

BUTLER, D.; DAVIES, J. *Urban drainage*. 3. ed. London: Spon Press, 2011.

CAMPANA, N. A; TUCCI, C. E. M. Estimativa de área impermeável de macrobacias urbanas. *Revista Brasileira de Engenharia*, n. 2, v. 12, 1994.

CETESB/DAEE. *Drenagem urbana*. Manual de Projeto. São Paulo, 1986.

CHOW, V. T. *Open channel hydraulics*. Edição revisada. New York/Tokio: McGraw-Hill Kogakusha, International Students Edition, 1973.

CONTE, A. E. Metodologia expedita para avaliação de cheias de projeto na Região Metropolitana de São Paulo. In: SIMPÓSIO BRASILEIRO DE RECURSOS HÍDRICOS, 14., 2001, Aracaju. *Anais...* Aracaju: ABRH, 2001.

COX, R. G. Effective hydraulic roughness for channels having bed roughness different from bank roughness. *Miscellaneous Paper H-73-2*, Vicksburg, MS, U.S. Army Corps of Engineers, Waterways Experiment Station, February, 1973.

CUNGE, J. A. On the subject of a flood propagation computation method (Muskingum Method). *Journal of Hydraulic Research*, v. 7, n. 2, p. 205-230, 1969.

DAEE. *Plano Estadual de Recursos Hídricos*: primeiro plano do Estado de São Paulo. São Paulo, DAEE, set. 1990.

_____. *Projeto básico de ampliação da calha do rio Tietê entre a foz do rio Pinheiros e a barragem da Penha*. Maubertec, 1998.

DAVIS, D. W. Optimal sizing of urban flood – control systems. *Journal of the Hydraulics Division*, ASCE, v. 101, n. HY8, 1975.

DEBO, T. N. Smaller detention storage. Its design and use. *Public Works*, PUWOA, v. 120, n. 1, p. 71-72, 1989.

DENVER. Urban drainage and flood control district. In: *Urban storm drainage criteria manual*. Denver, CO, v. 1-2, 2001; v. 3, 1999.

DIETZ, M. E.; CLAUSEN, J. C. Stormwater runoff and export changes with development in a traditional low impact subdivision. *Journal of Environmental Management*, Old Main Hill, Utah, p. 560-566, 2007.

DOD – UNITED STATES DEPARTMENT OF DEFENSE. *Low impact development.* Washington, 2004.

DOMINGUEZ, F. J. *Hidraulica.* Santiago: Ed. Universitária, 1974.

ECKSTEIN, O. *Water resources development:* the economics of project evaluation. Cambridge: Harvard University Press, 1958.

FCTH – Fundação Centro Tecnológico de Hidráulica. *Modelo CABC* – Análise de bacias complexas, 1998a.

_____. *Modelo CLIV-Condutos livres,* 1998b.

FISHER-JEFFES, L. N.; ARMITAGE, N. P. *A simple economic model for the comparison of SUDS and conventional drainage systems in South Africa.* In: INTERNATIONAL CONFERENCE ON URBAN DRAINAGE, 12., 2011, Porto Alegre. 2011.

FRENCH, R. H. *Open channel hydraulics.* Nova York: McGraw-Hill, 1985.

FROST, S.; DE SILVA, N. Restoring the waters project: from vision to reality. In: INTERNATIONAL CONFERENCE ON URBAN DRAINAGE, 9. *Global Solutions for Urban Drainage.* Portland, Oregon, set. 2002.

GEARHEART, G. *A review of low impact development policies:* removing institutional barriers to adoption. Beltsville: Low Impact Development Center, 2007.

GUO, J.; URBONAS, B. Maximazed detention volume determined by Runoff Capture Ratio. *Journal of Water Resources Planning and Management,* p. 33-39, 1996.

GUY, S.; MARVIN, S.; MOSS, T. *Urban infrastructure in transition.* London: Earthscan, 2001.

HARADA, S.; ICHIKAWA, A. Performance of the drainage infiltration strata: statistical and numerical analysis. *Wat. Sci. Tech.,* Pergamon, v. 29, 1994.

HARTINGAN, J. P. *Regional BMP master plans.* Urban runoff quality - impact and quality enhancement technology. New York: American Society of Civil Engineers, 1986.

HARVEY, C. R.; GRAHAM, J. R. The theory and practice of corporate finance: evidence from the field. *Journal of Financial Economics,* n. 60, p. 187-243, 2001.

HIDROSTUDIO ENGENHARIA. *Projeto integrado para controle de enchentes na bacia do Aricanduva.* Prêmio Prestes Maia de Urbanismo, 1998, Lei n. 12.443/97, PMSP/Sempla/Instituto de Engenharia. São Paulo, 1998.

HORTON, R. E. An approach towards a physical interpretation of infiltration capacity. In: *Transactions of the American Geophysical Union,* v. 20, 1939; in *Proceedings Soil Conference of America,* v. 5, 1940.

HUBER, W. C. Modeling urban runoff quality: state of the art. *Proceedings of a Conference on Urban Runoff Quality, Impact and Quality Enhancement Technology*, B., ASCE, 1986.

HUFF, F. A. Time distribution of rainfall in heavy storms. *Water Resources Research*, v. 3, n. 4, 1967.

INSTITUTION OF CIVIL ENGINEERS. *Floods and reservoirs safety*: an engineering guide. London, 1978.

JACOBSEN, P. et al. Infiltration practice for control of urban stormwater. *Journal of Hydraulic Research*, IAHR, v. 34, n. 6, 1996.

JAMES, D. L. *A time-dependent planning process for combining structural measures, land use and flood proofing to minimize the economic cost of floods*. California: Stanford University/Institute in Engineering Economic Systems, EEP-12, 1964.

JAMES, D. L.; LEE, R. R. *Economics of water resources planning*. Nova York: McGraw-Hill, 1971.

JOHANSEN, N. B. *Discharge to receiving waters from sewer systems during rain*. Department of Environmental Engineering, Technical University of Denmark, 1987.

KAO, T. Mini course: hydraulic design of storm water detention basin. University of Kentucky. In: Urban Hydrology, Hydraulics and Sediment Control Symposium, jul. 1975, p. 299-307.

KEIFER, C. J.; CHU, H. H. Synthetic storm patterns for drainage design. *Journal of the Hydraulics Division*, ASCE, v. 83, n. 4, 1957.

KOHLER, M. A; RICHARDS, M. M. Multi capacity basin accounting for predicting runoff from storm precipitation. *Journal of Geophysical Research*, Washington, p. 5187-5197, 1962.

KUICHLING, E. The relation between the rainfall and the discharge of sewers in popolous areas. *Transactions of the American Society of Civil Engineers*, v. 20, p. 1-56, 1889.

KUTNER, A. S. Plan*o diretor de macrodrenagem da bacia do Alto Tietê* – análise geológica e caracterização dos solos da bacia do Alto Tietê para avaliação do coeficiente de escoamento superficial. Relatório PDAT1-GL-RT-037, PDMAT – Plano Diretor de Macrodrenagem da Bacia do Alto Tietê, dez. 1998.

LAZARO, T. M. *Urban hydrology*: a multidisciplinary perspective. Ed. revis. Lancaste: Technomic Publishing Company, 1990.

LEOPOLD, L. B. *Hydrology for urban land planning*: a guidebook on the hydrologic effects of urban land use. Reston, VA, Geological Survey Circular 554, 1968.

LONDONG, D.; BECKER, M. Rehabilitation concept for the Emscher System. *Est. Sci. Tech.* Great Britain: Pergamon Press, v. 29, p. 283-291, 1994.

LUCEY, M. et al. *Assessing the risk of legacy SUDS in a public drainage authority.* In: INTERNATIONAL CONFERENCE ON URBAN DRAINAGE, 12., 2011, Porto Alegre. 2011.

MACCAFERRI do Brasil. *Dimensionamento de canais e vertedores em gabião.* FCTH-Fundação Centro Tecnológico de Hidráulica. São Paulo. Prof. Dr. Giorgio Briguetti, Prof. Dr. José Rodolfo Scarati Martins e Eng. José Carlos de Melo Bernardino, 2002.

MACCAFERRI do Brasil. *Condomínio Estância Marambaia*, Vinhedo – Fotos de Obra. 2007.

MACCAFERRI do Brasil. *McDrain*: especificações técnicas. 2008.

MAGNI, N. L. G.; MARTINEZ JR., F. Equações de chuvas intensas do Estado de São Paulo. Ed. revis., Convênio DAEE-USP, São Paulo, 1999.

MAGNI, N. L. G.; MERO, F. Precipitações intensas no Estado de São Paulo. *Boletim* n. 4 (DAEE/FCTH/EPUSP), 1986.

MARSALEK, J. Research on the Design Storm Concept. Urban Water Resources Research Program. *Technical Memorandum*, ASCE, n. 33, 1978.

MARSALEK; J.; WATT, W. E. Design storms for urban drainage design. In: CSCE Hydrotechnic Conf., 1983. *Proceedings...* Ottawa, 1983.

MAYS, L. W. *Stormwater drainage systems design handbook.* L. Mays (Org.). Nova York: McGraw-Hill, 2001.

McCUEN, R. H. *Hydrologic analysis and design.* New Jersey: Prentice-Hall, Inc. Englewood Cliffs, 1989.

_____. *Hydrologic design and analysis.* New Jersey: Prentice-Hall, Upper Saddle River, 1998.McENROE, B. M. Preliminary sizing of detention reservoirs to reduce peak discharges. *Journal of Hydraulic Engineering*, ASCE, v. 118, n. 11, 1992.

McENROE, B. M. et al. Hydraulics of perforated riser inlets for underground – outlet terraces. *Transactions ASAE*, v. 31, n. 4, p. 1082-1085, 1988.

McPHERSON, B. F et al. The environment of South Florida, a summary report. In: U.S. *Geological Survey Professional.* Paper 1011, U.S. Government Printing Office, 1976.MITCHI, C. Determine urban runoff the simple way. *Water Waste Eng.*, January, 1974.

MONTALTO, F. et al. Rapid assessment of the cost-effectiveness of low impact development for CSO control. *Landscape and Urban Planning*, New York, p. 117-131, 2007.

NAGEM, F. R. M. *Avaliação econômica dos prejuízos causados pelas cheias urbanas*. 114 f. 2008. Dissertação (Mestrado em Engenharia Civil) – COPPE, Universidade Federal do Rio de Janeiro, Rio de Janeiro, 2008.

NAKAMURA, E. Regulating loads to receiving waters: control practices for combined sewer overflows in Japan. In: *Urban Discharges and Receiver Water Quality Impacts*. Seminar. IAWPRC/IAHR, Brighton, U. K., 1988.

PAGAN, A. R. Rational formula needs change and uniformity in practical applications. *Water Sewage Works*, out., 1972.

PAZWASH, H. *Urban storm water management*. 1. ed. Boca Raton: CRC Press, 2011.

PECHER, R. Design of stormwater retention basins. In: SEMINAR ON RETENTION BASINS, nov. 1978, Mrsta. *Proceedings...* Mrsta, nov. 1978.

POERTNER, H. G. Practices in detention of urban stormwater runoff. *Special Report*, n. 43. APWA – American Public Works Association, Washington, DC, 1974. cap. 03.

PONCE, V. M.; THEURER, F. D. Accuracy criteria in diffusion routing. *Journal of de Hydraulics Division*, ASCE, v. 108, n. HY6, p. 747-757, 1982.

PONCE, V. M.; YEVJEVICH, V. Muskingum-Cunge method with variable parameters. *Journal of Hydraulics Division*, ASCE, v. 104, n. HY12, p. 1663-1667, 1978.

PORTLAND, ENVIRONMENTAL SERVICES CITY OF PORTLAND CLEAN RIVER WORKS. *Stormwater Management Manual*. Adopted in 1999, revised in 2002.

PORTO, R. L. L.; SETZER, J. Tentativa de avaliação do escoamento superficial de acordo com o solo e o seu recobrimento vegetal nas condições do Estado de São Paulo. *Boletim Técnico DAEE*, v. 2, n. 2, 1979.

PRATT, C. J. et al. Urban stormwater reduction and quality improvement through the use of permeable pavements. In: Urban Discharges and Receiver Water Quality Impacts. Seminar. IAWPRC/IAHR – Brighton, UK, 1988. *Water Science and Technology*, v. 21, p. 769-778, 1989.

RAASCH, G. E. Urban stormwater control project in an ecologically sensitive area. In: *Proceedings of the International Symposium of Urban Hydrology, Hydraulics and Sediment Control*. College of Engineering Lexington, Kentucky, jul. 27-29, 1982.

RAO, G. V. V. Methods of sizing storm water detention basins – a designer's evaluation. In: *Urban hydrology, hydraulics and sediment control symposia*. University of Kentucky, jul. 1975. p. 91-100.

SHEAFFER, J. R.; WRIGHT, K. R. *Urban storm drainage management*. New York: Marcel Dekker, Inc., 1982.

SHERMAN, L. K. Streamflow from rainfall by the Unit Hydrograph Method. *Engineering News Record*, v. 103, p. 501-505, 1932.

SIFALDA, V. *Entwicklung eines Berechnungsregens fur die Bemessung von Kanalnetzen*. GWF – Wasserlabwasser, p. 114-119, 1973.

SIMONS, D. B. et al. *Flood flows, stages and damages*. Fort Collins, Colorado State University, 1977.

STUBCHAER, J. M. The Santa Barbara Urban Hydrograph Method. In: *Proceedings of the National Symposium on Hydrology and Sediment Control*. University of Kentucky, Lexington, 1975.

TUCCI, C. E. M. (Org.). *Hidrologia* – ciência e aplicação. ABRH – São Paulo: Edusp/Ed. da UFRGS, 1993.

TUCCI, C. E. M. Gerenciamento da drenagem urbana. *Revista Brasileira de Recursos Hídricos*, v. 7, n. 1, p. 5-27, jan/mar 2002.

UDFCD – URBAN DRAINAGE AND FLOOD CONTROL DISTRICT. *Urban storm drainage criteria manual*. Denver, 2001.

URBONAS, B. *Assessment of the Anhangabau basin for retrofit of stormwater best management practices*. Denver, 2009.

URBONAS, B.; GLIDDEN, M. Development of simplified detention sizing relationships. In: *Proceedings of the Conference on Stormwater Detention Facilities*, ASCE, 1982.

URBONAS, B.; STAHRE, P. *Stormwater detention for drainage, water quality and CSO management*. New Jersey: Practice-Hall, 1990.

URBONAS, B.; STAHRE, P. *Stormwater*: best management practices and detention for water quality, drainage and CSO management. New Jersey: Prentice-Hall, 1993.

USACE, U. S. Army Corps of Engineers. *Hydraulic design criteria*, 1973.

U.S. DEPARTMENT OF AGRICULTURE. Soil Conservation Service. *Computer program for project formulation*: hydrology. Technical Release n. 20, 1982.

_____. *National engineering handbook*. Section 4 – hydrology. Washington, DC, mar. 1985.

_____. *Urban hydrology for small watersheds*. 2. ed., Technical Release n. 55, Washington, DC, jun. 1986.

U.S. Department of Interior. Geological survey water supply. Paper 1849. *Roughness Characteristics of Natural Channels*, 1967.

_____. Water and power resources service (former Bureau of Reclamation). *Design of small dams*. Water Resources Technical Publication, 3. ed., 1987.

USEPA – U.S. Environmental Protection Agency. *Street storage system for control of combined sewer surcharge: retrolifting stormwater storage into combined sewer systems.* mai. 1999. cap. 03.

USEPA – U.S. ENVIRONMENTAL PROTECTION AGENCY. *National water quality inventory.* Washington, DC., 2000. (841-R-00-001).

U.S. Water Resources Council. *Floodplain management handbook.* Washington DC: U.S. Government Printing Office, 1981.

VIEIRA, V. P. P. B. *Estudo da relação benefício-custo das obras de proteção contra enchentes de perímetros urbanos no vale dos Sinos.* 1970. Dissertação (Mestrado) – IPH-UFRS, Porto Alegre, 1970.

WALESH, S. G. *Urban surface water management.* New York, 1989.

WANIELISTA, M. P. Off-line retention pond designs. In: *Proceedings of the Stormwater Retention/Detention Basins Seminar.* Florida, Y. A. Yousef (Ed.), University of Central Florida-Orlando, 1977.

_____. *Stormwater management* – quality and quantity. Boston: Ann Arbor Science Publishers, 1983.

_____. *Hydrology and water quantity control.* Nova York: John Wiley & Sons, jan. 1990.

WANIELISTA, M. P.; YOUSEF, Y. A. *Stormwater management.* Nova York: John Wiley & Sons, 1993.

WATER WORLD. *Major cities absorb storms in tunnels under streets.* jul. 1987.

WENZEL, JR. H. G.; VOORHEES, M. L. Evaluation of the design storm concept. *Proceedings of the AGU fall meeting.* San Francisco-California, dez. 1978.

WILLIAMS, G. R. Hydrology. In: *Engineering Hydraulics.* H. Rouse, W. Ley (Ed.). New York 1950.

WOODS BALLARD, B. et al. *The SUDS manual.* London: Ciria, 2007.

WYCOFF, R. L.; SINGH, U. P. Preliminary hydrologic design of small flood detention reservoirs. *Water Resource Bulletin*, v 12, n. 2, p. 337-349, 1976.

YEN, B. C.; CHOW, V. T. *Local design storm.* v. 2. Report n. FHWA/RD-82-064, Federal Highway Administration, 1983.